A Review of Global Cyberspace Security
Strategy and Policy（2018）

全球网络空间安全战略与政策研究（2018）

本书编写组 ◎ 编著

U0321886

人民邮电出版社
北京

图书在版编目（CIP）数据

全球网络空间安全战略与政策研究. 2018 / 全球网络空间安全战略与政策研究编写组编著. -- 北京：人民邮电出版社，2019.12
ISBN 978-7-115-52553-6

Ⅰ. ①全… Ⅱ. ①全… Ⅲ. ①网络安全－研究 Ⅳ.①TN915.08

中国版本图书馆CIP数据核字(2019)第238863号

内 容 提 要

  本书聚焦网络空间安全领域的战略与政策问题，从顶层设计、安全防护、数据治理、犯罪治理、内容管理、基础设施保护、未成年人保护、情报获取等方面系统梳理了2018年全球网络空间安全政策动态，分析了每个月的安全形势特点，重点研究了美国、加拿大、俄罗斯、日本等国的网络安全政策变化情况，介绍了一些国家和地区的有关战略和文件，全景式展现了全球网络空间安全领域的政策变化形势。本书主要面向党政机关、事业单位、高校、科研机构、企业等相关从业人员，可以帮助读者了解网络安全的方方面面。

◆ 编　　著　本书编写组
  责任编辑　唐名威
  责任印制　彭志环

◆ 人民邮电出版社出版发行　　北京市丰台区成寿寺路 11 号
  邮编　100164　电子邮件　315@ptpress.com.cn
  网址　http://www.ptpress.com.cn
  北京市艺辉印刷有限公司印刷

◆ 开本：700×1000　1/16
  印张：20.75　　　　　　　　　　2019 年 12 月第 1 版
  字数：340 千字　　　　　　　　2019 年 12 月北京第 1 次印刷

定价：139.00 元

读者服务热线：（010）81055493　印装质量热线：（010）81055316
反盗版热线：（010）81055315
广告经营许可证：京东工商广登字 20170147 号

前　言

这是互联网大发展的时代，也是网络空间大博弈的时代。

2013 年，震惊全球的"棱镜门"事件揭露出的真相让各国从享受互联网发展福祉的和谐氛围中惊醒。短短几年过去，已经有 60 多个国家发布了国家网络战略，70 多个国家建立了网络作战部队，网络空间安全已经成为各国国家安全政策的优先事项，以及各大安全论坛和国际会议的重要议题。各国都认识到，互联网的力量不仅削弱了经济壁垒，碾平了沟通障碍，同时也创造了一个更加复杂的国际竞争空间。如果说，五百年前谁控制海洋，谁就能在大国竞争中掌握主导权，那么，五百年后的今天，谁可以利用和治理好网络，谁就能掌握国际竞争和未来发展的优势。

我国是互联网发展大国，党和国家高度重视网络安全在经济社会发展和国家安全中的重要作用。习近平总书记指出，没有网络安全就没有国家安全。党的十八大以来，我国始终把网络安全摆在国家安全和发展的优先地位。2014 年，中央网络安全和信息化领导小组成立，开启了我国网络强国建设事业的宏伟篇章。几载磨砺，我国已经在信息化发展、核心技术突破、加强网信领域军民融合、参与网络空间国际治理等方面取得了长足进展，维护我国网络空间主权、安全和发展利益的实力得到了大幅提升。与此同时，我们也清醒地认识到，面对百年未有之变局、面对网络斗争的风波诡谲、面对世界各国的千帆竞逐，我国网络空间安全能力与有些国家相比仍存在一定差距，仍需要不断追赶和进步。推进网络强国建设，制定合理的政策措施，需要全面掌握网络空间发展态势，不断学习各国网络安全发展建设的政策经验。为了整体把握全球网络安全战略和政策形势，本书编写组全面跟踪全球一些国家制定的网络安全战略与政策，以动态跟踪为基础，编写形成了这本《全球网络空间安全战略与政策研究（2018）》。此书力图全景式地对 2018 年一些国家的网络安全政策进行梳理，期待能够为政府、企业、高校、科研机构的有关从业人员提供一定的借鉴和参考，也欢迎大家批评指正。

全书共 5 章：第 1 章对 2018 年全球网络空间安全政策内容和特点进行了概览性评述；第 2 章对有代表性的几个国家 2018 年的安全政策及部分专门政策进行了研究分析；第 3 章对 2018 年每月全球网络空间政策形势进行了综述；第 4 章是 2018 年部分国家（地区）的政策文件译文；第 5 章则是本书编写组对相关信息的动态汇编和整理。其中，第 1 章至第 4 章由赵志云编写，第 5 章由袁钟怡完成。此外，谭丝姐、徐阳华也对本书内容的收集和整理做出了贡献。全书在描述事件发生的时间时，若没有特意指出具体年份，均默认为 2018 年。

风云多剧变，正是奋发时。应对网络空间威胁风险，把握网络空间战略机遇，是时代考验，更是国家使命。网络空间是一个涉及政策立法、技术应用、社会治理等多层次、宽领域、跨学科的研究领域，安全形势的快速复杂变化令这个领域的研究只有休止符，没有终结音。未来，我们将坚定初心，继续在网络空间安全的技术和政策研究领域深耕厚植，久久为功，不断推出更多技术和政策研究成果。

本书受到国家社会科学基金重大项目"总体国家安全观视野下的网络治理体系研究"（No.172DA107）的资助。

本书编写组
2019 年 5 月

目　录

第 1 章

2018 年总体形势

2018 年，国外网络与信息安全整体形势不容乐观，信息泄露、漏洞隐患、黑客攻击等网络安全事件频发。对此，一些国家从安全策略、安全防护、战略立法、国际治理与合作等多方面加快网络与信息安全体系建设，重点加强数据监管和治理，加速布局人工智能、5G、区块链等领域，推进前沿技术研发及应用。热点网络安全事件中，脸谱（Facebook）公司数据泄露事件、美国中期选举期间网络安全动向备受关注。

一、信息泄露、漏洞隐患、黑客攻击等网络攻击事件频发，整体安全态势堪忧

2018 年全球网络安全总体态势不被看好。一是亚太地区网络安全态势堪忧。美国火眼公司 2018 年 1 月发布的《亚太地区网络攻击报告》显示，亚太地区网络攻击驻留时间全球最长。全球网络攻击驻留时间中位数为 99 天，亚太地区则为 172 天，欧洲、中东和非洲地区为 106 天，美国为 99 天。二是核设施网络安全状况堪忧。英国皇家战略研究所 2018 年 1 月公布的《全球核武器系统网络安全调研报告》显示，由于设计年代久远，核武器系统存在许多非常明显的安全漏洞，对黑客攻击活动基本没有抵御能力，网络攻击可能会破坏核武器的控制装置，其后果不堪设想。

（一）信息泄露事件频发

影响范围最广的是 2018 年 3 月曝光的脸谱公司数据泄露事件，超过 5 000 万名用户的数据被一家名为"剑桥分析"的公司非法收集，用于协助特朗普在 2016 年美国大选期间预测并影响选民投票倾向，该事件引发了多国政府启动对脸谱公司的调查。此外，2018 年度信息泄露事件频发。泰国最大的 4G 移动运营商 TrueMove H 的一名操作人员将亚马逊 AWS S3 中总计 32 GB 的 4.6 万人的数据公开在互联网上，其中包括身份信息、护照和驾驶执照等数据；英国在线购物网站 DronesForLess.co.uk 交易数据库无加密保护遭意外在线暴露，致数千名警方、军方、政府以及个人消费者的购买记录以及个人信息泄露；澳大利亚

一家人力资源公司基础设施遭恶意程序感染，导致超过200万活跃用户的数据泄露；以色列一家DNA检测公司遭黑客攻击，导致超过9 200万名用户的信息泄露；美国国防部表示其差旅记录遭黑客窃取，这些记录包含美国军方和文职人员的个人信息和信用卡数据。据悉，此次数据泄露可能影响了多达3万名国防部雇员。美国网络安全公司UpGuard称，100多家车厂的机密数据泄露，包括通用汽车、特斯拉、丰田、蒂森克虏伯、大众等。火眼公司旗下的安全团队在地下黑客论坛发现了一组正在被出售的数据集，涉及大量的敏感资料，其中就包括超过2亿条日本网民的个人身份信息。近期，网上出现疑似查询泄露邮箱密码信息的网站，初步统计该网站涉嫌泄露约14亿个邮箱密码，涉及Gmail、Hotmail、Yahoo等知名邮件服务运营商用户。

（二）各类漏洞隐患曝光

一是工控系统、加油站软件、固件漏洞。网络安全公司IOActive和Embedi的研究发现，工控系统APP存在严重漏洞，或导致设备被摧毁或工厂爆炸。研究人员随机挑选了34款由西门子和施耐德电气等工控系统供应商开发的APP进行测试，结果发现了147个安全漏洞，只有2款APP不存在安全漏洞。加油站软件漏洞曝光。卡巴斯基实验室研究人员发布报告称，可通过软件漏洞在线访问全球1 000多个加油站控制器，不仅能够擅自更改汽油价格，还可以窃取记录在控制器上的信用卡信息和车牌号码。固件漏洞威胁依然严峻。美国消费者协会使用基于Insignary的Clarity扫描工具，测试了14个制造商销售至美国市场的186个SOHO Wi-Fi路由器的样本，其中，83%的路由器固件中有可被潜在的攻击利用的漏洞，平均每个路由器有172个漏洞。

二是芯片漏洞。英特尔披露了其芯片的新漏洞"预兆"，能让黑客有机会获取内存数据，影响到2015年以来发布的酷睿和至强处理器。以色列网络安全公司CTS Labs披露AMD芯片存在13个安全漏洞，这些漏洞允许攻击者向芯片注入恶意代码并破坏硬件，其严重程度不亚于"熔断"和"幽灵"漏洞。

三是通信和可穿戴设备漏洞。4G LTE网络协议中的漏洞可被恶意利用，发起监视用户通信行为、跟踪设备位置、发送虚假警报等网络攻击。西班牙电信存在一个能访问用户完整个人数据的安全漏洞，可导致数百万用户的完整个人数据泄露。芬兰穿戴设备品牌Polar生产的运动手环存在漏洞，可泄露用户位置信息和2014年至今的运动路径，进而可导致情报机构、军事基地、机场或核武器存放地点曝光。美国三大运营商AT&T、Sprint和T-Mobile的系统被

发现存在安全漏洞，不良分子可利用漏洞获取用户数据。美国位置数据公司
LocationSmart 向客户提供的实时获取公民位置信息的应用程序接口（API）存
在漏洞，他们不需要经过授权许可，就能在几秒内获取任何公民的实时位置，
其精度可以达到几百米。

（三）黑客攻击愈演愈烈

一是政治性网络攻击不断，国际重大活动成为黑客攻击的重要目标。德国
外交部及内政部网络疑遭俄罗斯黑客入侵，部分数据被窃取。俄罗斯国防部网
站在 2018 年 3 月 23 日为最新的国产武器选名投票过程中，遭到了密集的分布
式拒绝服务（DDoS）攻击，攻击主要来自西欧、北美等地区。据美国网络安
全智库披露，美国、朝鲜首脑会晤前，韩国遭受网络攻击次数显著增加；会晤
期间，新加坡作为会议地点，遭遇网络攻击超过 4 万次，其中，92% 为侦查扫
描，8% 为攻击行为。

二是国家关键信息基础设施频遭攻击。网络安全研究团队 FortiGuard 称，
近期俄罗斯多个电子产品服务中心网站遭受攻击。赛门铁克安全公司于 2018 年
6 月 19 日称，监测发现黑客组织正针对美国和东南亚国家的卫星通信、电信、
地空成像、军事系统等设施发动攻击。卡巴斯基实验室于 2018 年 8 月 1 日称，
俄罗斯制造业、石油、天然气、物流等领域的逾 400 家工业公司遭遇"鱼叉
式"网络钓鱼攻击。

三是黑客攻击情报获取活动仍处于高发态势。电子前沿基金会和安全公司
Lookout 联合调查发现，与黎巴嫩总安全局有关的监控间谍活动 Dark Caracal
APT，从世界各地的安卓手机和微软视窗系统中窃取大量数据，并且有黑客组
织将 Dark Caracal 间谍软件平台出售给某些国家，2012—2018 年已盗取 21 个国
家的记者、军事人员和其他目标的敏感信息。美国国土安全部公开表示，他们
在华盛顿特区发现了电子监控设备。这些被称为国际移动用户识别码（IMSI）
捕捉器的设备，通过伪装成手机信号塔并截获手机信号的方式来达到监听通话
和信息的目的。

四是黑客网络攻击大肆破坏社会生活。意大利警方测速摄像头数据库被黑
客攻破，约 40 GB 文件被删除。新加坡 2018 年 8 月遭遇了历年来最大规模的
网络攻击，包括李显龙总理在内的约 150 万人的公共医疗个人信息失窃。芬兰
赫尔辛基新企业中心负责维护的某网站在 2018 年 4 月 3 日遭到匿名黑客的攻
击，造成约 13 万用户信息以及其他一些机密信息失窃。

二、多国（地区）发布网络安全立法和战略计划，加强网络安全监管顶层设计

（一）通过网络安全相关法案，加强网络安全监管举措

2018 年 2 月，新加坡国会通过《网络安全法案 2018》，旨在对提供基本服务的计算机系统加强保护，防范网络攻击。澳大利亚通过了"国家面部生物特征匹配方案"，并将其纳入立法，授权其内阁收集、使用和披露身份信息，以用于用户身份和社区保护及其他活动。2018 年 3 月，美国参议院国土安全和政府事务委员会通过《重新授权法案》，批准了多项网络安全监管举措，包括设立网络安全和技术设施安全局，负责保护联邦网络和关键基础设施免受物理和网络威胁；实施"漏洞悬赏"计划，以挖掘国土安全部网络中的更多漏洞；实施"人才交流"计划，让私营部门的网络安全工作人员进入国土安全部工作；指导相关部门及时报告区块链技术的潜在威胁等。2018 年 5 月，波兰政府通过一项关于国家安全体系的法律草案，详细说明了国家网络安全体系的组织、实施监督和确保遵守法律的方法以及建立《波兰网络安全战略》的程序等。乌克兰的《关于保障乌克兰网络安全的基本原则法》于 2018 年 5 月 9 日正式生效，明确了网络安全的管理对象和关键设施基础清单。英国执行欧盟《网络与信息安全指令》（也称 NIS 指令）的新法律于 2018 年 5 月 10 日生效，旨在确保英国的最关键行业提高网络安全。2018 年 6 月，欧洲议会通过《著作权指令》，要求在线平台借助技术手段审查用户上传内容。美国联邦通信委员会宣布，《恢复网络自由命令》正式生效，这也意味着其 2015 年制定的"网络中立"政策被废除。2018 年 7 月，美国众议院推出《推进网络安全诊断和缓解法案》，推动美国国土安全部对其"持续诊断与缓解（CDM）"网络监测计划进行定期更新和技术升级。欧洲议会工业委员会批准《网络安全法》草案，拟对入网设备引入新的安全认证体系，只有达到最低"安全性设计"标准的设备才能进入市场。保加利亚通过了引入新框架的网络安全法草案，以更好地防范国家网络安全风险和事故。2018 年 8 月，美国总统特朗普签署《2019 财年国防授权法案》，允许美国使用"国家权力的所有工具"对国外势力发起的损害美国利益、造成美国公民伤亡、严重破坏美国民主以及攻击关键基础设施的行为予以反击。此外，特朗普签署命令，推翻奥巴马 2012 年签署的《第 20 号总统政策指令》。《第 20 号总统政策指令》制定了一

个复杂的跨部门流程，美国在使用网络攻击之前必须遵循这一流程，特朗普此举旨在放松对此类行动的限制。美国科罗拉多州共和党参议员科里·加德纳和得克萨斯州民主党参议员克里斯·库恩斯提出《网络威慑与响应法案》，要求对所有对美国发动的网络攻击负有责任或参与其中的实体和人员实施制裁。波兰总统签署了 2018 年 5 月通过的《网络安全法》，为波兰的国家网络安全系统搭建了框架。

（二）发布网络安全战略计划，加强网络安全防护

2018 年 3 月，英国发布《智能设备网络安全草案》提案，要求制造商强化防护措施，以提高联网智能设备的安全性，该提案被认为是英国《国家网络安全战略》的重要组成部分。2018 年 5 月，美国能源部发布了长达 52 页的美国《能源行业网络安全多年计划》，为美国能源部的网络安全、能源安全和应急响应办公室勾画了一个"综合战略"。2018 年 6 月，加拿大颁布新版网络安全战略，旨在加强网络安全防护、打击网络犯罪。2018 年 7 月，乌克兰内阁批准了《实施国家网络安全战略的行动计划（2018 年）》，确定了支持网络安全监管、提升国家网络安全技术手段、建立国际伙伴关系和加强人员培训等 18 项任务。2018 年 9 月，美国总统特朗普签署《国家网络战略》，确定了联邦政府为保护美国免受网络安全威胁和加强美国在网络空间的能力采取的新举措。2018 年 10 月，沙特阿拉伯国家网络安全管理局发布了核心网络安全控制文件，以便在各个国家机构中应用最低标准，降低网络安全风险，保障沙特阿拉伯的经济安全和国家安全。美国智库情报和国家安全联盟发布"网络指标和警告（I&W）框架"白皮书。

（三）成立专门工作组，加强组织机构建设

2018 年 2 月，美国司法部成立网络安全特别工作组，研究制定一项针对加密货币的"全面战略"，以处理使用加密货币进行洗钱的违法行为。美国国防部旗下的信息网络联合部队总部已经获得完全运作能力。美国司法部宣布将成立一个名为"网络数字工作组"的全新网络安全工作组，旨在评估和解决恐怖分子及一般用户恶意利用互联网的问题。2018 年 9 月，英国国家计算中心为保障政府、央行、监管机构等多家组织的网络安全，创立新一代威胁保障中心，该中心为境外央行与监管机构提供全球网络安全咨询服务，协助有关机构设计网络安全监管制度。2018 年 11 月，美国签署的《网络安全信息共享法案》中，批准成立网络安全和基础设施安全局，该机构将成为独立联邦机构，负责监督民用和联邦网络安全。美国国土安全部成立信息通信技术供应链风险管理特别工作组，以防范黑客入侵重要信息系统。保加利亚议会与部长理事会成立网络安全委员会，委员会主席由副总理担任，成员包括内政部长、国防部长和外交部长等，旨在加强国家层面的统筹协调。

三、持续加强以数据保护为重点的信息安全立法和战略计划，加速推进相关领域法治进程

（一）重点加强数据保护领域的立法和战略计划

2018 年，一些国家积极发布、通过相关数据保护法案，拟定、出台国家数字战略。2018 年 1 月，美国民主党参议员伊丽莎白·沃伦和马克·沃纳提交了《数据泄露预防和赔偿法案》，要求信用机构与联邦贸易委员会（FTC）共享数据保护策略和方法细节，以避免数据泄露。该法案要求，FTC 成立一个新的网络安全办公室，负责检查和监督信用机构的数据保护。该法案授权 FTC 可对机构每泄露一条信息罚款 50 ～ 100 美元。2018 年 2 月，爱尔兰发布 2018 年《数据保护法（草案）》，以使《一般数据保护条例（GDPR）》生效。澳大利亚《数据泄露通知法案》正式生效，该法案要求澳大利亚《隐私法》涵盖的机构和组织，一旦意识到存在可能导致"严重损害"的信息泄露，需尽快通知泄露事件中涉及的个人。2018 年 3 月，美国总统特朗普签署《澄清境外数据合法使用法案》。2018 年 4 月，澳大利亚政府表示正积极促成与美国签订获取跨境数据的协议。欧盟委员会正拟定新法，允许欧盟成员国的司法部门可以直接向在欧盟提供服务的提供商，以及设立在其他成员国的服务提供商或代理公司，请求电子证据（如应用中的电子邮件、文本或消息等），而不管数据位于何处，服务提供商需在 6 小时内提供对应数据。2018 年 5 月，美国众议院提出《安全数据法案》，这项法案禁止联邦机构强制或请求厂商、开发人员、卖方来设计或修改产品或服务中的安全功能，以实施监控。2018 年 6 月，越南通过一项法案，要求脸谱、谷歌等全球科技公司将越南本地"重要"用户数据存储在其境内，并开设办事处。英国政府宣布将制定一项全国性数据战略，旨在"释放政府数据力量"。荷兰政府公布了一项数字战略，旨在推进经济社会的数字化。澳大利亚宣布启动"国家基础设施数据收集和传播计划"，推动实现提升数据决策支撑、驱动经济创新发展的目标。2018 年 7 月，巴西参议院通过《个人数据保护法案》，建立起保护国内个人数据的体系。法国国民议会

投票通过修正案，将"打击对个人数据的延伸或不合理使用"的条款列入修宪法案。新加坡政府拟于 2018 年年底试行"个人资料保护信誉标志计划"，有助于建立消费者对企业的信心。肯尼亚政府正制定一项数据保护和隐私法案，以保护肯尼亚公司处理的消费者数据。美国正在拟订的《联邦数据战略》草案的"原则"部分强调，数据的使用和治理应优先考虑数据安全、隐私和透明度，同时加强"联邦数据实践对公众影响"的评估。2018 年 8 月，巴西总统特梅尔签署《通用数据保护法》，以减少私营企业收集个人数据的数量。西班牙发布更新《数据保护法》指令，引入一些新规则来解决《一般数据保护条例》和 1999 年制定的《数据保护法》这两个独立数据保护制度之间的冲突。埃及批准保护个人数据的法律草案，旨在提高国内数据安全水平，规范电子营销组织活动和数据传输行为。2018 年 11 月，加拿大新版《数据泄露应对条例》生效，该条例要求对数据安全开展科学的风险评估。此外，加拿大公布新版《保护个人信息和电子文件法案》，要求加拿大的企业在发生数据泄露事件后尽快报告，否则将面临处罚，罚款金额最高可达 10 万加元（约合 53 万元）。

（二）通过法案积极打击虚假信息和有害信息

马来西亚于 2018 年 4 月 2 日通过了《反假新闻法》，将对在社交媒体或数字出版物上传播虚假新闻的公民处以最高 50 万林吉特（约合 81 万元）的罚款和最高 6 年的监禁。俄罗斯总统普京于 2018 年 4 月 25 日签署《互联网诽谤法案》，允许当局封锁发布诽谤公众人物信息的网站，并对拒绝删除者处以最高 5 000 万卢布（约合 535 万元）罚款。法国国民议会于 2018 年 7 月 3 日通过《反假新闻法》，根据该法，选举期间候选人可向法院申请删除存在问题的新闻报道，同时要求脸谱和推特（Twitter）等社交媒体平台披露相关内容的赞助方。埃及议会于 2018 年 7 月 16 日通过一项法案，允许埃及媒体监管最高委员会对社交媒体上粉丝数超过 5 000 个的用户账号进行监督。欧盟委员会起草打击"网络虚假信息"的政策。

（三）出台相关立法，加强网络犯罪打击力度

2018 年 1 月，巴基斯坦联邦内阁批准了《防止电子犯罪法案（2016 年）》的修正案，该修正案旨在将亵渎和色情内容纳入《网络犯罪法案》。此前，伊斯兰堡高等法院在听证有关在社交媒体上传不良内容案件时，处理了与亵渎有关的罪行问题。2018 年 4 月，美国总统特朗普签署了《2017 年允许州和受害者打击在线性交易法案》，提出了终止性贩卖的办法，为执法部门和受害者提供打击性交易的法律支持。英国内政部表示在 2018—2019 年投入约 5 000 万英镑（约合 4.45 亿元）提升打击网络犯罪的能力，并加大力度打击"暗网"犯罪。2018 年 6 月，埃及议会通过《网络犯罪法》，宣布对鼓励犯罪的网站或社交媒体账户的经营者处以罚款和监禁。白俄罗斯总检察长办公室宣布起草立法，对涉嫌在互联网传播"虚假消息"的人员进行起诉。2018 年 8 月，阿联酋总统颁布了修订后的《阿联酋网络犯罪法》，明确了对危害网络安全行为的监禁及罚款细则。2018 年 9 月，俄罗斯总统普京签署了一项"独立国家联合体（CIS）打击网络犯罪合作协议"，以共同应对日益增加的网络犯罪数量，维护国家安全。2018 年 11 月，南非议会司法委员会正式通过了《网络犯罪和网络安全法案》，该法案除了将盗窃和数据干扰定为刑事犯罪外，也引入了涉及"恶意"电子通信的新法规。

（四）出台电信领域安全监管方案

欧盟创建信息通信技术（ICT）网络安全认证框架。欧盟委员会将在新的《网络安全法案》中确立欧洲地区 ICT 产品和服务的网络安全认证框架，包括认证的组织方式、职责归属，以及如何开发和管理认证计划，相关认证标准则由欧洲标准化委员会和欧洲电工委员会共同拟议。澳大利亚启动了电信部门安全改革（TSSR），旨在建立一个通信行业应对国家安全威胁的框架。该法案还规定，除了保护其网络外，电信运营商还被要求向政府报告正在规划的基础设施变化，以及这些变化可能会给政府部门安全带来的影响。

（五）加快数据中心建设，为信息安全提供技术支撑

俄罗斯国防部正筹划建立数据灾备处理中心云网络，以便让其情报系统"离网"运作，云网络预计在 2020 年全面投入使用。印度计划在博帕尔建立包含 50 万个虚拟服务器的数据中心，并在两年内投入使用。英国数字、文化、媒体和体育部于 2018 年 6 月宣布筹建新的数据创新中心。

四、强化信息安全内容监管和控制能力

（一）重点监管社交媒体，打击虚假信息、有害信息传播

一是设立专门监管机构。缅甸运输和通信部长宣布，建立一个社交媒体监控机构，专门负责监控和调查社交媒体网络。新加坡考虑设立一个专门的部长级委员会，负责对使用数字技术在网上散布虚假信息的情况进行评估，分析其

对社会制度和民主进程造成的影响，提出防止和打击网络假新闻所应坚持的原则和具体措施。

二是出台新举措。德国司法部根据该国《社交媒体管理法》发布了一套指导方针，如社交媒体平台未能充分履行其在仇恨言论方面的报告义务，则处以2 000万欧元的罚款，并对屡犯者加大处罚金额。德国司法部于2018年1月推出在线表格，供网民投诉对已举报网络违法言论处理不力的情况。司法部接到申诉后，将判断社交媒体平台是否存在管理缺陷，并可对平台打击违法言论不力的行为处以最高达5 000万欧元（约合3.89亿元）的罚款。英国内政部表示，如果谷歌、脸谱等科技巨头不采取更多措施打击网络极端主义，移除旨在使人们变得激进化或者协助他们准备发动攻击的网络内容，英国可能会对这些科技巨头征收新税，但并未给出征税计划的细节。欧盟委员会就处理社交媒体非法在线内容提出指导意见，呼吁在1小时内删除网上恐怖主义内容，如未能取得有效进展，欧盟委员会将考虑在欧盟范围内启动立法程序。

三是采用新技术手段。美国跨大西洋选举诚信委员会开发了一个可以发现破坏选举行为的早期预警系统，以寻找试图发布颠覆性内容的行为。美国民主党推出属于自身的竞选工具识别软件，以此识别可疑的机器人和假账号。联合国教科文组织正开发名为"新闻、'假新闻'和虚假信息"的示范课程，以提高相关组织和个人辨别高质量信息和避免被"假新闻"操纵的能力。微软启动了名为Account Guard的试点项目，旨在为政治运动和美国总统大选提供网络安全保护。

四是采取更严厉的监管措施。越南人民军总政治部副主任阮仲义上将透露，已招募了1万多人组成名为"Force 47"的网络战部队，重点打击网上尤其是社交媒体上传播"错误观点"的行为。该网络战部队已开始在多个部门运作。脸谱公司从其平台上删除故意煽动暴力行为和其他人身伤害的虚假信息，还向学者提供1 PB的匿名用户数据，用于研究错误信息在选举过程中发挥的作用。推特为打击虚假新闻和加强平台管理，在2个月内已暂停超过7 000万个账号。

（二）加强个人隐私数据保护举措

美国任命高级官员辛格担任欧盟—美国监察专员，参与"隐私盾"第二次年度审查，旨在加强对隐私和框架的承诺。美国白宫管理和预算办公室发布有关数字身份管理政策的草案，推出系列措施，以增强用户隐私保护，降低涉及数字信息传输的负面影响，并建立数字身份，采用合理的身份验证和访问控制流程，这将提升网络信息的安全性。美国、日本和新加坡已向世界贸易组织提议跨境数据以电子方式自由流动，禁止服务器本地化，并明确政府获取隐私数据的程序。欧洲数据保护监督官员称：监管机构将依据《数据保护条例》对违规行为处以罚款甚至临时禁令。印度储备银行坚持推行《数据本地化规则》，在印度产生的支付数据必须且只能存储在印度。俄罗斯互联网监管机构Roskomnadzor向脸谱公司发出警告称，俄罗斯《个人数据保护法》规定俄罗斯公民个人数据应保存在俄罗斯境内，若不遵守本地法律将遭到禁用。推特正在该应用内打造一项新的加密聊天功能，旨在更好地保护用户，方便用户发送私密信息。

（三）加强情报监控和数据侦查权利

美国总统特朗普签署《外国情报监控法修正案》第702条的更新授权，延续国家安全局（NSA）的互联网监控计划，同意授权NSA监听外籍人士以及收集与之相关的情报。美国白宫新闻秘书莎拉·桑德斯称，美国白宫自2018年1月起，禁止员工在工作中使用个人手机。英国提出修正《数据保护法案》，以扩大信息专员调查权，要求数据控制者和处理者在紧急情况下于24小时内交出信息。法官可以颁发许可进入处所的搜查令，而不需要事先通知数据控制者、处理者或处所占用人。俄罗斯将建立执法机构和网络安全公司之间的威胁数据自动交换系统，以协调应对网络威胁。

五、积极提升网络空间作战能力，加强网络军事力量建设

（一）美国加紧网络战的战略部署和标准制定，强化作战训练

2018年，美国在提升网络战的能力方面动作频频。美国网络司令部发布《实现和维护网络空间优势：美国网络司令部指挥愿景》，将防御、复原和竞争整合在了一个大的行动框架内，强调主动预测美国在网络空间领域的薄弱环节，并通过防御性行动防止对手抓住弱点并发动攻击。美国网络司令部通过建立网络工具标准，将网络任务部队所有人员的联合训练要求作为培训新网络战士的主要内容，使每个士兵、水兵、飞行员和海军陆战队员得到同样的基础训练。美国海军于2018年3月完成《海军部无人系统战略路线图》，为无人系统纳入海军作战的各个方面提供指南。美国国防部于2018年9月发布了保护美国网络和主要基础设施免受网络攻击的《网络战略概要2018》，这是继2011年和2015年之后美国国防部第三次公布网络安全战略。

（二）多国（地区）设立和整合网络安全职能机构，夯实作战力量

美国宣布国防创新实验小组为其国防部的正式机构，并更名为国防创新小组，以帮助美国国防机构和各军种更快地获得创新技术；美国海军陆战队组建电子战支援小组，运用包括信息作战和网络作战在内的电子战能力，支援传统作战单位的行动并赢得战争。越南宣布成立网络空间作战司令部，该司令部隶属越南国防部，协助该司令部履行维护国家网络主权和信息管理职能，研究和预测网络战争。捷克建立网络部队总部，并于2019年1月初正式运作。日本决定在陆上自卫队西部方面队新设专门负责防御网络空间攻击的部队——方面系统防护队（暂名），主要任务是处理针对野外通信系统以及指挥系统的网络攻击活动。韩国计划成立"网络作战司令部"，并成立一系列特派团，用于情报收集和其他任务；韩国还计划建立网络战培训中心，以培养"精英网络战士"。印度内阁安全委员会已经批准组建3个新机构，分别为国防网络局（Defence Cyber Agency）、国防太空局（Defence Space Agency）和特别行动司（Special Operation Division）。尼日利亚成立陆军网络战司令部，旨在保护其数据、网络免受网络攻击和遏制恐怖主义威胁。北约计划成立新的军事指挥中心——网络指挥部，以便全面、及时地掌握网络空间状况，并有效对抗各类网络威胁。

（三）加大国防投资和智能武器研发投入，强化攻防能力建设

韩国国防部计划在2019年以前投入29亿韩元（约合1 724万元）开发智能型信息化情报监视侦察系统，运用人工智能和大数据技术整合分析侦察机、无人机等搜集的影像情报，远期目标是开发基于人工智能的指挥控制系统，实时研判传递战况。美国参议院以压倒性票数通过了总额为7 000亿美元的《2018财年国防授权法案》。美国国防部披露，其2018财年"军事情报项目"的预算获批总额为221亿美元，超过其申请的207亿美元。美国陆军研究实验室发布的一份白皮书显示，美国陆军正在开发一种机器学习方法，用于从热图像中识别人脸。这项技术旨在辅助战场侦察和协助士兵识别政府监视名单上的敌方或个人。日本内阁网络安全中心数据显示，日本应对网络攻击的预算连续4年增加，2019年度预算中相关经费合计为852亿日元（约合52亿元），超过2018年度的621亿日元（约合38亿元）。

（四）加强网络安全政企合作水平，共同应对网络安全威胁

英国电信与欧洲刑警组织签署了一份《谅解备忘录》，双方同意分享有关重大网络威胁和攻击的情报。美国国防部临时授权亚马逊公司旗下云计算服务

平台公司AWS存储"影响级别5"的机密数据，包括军事和国防部最机密的信息。美国联邦贸易委员会和司法部鼓励公司为白帽黑客提供上报安全漏洞的有效途径，并要求所有机构未来都必须实施漏洞披露计划。美国国防部2018年8月邀请大约100名黑客，在海军陆战队的主要通信网络中寻找安全漏洞，开启了五角大楼的第六项漏洞赏金计划。

（五）积极开展网络演习，推进网络防御能力建设

2018年4月，美国国土安全部举办第六次"网络风暴"演习，主要目的是在关键基础设施风险加大的情况下，强化实施信息共享，此次演习有包括企业高管、执法部门、情报部门和国防官员在内的1 000多人参加。2018年4月23日至2018年4月27日，北约网络合作卓越中心在塔林举行"锁定盾牌"年度演习，模拟针对主要民用互联网服务商和空军军事基地发起的敌对网络攻击，有多个国家和企业参与。

六、积极拓展人工智能、5G、区块链等领域战略布局，推进高科技前沿技术及应用

（一）加速发展和利用人工智能

一是发布战略计划、签订合作宣言。法国公布新的人工智能战略计划报告，提出了发展法国人工智能生态系统的战略目标。欧洲25个国家签署了《人工智能合作宣言》，确保欧洲人工智能研发的竞争力。德国通过《联邦政府人工智能战略要点》文件，将该国对人工智能的研发和应用能力提升到全球领先水平。新加坡通信和新闻部长易华仁宣布3项人工智能治理和行业道德倡议。阿联酋宣布启动有关自动驾驶汽车和人工智能的立法工作。韩国制定《人工智能研发战略》，要求在2022年之前投入约20亿美元用于人工智能研究。

二是着力培养技术人才，增加重点领域资金投入。美国举行了人工智能峰会，美国成立的人工智能特别委员会将采取不干涉的方式对人工智能进行监管。此外，在2018财年，美国政府加大了在信息技术和联邦研发方面的支出，并在2017年投入约20亿美元用于开发人工智能技术。美国总统副助理和副首席技术官米歇尔·克拉西奥斯称，其正执行一项移民和贸易政策以吸引人工智能人才，并已增加40%的人工智能和自动化资金预算。欧盟委员会公布了2021年至2027年欧盟长期预算草案，新设"数字欧洲"项目以投资超级计算

机、人工智能等。日本开始推进各大学的工学部设置新课程，着力培养人工智能技术人才。德国宣布将在人工智能领域投资 30 亿欧元（约合 236 亿元），用于关键技术研发及商业应用，同时建立人工智能研发中心，并在高校设置至少 100 个人工智能教职岗位。英国宣布增加 5 000 万英镑，以吸引和留住世界顶尖人工智能人才。

三是研发应用日益广泛，提高安全技术能力。美国南加州大脑与创造力研究所宣布，利用人工智能技术来分析推特信息，试图预测暴力抗议活动。美国国防高级研究计划局推出"人工智能探索"计划，旨在帮助美国保持其在人工智能领域的技术优势。印度政府官员宣布，该国将利用人工智能技术开发武器、防御和监视系统。2019—2020 年，印度将着手开发用于未来战争的人工智能动力武器和监视系统。英国使用一种可以监测社交媒体情绪的人工智能技术，以衡量人们对某些话题的感受。

（二）抢占 5G 发展先机

美国总统特朗普正式签署 5G 法案，重申了国会对电信基础设施、宽带建设和 5G 部署的承诺，并允许美国联邦通信委员会（FCC）拍卖 5G 频谱，这将加快美国 5G 网络建设的部署进程。美国 FCC 称 5G 高频频谱首先释放 28 GHz。德国电信子公司 T-Mobile 和美国第三大移动运营商 Sprint 宣布将合并成一个价值 146 亿美元的公司，抢占 5G 市场。德国电信正在试验"5G 数据链路"，已将 5G 天线整合至柏林市中心的商业网络中，这标志着欧洲出现了首个可通过现场网络实现的 5G 数据连接体系。韩国完成对电信公司的 5G 频谱拍卖，并于 2018 年 12 月开始使用。法国发布 5G 发展路线图，计划自 2020 年起分配首批 5G 频段，并至少在一个法国大城市提供 5G 商用服务，2025 年前使 5G 网络覆盖法国各主要交通干道。西班牙拍卖用于 5G 服务的 3.6 ～ 3.8 GHz 频段频谱，其 4 家主要运营商都参与了此次竞拍。印度最大规模的频谱拍卖覆盖 9 个频段的所有可用频谱。

（三）探索区块链技术应用

印度电信监管局表示通过区块链技术保护用户个人信息，此外印度一家公司与安得拉邦政府合作建立区块链数据库，用于收集和存储 5 000 万公民的 DNA 数据。新加坡金融管理局与印度签署协议，探索区块链技术领域的合作。俄罗斯国防部建立一个区块链研究实验室，将区块链技术应用于加强网络安全和打击针对关键信息基础设施的网络攻击。美国波音公司利用人工智能、区块链等技术为无人机创建交通管理系统。日本电信巨头NTT正寻求开发基于区块链技术的新合同协议系统。马耳他议会通过了3项法案，将对区块链技术的监管纳入法律框架。韩国政府划拨5万亿韩元预算，用于8个关键领域的"创新增长"投资项目，重点是区块链和人工智能。韩国教育部公布了包括区块链培训在内的40门课程，尝试通过培训改善青年就业机会。迪拜国际金融中心法院创建了世界上首个基于区块链的法院。

（四）发力物联网技术及安全监管

技术研究和咨询公司Ecosystem最新研究显示，2017—2022年，全球物联网支出预计将以6.9%的年复合增长率增长，达到3 670亿美元的规模。美、英等国也纷纷看好物联网技术发展。美国国会众议院能源和商业委员会批准了智能物联网法案，将指导联邦机构进行物联网技术的研发和监管。美国国土安全部科学技术局与Plurilock公司签署了一份20万美元的合同，旨在提高物联网设备的安全性，减少网络攻击对物联网设备造成的破坏。英国网络空间战略与安全科学中心计划推出新的物联网安全标准，旨在加强联网设备的安全性。互联网协会的互联网工程任务组也在对IoT标准进行研究，包括认证和授权，用于物联网使用案例的加密和设备生命周期管理。

（五）投入量子技术等其他新技术、新应用

谷歌公司发布了全球首个72位量子计算机。这款量子计算机实现了1%的低错误率，不仅能够帮助科学家进行量子模拟的探索，还能够应用在量子优化和机器学习上，未来有可能破解基于区块链技术的虚拟货币。英国宣布将投资2.35亿英镑建立英国量子计算中心，助推量子技术研发。欧盟推出"量子技术旗舰计划"，拨付10亿欧元开展量子基础研究。

七、强化网络空间国际合作，共同应对日益严重的网络安全威胁

（一）签署谅解备忘录和协议，发表联合声明，加强多边机制建设

一是签署谅解备忘录。2018年2月，美国系统网络安全协会（SANS Institute）与沙特阿拉伯网络安全机构（SAFCSP）签署《谅解备忘录（MoU）》，以促进知识分享、技术转化和技能本地化。2018年4月，新加坡和英国签署了一份关于网络安全能力建设的合作备忘录，共同向英联邦成员国提供为期两年的网络安全能力建设项目。2018年5月，欧盟计算机应急响应小组（CERT-EU）、欧洲防务局（EDA）、欧洲网络与信息安全局（ENISA）和欧洲刑警组织

签署了《建立网络合作框架的谅解备忘录》，该备忘录侧重于网络演习、教育培训、情报交流、战略管理性事务和技术合作 5 个合作领域。

二是签署合作协议。2018 年 5 月，英国电信集团与欧洲刑警组织签署了一项协议，将在未来共享与重大网络威胁和网络攻击相关的情报。2018 年 7 月，日本和欧盟就个人数据灵活转移合作框架达成最后协议，标志着"个人数据安全流通的世界最大地区将诞生"。美国内阁高官，美国国防部长马蒂斯与美国国务卿蓬佩奥在美国加州斯坦福大学与澳大利亚举行年度双边会谈，马蒂斯与澳大利亚国防部长佩恩签署协议，加强资讯安全的研发合作。2018 年 8 月，美国、英国、澳大利亚、加拿大和新西兰联合召开部长级会议，签署系列协议，旨在扩大反恐情报共享、打击非法使用网络空间。2018 年 9 月，英国向欧盟提议签署单独的安全合作协议，希望在脱欧后维持与欧盟各成员国的网络安全业务合作。2018 年 10 月，乌拉圭和 20 个欧洲委员会成员国签署了欧洲委员会《关于自动处理个人数据的个人保护公约》（也称"第 108 号公约"）的修订议定书，旨在加强在国际层面保护个人数据的原则和规则。2018 年 11 月，包括法国在内的 51 个国家签署《巴黎网络空间信任与安全倡议》，呼吁加强网络治理国际合作。

三是发表联合声明。2018 年 4 月，英联邦国家发表联合声明，一致承诺将从声明时起到 2020 年采取网络安全行动，加强网络安全能力，共同应对全球犯罪集团和敌对国家行为体造成的安全威胁。2018 年 6 月，澳大利亚和英国发表联合声明支持《英联邦网络宣言》，主要呼吁公共和私营部门在网上为公益事业共同努力，呼吁全球各国将应用在现实世界中的法律和规范以同样的方式应用在网络行动上。2018 年 10 月，英、德两国签署共同声明，以加强两国军方的防御合作，并在运作、支撑、医疗服务、教育和概念定义等方面展开合作。

四是共同制定标准和规则。2018 年 10 月，印度尼西亚与澳大利亚共同制定了网络防御标准，两国同意至少在事件处理方面进行技术性合作。美国、日本和欧盟共同制定跨境数据传输方面的规则，2018 年 11 月，全球网络空间稳定委员会发布"六项全球准则"，强调不干预别国网络主权，减少网络漏洞。

五是通过相关法律政策框架，促进国际合作。2018 年 2 月，美国众议院投票通过《2017 年乌克兰网络安全合作法案》（H.R.1997），以促进美国和乌克兰在网络安全保护方面的合作。2018 年 11 月，欧盟理事会通过新版欧盟网络防御政策框架，将训练演习、技术研发、国际合作作为优先事项。

（二）举行联合网络演习，共同加强实战抵御网络风险能力

2018 年 1 月 30 日至 2018 年 2 月 2 日，北约网络合作防御卓越中心联合拉脱维亚的国家计算机应急响应小组举行了名为"利剑 2018（Crossed Swords 2018）"的网络防御演习，并发布报告。国际刑警组织在奥地利维也纳组织了一场名为"国际刑警组织数字安全挑战赛"的培训演练，来自 23 个国家的 43 位调查人员和数字取证专家调查了对银行的潜在攻击。澳大利亚外交部长朱莉·毕晓普宣布，澳大利亚将参加北约组织的世界上最大的网络战演习——"锁定盾牌"演习。美国金融服务信息共享和分析中心与新加坡网络安全局（CSA）已签署 3 年合作协议，共同开展网络安全演习，并加强两个组织之间的安全威胁情报共享。北约举行了一年一度的"锁盾"演习，为期 5 天，模拟对虚构国家"Berylia"的关键基础设施发起攻击。日本和美国于 2018 年 9 月在东京举办了为期 5 天的演习，参与者包括来自日本、美国、韩国、印度和东盟的政府官员。

（三）成立合作安全组织机构，开展技术性合作

世界经济论坛于 2018 年 3 月启动了一项金融科技新计划，即成立新的金融科技网络安全联盟。新加坡电信、日本软银、阿联酋电信以及西班牙电信确定将联手组建"全球电信安全联盟"，承诺彼此共享网络威胁数据，同时挖掘各方资源，从而为全球客户提供支持。这 4 家电信厂商已经组建起网络安全组织，旨在交换相关威胁数据并进行挖掘，以支持全球客户。欧盟的 9 个成员国将成立各国轮值的快速回应小组，以对抗网络攻击。2018 年 7 月，谷歌、微软、脸谱和推特四巨头联合正式宣布了数据传输项目（DTP），旨在创建"让人们可以在网络上自由移动信息的新工具"。2018 年 9 月，"东盟—日本网络安全能力建设中心"在泰国落成，培训来自东盟成员国的网络安全人员，以帮助打击该地区的网络威胁。英国电信联合澳大利亚新南威尔士州政府宣布将于悉尼成立一所全球网络安全研究与开发（R＆D）中心，旨在加强国家网络安全防御体系。该中心是英国电信在英国以外成立的第一家网络安全研发机构，研究内容包括网络安全、机器学习、大数据工程、云计算与数据网络等专业领域。俄罗斯在 2018 年 11 月称，将与西班牙联合建立网络安全组织，以防止虚假信息传播破坏双边关系。

（四）其他国际合作

2018 年 1 月，日本首相安倍晋三与爱沙尼亚总理拉塔斯举行了会谈，就加强两国应对网络攻击政策合作达成了一致。安倍晋三宣布日本加入北约卓越合作网络防御中心。2018 年 4 月，澳大利亚外交部长朱莉·毕晓普宣布澳大利亚成为北约网络合作防御中心参与成员，并派遣一名代表常驻该中心。2018 年 10 月，一些欧盟国家推动欧盟对网络攻击者实施制裁。日本与东盟建立网络攻击情报共享机制，推进网络威胁信息共享。

第 2 章

国家（地区）网络空间
安全政策及启示

2.1 2018 年美国网络空间安全政策

2018 年，美国政府高度重视网络空间安全建设，在网络安全战略立法、数据保护、内容监管等方面政策频出，在网络攻防能力建设和国际合作方面动作较多。美国在网络空间正在呈现出主动进攻态势。

一、政策概述

（一）网络空间战略方面

2018 年，美国加强网络空间战略规划，加紧出台网络安全战略，网络安全设计不断完善。5 月 15 日，美国国土安全部发布《国土安全部网络安全战略》，旨在履行网络安全使命，以保护关键基础设施免于遭受网络攻击。9 月 18 日，美国国防部发布《2018 年国防部网络战略》，阐明国防部将如何在网络空间以及通过网络空间落实《2018 美国国防战略报告》的优先事项；并重申了《2018 美国国防战略报告》关于"美国正处于大国间长期战略竞争的威胁中"的判断。同月，美国政府发布特朗普任期内首份《国家网络战略》，概述了美国网络安全的 4 项支柱、10 项目标与 42 项优先行动。以上战略文件均是对网络威胁的评估和对国家网络安全的强调，体现出特朗普政府的治网特点，同时也为特朗普政府未来的网络安全走向奠定了基调。

（二）网络空间攻防能力建设方面

2018 年，在"美国优先"执政理念的引领下，特朗普政府将进一步加强网络攻防能力建设作为战略中心。在提升网络安全防御能力方面，主要从完善防御体系、加强应急响应等方面入手，聚焦关键基础设施的网络安全保护。3 月 12 日，美国参议院能源和自然资源委员会提出《能源基础设施网络安全法案》，要求使用工程化概念来简化和隔离自动化系统，并消除漏洞，以保障美国能源网络免受网络攻击。4 月 2 日，美国国防部决定启用新的风险管理框架（RMF），通过对网络威胁和漏洞等风险进行分类排序及持续响应，建立一套更有效的网络安全体系。8 月 14 日，美国总统特朗普签署《小型企业网络安全法案》，以提升小型企业应对网络攻击的能力，保护小型企业免受网络攻击。9 月 5 日，美国众议院通过《网络威慑与响应法案》，旨在阻止外国黑客对美国关键基础设施发起攻击。在提升网络安全攻击能力方面，突出发展进攻性手段，从而加强威慑。4 月，美国网络司令部发布《实现和维护网络空间优势：美国网络司令部指挥愿景》，明确美国网络司令部的目的、方式和手段。5 月 4 日，美国网络司令部升格为美国的第 10 个作战司令部，提升美国网络部队实战能力。

（三）数据安全保护立法方面

2018 年 3 月以来，美国社交网站脸谱持续曝出大规模数据外泄事件，引发全球震动。该事件也对美国乃至世界各国的网络数据保护敲响了警钟，美国因此掀起了网络数据保护"立法热"。在国家层面，3 月 23 日，美国国会通过《澄清境外数据合法使用法案》，核心是授权美国政府与其认定的"合格国家"建立近似对等的跨境数据调取体系，从而使开展跨境数据流动的管辖和电子取证更加便捷。9 月，美国商务部提出了联邦数据隐私框架提案，该提案赋予了消费者更多的控制权，以控制企业收集和使用其个人信息。同时，美国部分州也相继制定了更为严格的数据隐私保护法案。5 月 3 日，美国南卡罗来纳州通过《保险数据安全法案》。5 月 29 日，美国科罗拉多州州长签署旨在加强消费者隐私和数据保护的《1128 号州众议院法案》。6 月 28 日，美国加利福尼亚州州长签署《2018 年加州消费者隐私法案》，加大消费者对个人数据的处置权，堪称"全美各州最严网络隐私保护法规"。法案禁止企业在未经本人授权情况下出售 16 岁以下未成年人的个人资料；对于未满 13 周岁的儿童，需要获得其父母的许可。同日，美国亚利桑那州通过法案，对网络监管不严和不负责任的数据管理行为实施处罚。

（四）打击网络犯罪方面

美国的《国家网络战略》指出，需要打击网络犯罪并完善事件上报机制。2018 年，美国在打击网络犯罪方面继续下大力气。2 月，美国联邦检察人员宣布对一个全球网络犯罪团伙的 36 个嫌疑人提出指控，美国司法部称之为"迄今为止受理的最大规模网络欺诈案件"。4 月 11 日，美国总统特朗普签署

《2017 年允许州和受害者打击在线性交易法案》，使联邦和州检察官更容易针对某些网站从事卖淫和其他与性有关的犯罪进行指控。6 月 12 日，美国司法部宣布在美国境内和国外逮捕了 74 名网络诈骗犯罪分子，这些犯罪分子涉嫌针对商家和个人（特别是老年人）展开网络财务诈骗，并使用商业电子邮件拦截电汇。9 月，美国联邦调查局（FBI）金融犯罪部门主管表示，已申请 2 160 万美元资金用于打击数字货币犯罪。此外，特朗普政府正加大力度打击干预美国事务的行为。2 月 26 日，美国国务院宣布已经与美国国防部签订协议，将从国防部获得 4 000 万美元，以加强其所属全球作战中心打击国外敌对势力宣传虚假信息的行为。8 月 30 日，美国联邦调查局宣布，FBI 制定了"打击国外影响力指南"，旨在"教育公众"，并开展有关虚假信息、网络攻击和"境外势力对社会的整体影响"的政治运动。9 月，美国总统特朗普签署行政令，授权对任何干涉美国中期选举的个人实施额外制裁。

（五）网络安全人才培养方面

网络安全人才问题是美国历次国家网络安全战略中重要的议题之一。美国在培养网络安全人才方面，重点着眼于加强统筹协调、完善学历教育、强化在职培训、明确人员分类标准、提升人事管理水平等，始终在为"准备、建设和维持一支能够保护和促进美国国家安全和经济繁荣的网络安全人员队伍"而努力。2018 年，美国在网络安全人才培养措施与人才发展制度建设方面继续进行了诸多实践。3 月 7 日，美国南卡罗来纳州推出网络劳动力培养项目，在学术界、工业界和政府当中培养熟练的网络安全人员。4 月 2 日，美国人事管理办公室发布《定义、解析和上报网络安全工作人才的核心需求的指导意见》，指导政府各机构确立网络安全人才的"核心需求"，力求填补政府内网络安全技术和岗位的空缺。6 月 26 日，美国首席信息安全官委员会（CISOC）和首席信息官委员会（CIOC）发布《首席信息安全官手册》，并将其纳入培训潜力高管的知识纲要。手册着重强调了对机构 IT 系统进行现代化改造的必要性，阐明了网络安全挑战的许多方面以及美国联邦管理的相关问题和机会。2018 年第三季度，美国国家科学基金会（NSF）宣布在接下来的 5 年中，向 307 名计算机领域的科研人员提供 1.5 亿美元资助，推动他们在智能设施、协作机器人领域，解决安全通信和大脑相关技术难题。

（六）网络安全国际合作方面

近年来，美国致力于打造在网络安全方面的国际机制和秩序，在多份文件中表示要和"志同道合"的盟友、伙伴一同打造基于国际法的国际网络机制。2018 年，美国继续强调与盟友、伙伴开展网络安全国际合作，试图打造利于美国的网络安全阵线联盟，争夺网络空间话语权，不断提升其影响力。一是加强网络安全各领域合作，提高网络安全威胁应对能力。7 月，美国、英国、澳大利亚、加拿大、荷兰这 5 国政府宣布成立"全球税务执法联合组织（J5）"，旨在通过联合调查和执法行动，打击包括违规使用加密货币等在内的网络金融犯罪活动。8 月，美国、英国、澳大利亚、加拿大和新西兰联合召开部长级会议，签署系列协议，旨在扩大反恐情报共享力度，打击非法使用网络空间的行为。10 月 22 日，美国和英国军方官员以及科技行业高管签署一项协议，承诺两国在网络安全和人工智能方面进行合作。二是引领网络空间多方合作，争夺网络空间国际规则制定的话语权。5 月，美国、日本和新加坡向世界贸易组织（WTO）提议，跨境数据以电子方式自由流动，禁止服务器本地化，并明确政府获取隐私数据的程序。6 月 26 日，美国参议院外交关系委员会通过《网络外交法案》，提出在美国国务院内设立"网络空间和数字经济办公室"，鼓励美国政府在国会的监督下促成网络空间的国际协议的签署。8 月，美国国务院宣布计划在网络空间建立一个数字联盟，以遏制网络空间恶意活动。通过这项计划，美国可与联盟国家协调，对网络空间恶意活动实施反击，并协商法律、外交等一系列问题。

二、分析研判

（一）特朗普政府网络安全政策突出"美国优先"原则，不惜破坏网络空间国家间的正常关系

2018 年，美国政府发布的《国家网络战略》与 2017 年年底颁布的美国《国家安全战略》相呼应，重点着眼于美国网络安全外部风险应对、网络安全能力建设、网络安全发展趋势等方面。相较于此前美国政府的网络安全战略，特朗普政府的网络安全战略更强调"美国优先"原则，网络安全理念也回到了以军事等硬手段达成安全目标的旧思路，主要目的是维持美国在网络安全领域的地位。各项战略多以美国网络攻防能力建设为中心，试图将网络安全政策的方向拉回美国国内，对网络空间国际治理的意愿明显下降。从客观层面看，对国家安全利益的维护是美国网络安全战略转型的外部驱动；从主观层面来看，夺取网络空间的绝对领导权和"网络战"中的绝对主动权是美国制定网络安全

战略的内在动力。以美国自身利益为中心的网络政策法规体系，将进一步加大全球网络空间的不确定性。例如，如果按照美国 2018 年推出的《澄清境外数据合法使用法案》的相关要求，多数发展中国家就难以满足"符合条件的外国政府标准"。此举充分体现出美国将自身利益放在首位，试图主导跨境调取数据游戏规则的制定权，将控制之手伸向他国网络空间，损害他国的网络空间主权和国家安全。

（二）将加强网络空间威慑作为本国网络安全战略重心，或破坏网络空间合作共赢的良好生态

2018 年 9 月，美国政府相继发布了《2018 年国防部网络战略》概要和《国家网络战略》两份重要文件，前者重点指导美军夺取并保持网络空间优势，后者着重提出维护美国网络空间安全的目标举措，二者均将网络威慑作为实现美国繁荣与安全战略目标的重要手段。与之前同类文件相比，两份新文件均以网络进攻为导向，以新概念诠释了威慑与防御。其中，《国家网络战略》提出，为达成有效威慑，要让网络恶意行为体承受"反应快速、代价巨大、清晰可见的后果"，其进攻性明显强于以往的网络威慑政策。同时，该战略重视各种威慑手段的有效性，提出将通过经济制裁、公开溯源信息、司法起诉等遏止对手通过网络伤害美国的意图。《2018 年国防部网络战略》则以"防御前置""塑造竞争优势"和"做好战争准备"为关键词，提出"在任何空间作战并获胜""以先发制人、击败、威慑等方式抵御重大网络攻击""与盟友、伙伴合作"三大目标。此外，配合相关战略，美国政府也加快了建设、优化网络的步伐，从而达到威慑相关组织结构和政策权限的目的。加强网络空间威慑，显示出特朗普政府对网络空间战略地位的重新定位，特朗普政府或进一步将网络空间的攻防能力建设作为战略重心。在网络空间治理踟蹰不前、网络空间安全前景不明的国际总体形势下，美国对加强其网络空间威慑能力的重视，必将加深各方忧虑，也给涉美国际关系在网络事务层面的定位带来变数。

（三）屡将网络安全议题纳入军事范畴，或加剧全球网络军备竞赛

从美国当前的网络安全基本生态来看，网络安全议题日益被纳入"高政治"的军事范畴。在对外层面，美国积极寻求国际社会承认网络空间军事化的合法性，试图以传统武力钳制网络活动，对待网络议题态度强硬。在对内层面，美国政府一是不断扩大网军队伍，提升网军实战能力；二是集中力量提高战略指挥效率，赋予网络司令部更大的自由度。如美国网络司令部升级为一级联合作战司令部，就凸显了浓重的"作战"色彩。该司令部升级会使网络空间行动超出以往行为界限，被美国列为竞争对手和打击对象，可能会遭到频繁的威胁和遏制。当前，网络空间与国家安全、社会稳定、经济繁荣等国家利益高度相关，已经成为大国战略博弈的重要领域，任何一国仅从自身安全与优势出发而采取的网络力量建设举措，都可能触动其他国家高度敏感的神经。美国作为全球首个建立网络部队和网络实力最强的国家，频频使用"准备战争""先发制人"等词汇来展现其强硬姿态，即使在选择国际合作伙伴时也强调要与其"志同道合"，其结果只能是导致大多数国家的焦虑感倍增，并引发网络空间军备竞赛。

（四）加强与盟国的网络安全合作，军事同盟向网络空间同盟转变趋势明显

2018年以来，美国、日本、英国等国家纷纷加快在网络安全领域的协同合作，军事同盟向网络空间同盟转变，或对我国网络安全形成包围性挑战。一方面，2018年年初日本加入北约合作网络防御卓越中心（CCDCOE）引发全球高度关注。此举既提升了该中心在网络空间领域的主导地位，又使得日本成为美日同盟和亚洲"小北约"的主要战力。此外，日本成为亚洲第一个加入北约合作网络防御卓越中心的国家，或在亚太地区产生类似"多米诺骨牌"的效应，极有可能对韩国、澳大利亚和菲律宾起到某种"表率"作用，使这些国家同样产生加入北约合作网络防御卓越中心的意向。另一方面，在强化网络安全和数据保护合作方面，美国与其盟国聚拢，与我国形成对立竞争的局面。如2018年7月，美日在华盛顿举行第九次美日互联网经济政策合作对话会议，重点讨论美国和日本的网络战略、网络管理风险以及政府和行业之间信息共享的最佳实践。日本、美国和欧盟拟推动构建"数据贸易圈"，目的是在禁止数据流向个人信息保护和网络安全对策不充分的国家和地区、企业达成协议，以更好地维护数据"贸易圈"竞争环境。在合作的同时，也加强对盟友的监控、查探。

（五）加强对社交媒体的监管，以推动行业自主加强对网络信息的监测和过滤

当前，社交媒体愈加成为网络空间的一把"双刃剑"。社交媒体在为人类社会交往带来便利的同时，部分"恶性"信息也借机大量传播，对网络健康发展造成一定危害，并由此引发了诸多社会问题。针对这类情况，美国政府主要通过对社交媒体的监管，来推动行业自主加强对有害信息的监测和过滤。如

2018 年 1 月，美国立法机构再次敦促互联网公司努力打击恐怖主义及其宣传。脸谱、推特和优兔（YouTube）等社交媒体公司均表示，将比以往任何时候都更有效地阻止和删除有害内容。此外，美国政府也致力于防范虚假有害信息的散播。2018 年 2 月 26 日，美国国务院宣布已经与五角大楼签订协议，将拨款 4 000 万美元以支撑全球作战中心打击外国宣传虚假信息的行为。资金将部分用于向民间团体、媒体供应商、学术机构、私营公司和其他组织提供补助，以便开展打击虚假信息的工作。

（六）特朗普政府网络安全政策对中美关系形成冲击，中美在网络安全领域分歧加大

特朗普政府网络安全政策的调整，使中美网络关系受到牵连。一方面，网络安全作为中美合作亮点的角色正在发生变化。对于网络安全议题在中美关系中的地位与作用，两国的看法出现差异，特朗普政府强调冲突多过合作，网络安全合作的共识出现裂痕。另一方面，特朗普政府试图将网络安全与经贸关系进行捆绑，将中国视为网络经济战的主要来源国，横加指责。鉴于两国在经贸问题上的分歧较大，网络安全在相当一段时间内还将继续成为两国对话的重要议题。

2.2 2018 年俄罗斯网络空间安全政策

2018 年以来，俄罗斯在网络安全领域持续加大立法，出台相关举措，不断推进俄罗斯的网络安全水平和能力建设。

一、2018 年以来俄罗斯在网络安全领域的重要政策

（一）推动政府计算机系统去 Windows 化

根据俄罗斯《消息报》2018 年 1 月 9 日发表的题为《俄军对 Windows 说再见》的报道，俄罗斯国防部正式决定，将所有办公电脑的操作系统改为 Astra Linux，该系统由莫斯科一家名为 RusBITex 的软件公司开发，是纯粹的本国制造。目前，俄罗斯所有军用电脑安装的都是微软的正版 Windows 视窗操作系统。不过，Astra Linux 其实早已成为俄自动军事指挥系统所使用的唯一操作系统。至于国防部的办公电脑，则将使用它自带的办公软件的扩充版。在下一阶

段，新操作系统将陆续安装于军方的专用手机及平板电脑上。自2018年起，首批Astra Linux系统在俄军中进行了广泛的使用测试。

（二）强化关键信息基础设施标准规范

2018年2月8日，俄罗斯联邦政府通过第127号决议——《关于确认俄罗斯联邦关键信息基础设施客体等级划分的规定以及俄罗斯联邦关键信息基础设施客体重要性标准参数列表》。该决议作为2018年1月1日生效的《俄罗斯联邦关键信息基础设施安全法》的附属性文件，由俄罗斯联邦国家总理梅德韦杰夫签署批准。决议内容包括等级划分规定、关键信息基础设施客体重要性标准参数列表以及划分的参数值。该决议明确了俄联邦关键信息基础设施客体的重要性等级划分工作的主要内容，明确了在等级划分过程中所需要的基础资料、等级划分委员会的组成成员及工作流程、结论等内容的提交程序及时限规定。该决议明确，要根据不同的参数设定重要性标准指标，设置3个重要性等级：三级到一级，其重要程度依次增加。并且列表根据参数的种类分为社会、政治、经济、生态环境以及国家法制程序和国家安全、国防保障这几个部分，每个部分都有相应的参数描述以及与每个描述对应的不同等级的参数值。根据需要划分等级的关键信息基础设施客体的具体种类及参数值，可确定相应的重要性等级。

（三）加强网络信息内容监管，明确网站监管责任

《莫斯科时报》2018年4月25日报道，俄罗斯总统普京已经签署了一份《互联网诽谤法案》，允许当局封锁发布诽谤公众人物信息的网站。俄罗斯国家杜马4月初迅速通过了《互联网诽谤法案》，该法案要求，如在社交网络上发布不实消息或侵犯他人名誉的信息并拒绝删除，相关责任人将被处以高达5 000万卢布的罚款。该法案主要针对那些"未能消除抹黑公民的荣誉、尊严或商业信誉的信息"的冒犯性网站，要求其在法院下达命令的1天内进行封锁。

（四）打造"第二互联网"，保证极端情况下的通信能力

据英国《每日邮报》2018年6月8日报道，俄罗斯军方正在建立一个巨大的云网络，以便让其情报系统"离网"运作。这个600万美元的项目全部使用俄罗斯的硬件和软件，并在2020年全面投入使用。这个"备用网络"将大大改善俄罗斯在其与全球互联网的连接丧失、中断或遭攻击的情况下保持运行的能力。据悉，这个系统将是"一个地理上分散的防灾难数据处理中心网络"，并透露首个中心已经建立。普京的最高信息技术顾问赫尔曼·克利缅科曾宣称，在战争期间，俄罗斯可以完全切断与全球互联网的连接，在大规模内部网络"封闭数据传输段"中运行商业流量。这是俄罗斯降低对外国信息技术依赖的一系列举动中最新的一次尝试。美国对外政策理事会俄罗斯问题研究员萨姆·本德特称，建立"备用网络"对于莫斯科确保其数据等关键领域免受西方潜在干涉至关重要。

（五）完善对外国互联网公司的监管，加大违法惩处力度

俄罗斯塔斯社 2018 年 11 月 26 日报道称，俄罗斯总统办公厅、俄罗斯联邦电信、信息技术与大众传媒监督局（Roscomnadzor）正在制定一项法律修正案草案，该修正案的目的是督促在俄罗斯经营的外国互联网公司遵守俄罗斯法律规定。根据该法案可加大对违反俄罗斯法律的互联网公司的惩罚力度，罚款最高可以达到其在俄罗斯年经营收入的 1%，且金额不少于 150 万卢布（约合人民币 16.57 万元）。大额罚款可针对提供如搜索引擎、新闻聚合器、VPN 服务、即时通信工具和其他可收集俄罗斯公民个人数据服务的违法违规公司。该惩罚可作为屏蔽服务的替代方案。目前，针对违反俄罗斯法律的行为，可依法对涉事公司征收行政罚款或屏蔽其在俄罗斯的服务。此前，Roscomnadzor 局长曾表示支持引入经营额罚款制度（即根据公司营业额按比例罚款），以替代现有的服务屏蔽做法，但前提是涉事互联网公司的行为并非不可容忍。

（六）推进个人数据保护立法，加强数据泄露整治

2018 年 11 月 23 日，俄罗斯公布了旨在阻止国家机构泄露个人信息的立法草案。此项立法草案由俄罗斯交通部制定，包括两项法律草案和一项政府决议草案。该法案将禁止未经授权的人发布从官方渠道获取的个人数据，任何违反这一规定的人都将被处以罚款。法案还要求建立个人数据处理系统的国家机构与俄罗斯主要的国内情报机构"联邦安全局"进行协商。分析认为，该法案是俄罗斯总统普京对 2017 年俄罗斯接二连三发生数据泄密事件做出的反应。该法案还将对俄罗斯数据库黑市进行有效打击。俄罗斯数据库黑市上流通着众多个人隐私数据，包括个人护照详情、地址、汽车登记表、航班舱单，甚至报税表等，这些数据大多是利用从国家登记处窃取的机密信息汇编而成的。根据该法案，在黑市发布个人数据已经是非法行为。

（七）向联合国递交两份网络安全倡议，积极参与网络空间国际治理

2018 年 9 月，俄罗斯在第 73 届联合国大会期间递交了两份有关网络安全的倡议书并获得通过。其中一份决议草案的内容是各国互联网行为守则汇编，另一份内容呼吁重新审议打击网络犯罪机制。第一份决议草案的内容阐述了针对国家网络行动守则，涵盖了上海合作组织起草的《国际信息安全行为准则》。根据该准则，要求禁止利用信息技术干涉他国内政以及破坏他国政治、经济和社会稳定，防止国家利用信息技术的领先优势，并保证所有国家在国际管理体系中起到同等作用。第二份决议草案的内容是打击网络犯罪新公约草案。根据俄罗斯的设想，这份文件应当取代 2001 年欧洲委员会颁布的《布达佩斯网络犯罪公约》。俄罗斯反对这份公约中有关允许特工部门在不事先通知的情况下在第三国电脑网络上采取行动的条款。

二、俄罗斯网络安全举措的特点分析

（一）高度重视网络安全，将网络安全摆到国家安全战略高度

俄罗斯一直非常注重网络安全，将网络安全上升到国家高度。总统普京 2017 年 10 月 26 日在联邦安全会议召开的工作会议上指出，网络安全对于俄罗斯具有战略意义，事关国家主权和安全、国防能力和经济发展，应努力提高网络安全水平。近年来，俄罗斯开始加大对关键基础设施和国家重要部门的网络安全建设。俄罗斯《新闻报》援引获政府批准的信息安全计划报道，到 2020 年，俄政府将拨付 5 亿卢布（约合 870 万美元）财政预算和 3 亿卢布（约合 530 万美元）预算外资金，用于搜索国家 IT 系统漏洞。受测系统将包括俄罗斯国家 IT 系统和国内外 IT 系统产品。普京于 2018 年 7 月 6 日在俄罗斯联邦储蓄银行主办的国际网络安全大会上表示，俄罗斯正在实施一项打击网络犯罪的措施，将在各公司和执法机构之间建立一个网络安全威胁数据自动交换系统，以帮助协调应对网络威胁的措施。如果发生网络攻击，该系统将有助于更好地协调通信运营商、信贷机构、互联网公司和执法机构的行动，从而迅速消除出现的威胁。

（二）注重网络信息内容审查，不断强化内容监管力度

近年来，俄罗斯高度重视对网络内容的审查，收紧对互联网的监控，俄罗斯国内屏蔽网站数量呈现上升趋势。由此，俄罗斯越来越多地将网络内容发布纳入刑事犯罪，频繁监禁民众发布被视为极端主义或非法的信息。2017 年 7 月 30 日，俄罗斯政府网站发布题为《对联邦法条"关于信息、信息技术及信息保护"的修订案》的 15 页文件，旨在禁止俄罗斯 VPN 服务提供商帮助用户匿

名访问在其境内禁止浏览的网站。2018 年，俄罗斯规定外国互联网公司在本国运营必须遵守俄罗斯法律，这明显是针对境外互联网公司的一项管制，加强对内容的控制。俄罗斯议会 9 月 18 日在二读中通过一项法案，拒绝撤下被法院裁定为"虚假"网上信息的俄罗斯公民，可被判入狱长达 1 年；此外，根据俄罗斯司法网站 pravo.ru 上发布的批准文本，违反该法案规定的人员还可能被处以 50 000 卢布（约合 5 092 元）的罚款。该法案适用于使用社交媒体的个人或媒体工作者。此外，俄罗斯 2018 年以来加大了加密通信的监管，包括限制 Telegram 在俄罗斯的使用，要求其提供解密用户信息的密钥，否则将被屏蔽。俄罗斯联邦电信、信息技术与大众传媒监督局 2018 年 4 月 6 日宣布，已向莫斯科一家法院提起诉讼，限制 Telegram 在俄罗斯的使用。俄罗斯还要通过屏蔽 1 350 万亚马逊 IP 地址来封杀一个叫作 Zello 的应用。

（三）不断打造数据防护机制，提升网络数据的安全

为了确保网络数据安全，近年来，俄罗斯推出一系列举措，打造网络数据安全的防护机制。一是从战略层面设计俄罗斯网络数据安全法规；二是在战术层面构建多重保护机制，通过对网络数据信息安全等级认证，加强网络数据审查和加密，通过在俄罗斯安全部、内务部和国防部设立专业网络机构等举措应对网络安全威胁；三是坚持处理器和操作系统自主可控，目前，俄罗斯政府机构、军事部门和国营企业均强制使用装备俄罗斯自主开发的处理器芯片的计算机和 Linux 操作系统。目前，俄罗斯正打造军用"云服务平台"，旨在强化网络数据特别是与军事相关的网络数据信息存储，以确保国家军事安全。一方面是应对病毒、黑客等外部网络安全威胁；另一方面是提升俄罗斯军事情报处理能力。

（四）积极布局新技术，确保网络技术领先和网络安全

随着区块链技术、加密货币及卫星互联网的发展，网络空间和技术得到了进一步延伸，如何确保技术领先和安全成为新的课题。据俄罗斯航天系统控股公司负责战略发展和创新的副总经理涅斯捷罗夫介绍，2025 年前，俄罗斯航天系统控股公司将建成一个由 288 颗卫星组成的卫星群，其轨道高度为 870 千米。即使关闭地面基础设施，该系统也可以运行。该系统将具有相当的普遍性，计划进行 10 000 个移动传输对象，10 000 个集体访问互联网出口，确保 1 000 万个通信用户，并通过安全渠道每天提供约 10 亿笔安全交易。项目实施需要约 3 000 亿卢布（约合 48 亿美元）。此外，俄罗斯军方将利用区块链技术加强国防网络安全。据俄罗斯媒体报道，俄罗斯国防部正在ERA技术园区建立一个独特的研究实验室，以开发区块链技术，加强网络安全和打击针对关键信息基础设施的网络攻击。在加密货币方面，俄罗斯也抓紧立法推进，强调对加密货币的管制。数名议员向国家杜马提交法案，要求禁止将加密货币纳入支付方式。

（五）积极构建信息作战能力，致力于打赢非对称网络战

在信息时代，俄罗斯分析人士已经认识到，信息技术能够用于将来可能发生的冲突之中。在这些冲突中，不会有明确的战线，而且冲突会在多个维度和领域发生。这些是进入包括信息和宣传在内的技术领域的一种新"种族"。因此，俄罗斯发展了多种信息战能力来增强其影响力，如计算机网络战、电子战、心理战、欺骗行动和社交媒体武器化。俄罗斯总参谋长瓦雷里·格拉西莫夫于2018年3月24日对总参军事学院学员表示，美军并不是唯一能投资指挥和控制无人机、地面机器人和人工智能（AI）助手的国家军队，俄罗斯也将增加在这些领域以及在空间和信息战领域的投资。他指出，俄罗斯正在建立一个"自动侦查和打击系统"，这是一个AI驱动系统，类似于美国空军正在研制的Mavenand数据决策项目，目的是将目标识别和攻击之间的时间缩短70%左右，并将打击的准确性提高两倍。随着未来的冲突在技术和网络领域出现，"谁控制了趋势，谁就控制了叙事，而最终，叙事控制了人民的意志。"这种形式的信息战能力经常被过分简化和低估，因此导致目标受众被现有的漏洞所利用。俄罗斯《军事科学院公报》称，受害国甚至不怀疑自己受到了信息、心理的影响。这就导致了一个悖论：侵略者在受影响国家的人民的积极支持下，实现了他的军事和政治目标。

（六）重视开展网络安全国际合作，通过合作和对话化解矛盾

网络安全无国界，在网络空间领域，任何国家都不可能独善其身，因此，网络空间的国际合作成为各国的重要共识。俄罗斯迫切需要加强网络安全建设，在网络国际合作方面拓展新渠道，避免孤军奋战。在打击虚假新闻方面，俄罗斯与西班牙合作成立联合网络安全组织，化解宣传分歧。2018年11月7日，俄罗斯外交部长谢尔盖·拉夫罗夫和西班牙外交大臣何塞·博雷利表示，两国同意成立一个联合网络安全组织，以防止错误信息的传播破坏双边关系。在新技术方面，俄罗斯与印度加强人工智能和区块链的合作。2018年11月20日，俄罗斯与印度达成协议，在人工智能、区块链系统等领域加强合作。根据协议，双边将在数字前沿、金融技术和量子计算领域开展合作。在网络安全方面，俄罗斯和葡萄牙同意定期就网络安全问题进行磋商。2018 年 11 月 24 日，俄罗斯外交部长谢尔盖·拉夫罗夫和葡萄牙外交部长奥古斯托·桑托斯·席尔瓦在里斯本签署了两国外交部之间的谅解备忘录，其中，特别规定了就网络安全问题进行定期磋商。谢尔盖·拉夫罗夫十分关切网络空间发展，但他强调网络空间层面的讨论需要的是专业人士，而不是政治官员。

（七）重点加强对跨国互联网公司监管，强化属地管理

2013—2018 年，俄罗斯出台了一系列严格的互联网法规，包括要求搜索引擎删除部分搜索结果，要求消息服务商与俄罗斯安全机构共享加密密钥，以及要求社交网络在俄罗斯境内的服务器上存储用户个人信息等。俄罗斯联邦电信、信息技术与大众传媒监督局于 2018 年 12 月 11 日称，俄罗斯已对谷歌公司处以 50 万卢布（约合 7 530 美元）的罚款，原因是谷歌公司未能按法律要求删除其搜索结果中的特定条目。该局局长亚历山大·扎罗夫称，如果谷歌仍不遵守相关法律，则俄罗斯可能对谷歌公司展开新的调查。副局长苏博京则表示，如果罚款不能敦促谷歌公司遵守俄罗斯法律，俄罗斯可能将制定更严格的惩罚措施，例如在俄境内封锁违反俄法律的相关国外互联网企业。俄罗斯法律规定，自 2018 年 10 月 1 日起，进入俄市场的搜索引擎要接受一份被俄官方禁止的网页目录，并屏蔽目录内的所有搜索结果。如违反该法律规定，将被处以 50 万～ 70 万卢布的罚款。

（八）着力规避与西方的矛盾，主动调整网络安全公司竞争策略

自 2017 年起，俄罗斯知名网络安全公司卡巴斯基便不断遭受质疑。2017 年 9 月，美国国土安全部指示政府部门和相关机构停止使用俄罗斯公司的产品；2017 年 12 月，立陶宛禁止在某些关键的行业内使用卡巴斯基实验室软件；英国国家网络安全中心也在该月发布了一封给政府常任秘书的信，信件内容包括建议避免使用俄罗斯供应商的安全产品；2018 年 4 月，推特停止接收卡巴斯基实验室的广告；2018 年 5 月 15 日，荷兰政府宣布将逐步淘汰卡巴斯基实验室的反病毒软件，以预防未来"某些不可控的事情发生"。尽管并没有确凿的证据能证明卡巴斯基出卖各国情报，但恐惧和怀疑已经在各国政府间蔓延开来，失去的业务固然只是其全球市场的一部分，但其带来的多米诺骨牌效应却着实令企业担忧。为了尽可能消除与"出身"相关的猜疑，获得更广泛的全球市场信任，卡巴斯基实验室 2018 年 5 月 15 日宣布将对基础设施进行调整，把

一部分"核心设施"迁往瑞士。与此同时，卡巴斯基实验室正在支持建立一个新的非营利组织，该组织不但负责第三方独立的专业技术监督，还能为未来加入的成员承担相关责任。

2.3　2018 年澳大利亚网络空间安全政策

2018 年，一些新型网络威胁呈现全球蔓延的态势，网络攻击目标由以攻击个人、单机、网络等目标向攻击政府网站、关键基础设施发展。澳大利亚在网络安全方面着眼于网络空间治理的长远目标，规划落实战略举措，推出一系列网络治理行为，相关情况综述如下。

一、政策概述

2018 年，澳大利亚网络安全中心发布系列涉网政策，从战略、法案和政策方面有效地开展网络防御措施，提升网络防御水平。

（一）持续强化顶层设计，筑牢网络安全"防火墙"

2018 年 2 月，南澳大利亚州政府发布《南澳大利亚州战略》，该战略从构建网络防御手段、网络防御优势和网络形势的角度进行了深入的分析，其中特别指出由于大多数政府机构都接入了单一的网络，一个机构发生网络安全事件很可能会迅速地影响该网络中的所有机构，强化内部政策和实践则有助于解决网络风险。同时，《南澳大利亚州战略》指出，南澳大利亚州政府在 2019 年 6 月以前，创建一个网络安全运营中心，继续投资研发其"观测平台"设施，提供"及时、准确的网络威胁和情报信息"。该战略也明确了保护基础设施、打击网络犯罪的重要性。澳大利亚政府积极考虑在澳大利亚国内利用澳大利亚信号局来保护关键基建设施，打击网络犯罪。此外，该战略建议以美国国家标准与技术研究院（NIST）的网络评估和授权实践为基础，采用 NIST 风险管理框架替换当前的产品和服务认证流程。

（二）发布网络安全指南来指导实践，锻造网络安全"圣斗士"

2018 年 1 月，澳大利亚政府小型企业与家族企业监察专员组发布小型企业网络安全指南《网络安全最佳实践指南》。这份指南囊括"自我保护"的 3 个步骤，旨在帮助澳大利亚国内的各小型企业运营人员预防或更好地应对网络攻击活动，帮助大众了解当前风险以及如何防范网络攻击活动。2月，澳大利亚网络安全中心发布《承包商网络安全指南》，该指南列出了8项安全加强措施，即从修复补丁系统到日常备份等行为。分析人士称，通过保持日志加强网络安全措施。分析称承包商还应通过建立安全框架证明对网络安全的承诺。2018年3月，澳大利亚信号局出台了《数据分析指南和澳大利亚隐私原则法案》，强调帮助组织识别并解决可能出现的隐私问题。2018年5月，澳大利亚发布《应对DoS服务攻击相关指南》，强调阻断服务攻击旨在破坏或削弱网站、电子邮件和DNS服务等在线服务的能力。该指南发布了相关措施，与服务提供商讨论他们立即实施任何响应行动的能力，为增强网络信息内容管理树立了良好的机制。澳大利亚战略政策研究所4月发布了《国家网络攻击能力报告》，这份报告基于政府关于澳大利亚国防军资金投入的声明，并且包括网络攻击能力优缺点的更多细节，还包括在使用、授权、允许机制、检查和平衡过程中的风险。通过发布相关报告与指南，可以看出，澳大利亚在锻造网络安全方面锤炼网络安全的本领与技术，从根本上提升网络防御水平和能力。

（三）重点突出数据保护力度，提升数据治理有效性

2018年2月22日，澳大利亚开始实行《数据泄露通报法案》，该法案旨在有效地防止数据泄露事件悄无声息地发生，法案适用于年营业额超过300万美元并持有个人可识别信息的组织和机构。这些组织机构必须向澳大利亚信息专员办公室和受影响的个人报告数据泄露事件，否则将被处以180万美元的罚款。5月，澳大利亚宣布投入6 500万澳元（约合3亿元）改革澳大利亚数据系统，另外，澳大利亚政府2018财年至2019财年预算中还宣布确定消费者的数据权利，建立一个新的数据共享框架和开放银行体系，并任命一名国家数据专员。基于这样的目的，澳大利亚政府认为，确立消费者数据权利将允许公民对其个人数据拥有更大的控制权，同时消费者能够与受信任的企业共享其数据，反过来通过创新产品和比较服务提供更好的交易。2018年第一季度，澳大利亚网络安全中心和信息委员会办公室都发布了网络数据保护政策，比如《数据分析指南和澳大利亚隐私原则法案》《澳大利亚去标识化和隐私法案》《澳大利亚数据泄露准备和应急响应指导规则》等从源头上加强数据治理，同时也对数据规范治理提出了明确要求。此外，12月，澳大利亚发布了《反加密法案》，迫使科技公司创造"后门"。总之，无论是从战略宏观层面还是从技术层面关注这些政策的执行，都在一定程度上强化了数据保护的"精度"和

"力度"。

（四）重视信息安全保护，从源头堵住安全漏洞

2018 年来，加密和监视问题一直是澳大利亚政府的一个难点。8 月发布的新法律主要是针对通信服务和设备制造商的提供商，并强化了政府要求电话、计算机和社交媒体平台等披露加密信息的权力。澳大利亚政府机构可以强迫公司提供技术信息（如设计规范）以帮助调查、删除电子保护、协助访问受保护设备上的材料，甚至建立或安装有关软件，以便设备当局采集信息。同月，澳大利亚政府发布《2018 年电信和其他立法修正案（援助和访问）条例草案》，该草案要求向澳大利亚人提供通信服务的公司在涉及犯罪问题时应向执法部门提供加密通信记录，以协助执法机构获取有关信息。12 月，澳大利亚网络安全中心和澳大利亚信号局联合发布了《澳大利亚信息安全规范指南》，该指南讨论了治理和技术概念，以支持组织信息和系统保护措施，通过"以点带面"的方式加深指南的规范化运用。同时，澳大利亚网络安全中心加强对《网络安全角色指南》《外包指南》《通信基础设施指南》《数据系统管理指南》《数据传输与内容过滤指南》《文件安全指南》的相关更新，旨在从技术上从严治理，保护信息安全和规范信息安全。

（五）不断加强网络安全教育，加强网络安全"软环境"建设

2018 年 1 月，澳大利亚的《全国 TAFE 网络安全资格认证》正式启动。获得网络安全 4 级证书和网络安全高级文凭有助于学生获得工作所需技能。这些计划的设计旨在确保网络安全专家和导师为实践培训和课程内容做出贡献，以确保其基于现实情景。1 月，澳大利亚网络安全中心发布了《社交媒体的安全指南》和《检测社会化编码用语与信息》，《社交媒体的安全指南》有力地规范了社交媒体的操作性步骤。要求每个社交媒体账户都应该拥有唯一的强密码，且包含密码短语，同时不会在任何其他系统上重复使用。4 月，澳大利亚网络安全中心发布《行政管理人员网络安全必备要点》，该文件中所列的 8 项问题供民众进行对照检查，以增加自身的网络安全知识。这些问题的提出有助于提升网络安全保护措施，提高全民网络保护能力。3 月，澳大利亚网络安全中心发布《使用评级检查的反病毒软件指南》，加快研究制定应对网络威胁的反病毒措施。特别是在 2018 年第三季度，澳大利亚网络安全中心发布了《使用VPN 相关注意事项》《网络隔离和聚合相关事项》《网站中使用 ADOBE 相关注意事项》和《应对网络安全事件的相关准备工作》等安全措施与举动，强化网络应用注意事项。

（六）巩固网络威慑力，提升网络模拟建设的速度和力度

2018 年 4 月，澳大利亚战略政策研究所发布了一份关于国家攻击性网络能力的报告。这份报告将攻击性网络行动定义为旨在操纵、拒绝、破坏、降级或销毁目标计算机、信息系统或网络的网络活动。其中，还探索了此类操作可能实现的具体效果类型，例如更改数据库、破坏网页、加密或删除数据，甚至影响关键基础设施，该报告详细描述了攻击性网络能力的优点和缺点。对此，有媒体认为，澳大利亚发布网络攻击能力的报告为澳大利亚构建网络威慑力量指明了方向，突出了网络攻击优势。

在加快构建网络模拟技术手段建设方面，2018 年 4 月，澳大利亚网络安全中心发布《8 个网络安全模型相关指南》设计网络安全模型，加强网络安全保护，从 5 个网络维度设计网络安全成熟度指标体系。

（七）强化网络治理能力，立法强化打击网络犯罪，构建治理犯罪的"突击队"

2018 年 3 月，澳大利亚发布了《东盟与澳大利亚打击网络犯罪的解决方案》，提出了东盟与澳大利亚最具创新性的打击网络犯罪的解决方案，例如利用大数据打击恐怖主义融资，利用财务数据深入了解犯罪和恐怖主义风险，运用人工智能改进反洗钱和反恐融资合规和可疑事项报告，12 月，澳大利亚的两个主要政党对全面的网络法律达成协议，要求科技巨头协助政府机构绕过涉嫌犯罪分子和恐怖分子使用的加密通信。目前，澳大利亚迫切需要通过这些法律来调查恐怖主义和儿童性犯罪等严重问题，该立法扩大了国内电信企业配合调查人员调查外国公司（包括在澳大利亚运营的任何通信提供商）的义务。这意味着澳大利亚政府的调查范围可以涵盖所有社交媒体网站和消息服务，如脸谱、WhatsApp，以及具有聊天功能的游戏平台。澳大利亚可以迫使当地和国际提供商取消电子保护，隐藏政府机构的秘密行动，并获取设备或服务。

二、分析研判

2018 年，澳大利亚在网络政策方面凸显了"全面性、创新性、及时性、威慑性"的特点，不断营造澳大利亚网络政策的"良好"环境。

（一）全面构建良好的网络运行环境

2018 年，澳大利亚在营造网络技术手段的"硬环境"与提升和宣传网络安全教育的"软环境"层面，纷纷制定了网络安全政策。既从宏观层面发布战略（比如《南澳大利亚州战略》），又从微观层面（技术、手段、措施等层面）入手，例如，5 月的《应对拒止服务的网络攻击》、8 月的《遏制恶意邮件战略》《多层次验证》等，这些政策的发布有利于营造澳大利亚的良好网络环境。

（二）持续强化数据泄露时间管理

面对数据的严重泄露，2018 年澳大利亚加强了数据治理，发布了《数据泄露通报制度》。从时间范围角度看，其生效时间早于欧盟 GDPR 的生效时间。GDPR 的生效时间为 2018 年 5 月 25 日，而澳大利亚的《数据泄露通报制度》的生效时间为 2018 年 2 月 22 日，体现了澳大利亚政府加强数据治理的信心与决心。此次《数据泄露通报制度》覆盖面较为广阔，规定了对各职能实体在应对数据泄露事件方面的具体要求。要求必须快速发布通报，以披露可能导致个人信息遭受"严重损害"的数据泄露问题，通报中对数据报告行为进行了具体规定。从定义上，创建数据泄露的通报类型。一般而言，符合通报类型的数据泄露行为是指未经授权访问、丢失或披露个人信息，其结果会对所涉及的个人产生严重危害的行为。如果某一职能实体有合理理由存在符合标准要求的数据泄露行为，则必须及时将相关严重危害风险通报给相关人员及信息专员，从行为措施上强化了披露相关数据泄露的流程和具体信息。披露相关数据泄露情况的组织机构必须填写《数据泄露事件通报》声明。在向受影响的个人及信息专员进行通报时，报告中必须包含以下信息：组织机构的身份与联系人详细信息、数据泄露事件描述、相关信息类型、个人应对数据泄露事件时应采取的建议性步骤等。从最后通报的时间范围来看，数据通报的时间在有效性方面加强了规定，大大提高了政府职能措施的后续实施效率。受影响的个人应在数据泄露事件被发现后的 30 天内得到通知，在此期间，相关职能实体可以自行开展违规行为调查。数据泄露事件通报计划还为职能实体提供机会，以及时采取措施应对数据泄露事件，从而避免发布进一步通报，例如向个人通报数据泄露事件。

（三）不断强化网络安全宣传教育

2018 年，澳大利亚不断更新网络安全学习教育规范与文件。澳大利亚卓越网络安全学术中心（ACCSE）计划是澳大利亚总理于 2016 年 4 月 21 日发起的 2.3 亿美元网络安全战略的一部分。此前澳大利亚政府已承诺在 4 年内

（2016—2017 年，2019—2020 年）用 190 万美元帮助澳大利亚加强网络安全教育的实践。ACCSE 2018 年 8 月发布了第一份《关于实施研究培训实施计划（RTIP）的进展报告》。RTIP 包括 18 项行动，旨在确保澳大利亚的研究培训系统真正具有世界一流水平，并巩固澳大利亚的研究、创新和生产能力。在加强网络公众教育方面，澳大利亚政府一直在精心设计研究，加强网络安全教育的计划，自 2018 年 4 月发布《国家攻击性网络能力》以来，澳大利亚政府鼓励产学研界加强合作，澳大利亚悉尼大学已获得超过 60 万美元的联邦资助，与澳新银行、联邦银行、澳洲国民银行、西太平洋银行和英国电信（BT）密切合作，共同开发和制订高中网络安全挑战计划，加强公众网络安全教育。

（四）强调威慑，不断加强网络进攻能力建设

澳大利亚的《国家型攻击性网络能力》报告指出了澳大利亚需要构建一支"兵种优良，精心装备"的武装力量。网络进攻能力的优势在于，对于军事任务来说，他们可以与澳大利亚国防部合作，增加新功能并创建武装力量。可以实现传统功能无法达到的目标，而不会造成不可接受的其他损害。网络进攻能力可以在全球造成影响力，能够以相对适中的成本对抗对手的不对称优势。澳大利亚在发布报告的同时，指出了澳大利亚在网络防御方面的缺点，指出网络进攻能力也具有弱点，网络进攻能力需要高度定制才能有效，这意味着其开发成本高，缺乏灵活性。报告从 6 个方面提出了建议，例如澳大利亚政府应考虑以实质的方式增加资金投入，并对相关成本效益进行分析，大力提升网络威慑能力和力量。

2.4 2018 年加拿大网络空间安全政策

2018 年，加拿大在网络安全立法、网络安全预算拨款、网络安全战略出台、政府网络安全事件管理、打击网络犯罪等领域展开了卓有成效的部署与实践。加拿大还参加了五眼联盟年度会议与五国总检察长会议，使一系列网络安全政策宣示文件出炉。此外，加拿大行政官员、立法机关议员等在媒体积极发声，与公众沟通，争取舆论对网络安全管理与投资的理解与支持。

一、政策概述

（一）快速推进网络安全立法

加拿大国会立法记录显示，2017 年 6 月 20 日，加拿大众议院"关涉国家安全事宜"的 C-59 法案（House of Commons of Canada Bill C-59 An Act Respecting National Security Matters），经加拿大公共安全部部长向众议院提交，并在众议院一读完成，2018 年 6 月 19 日在众议院三读通过；2018 年 6 月 20 日向参议院提交该议案，参议院一读完成；2018 年 12 月 11 日，依然处于参议院二读进程，并于当日提交给参议院（常设）国家安全与国防委员会审议。

2018 年 11 月，加拿大政府开始执行新的《保护个人信息和电子文件法案（Personal Information Protection and Electronic Documents Act，PIPEDA）》。该法案的渊源在于加拿大立法者于 2000 年 4 月 13 日颁布的 PIPEDA，以及于 2015 年 6 月 18 日通过的新修订版《数据隐私法（Digital Privacy Act）》。《数据隐私法》规定了新的强制性违约通知义务，但这些义务被搁置到 2018 年 11 月 1 日才开始实施。依照新规，无论其所在的省或地区为何，所有在加拿大经营并处理跨越省或国界的个人信息的企业均受 PIPEDA 管辖。此外，加拿大法院裁定，如果收集加拿大公民的个人信息，在加拿大没有业务的外国公司可能仍然受 PIPEDA 的约束；即使间接收集加拿大人的个人信息，外国公司也会受到 PIPEDA 的约束。

（二）发布《加拿大国家网络安全战略（2018）》与《加拿大关键基础设施行动计划（2018—2020 年）》两大文件

2018 年 6 月 12 日，在渥太华国会山，加拿大公共安全部部长拉尔夫·古德尔，国防部部长哈尔吉特·萨詹以及加拿大创新、科学与经济发展部部长纳夫迪普·贝恩斯共同发布了加拿大的新版国家网络安全战略，该战略是加拿大在网络安全方面的路线图，将指导加拿大政府开展网络安全活动，以保护加拿大人的数字隐私、安全和经济，还将加强加拿大打击、抵御网络犯罪力度，提高本国的网络安全弹性。新版国家网络安全战略为促进创新、经济增长以及加拿大的网络人才发展提供资金。该战略还提出，将新建一个清晰可信的国家权威机构（即网络安全中心），这将整合现有网络业务，为政府部门、关键基础设施运营商以及公共和私营部门提供专家咨询和服务，以加强网络安全。同时，在加拿大皇家骑警队（RCMP）设立一个新的国家网络犯罪协调部门，以支持和协调加拿大各地警察部队之间的网络犯罪调查。此外，加拿大将开展一个新的自愿网络认证计划，罗列出帮助企业了解和应对网络威胁的最佳实践，增强企业的网络安全弹性。分析认为，这一新的认证计划将提高加拿大中心企业的网络安全性，增强消费者信心，更好地让中小企业在全球范围内具有竞争性。

2018 年 5 月 11 日，加拿大公共安全部发布《加拿大关键基础设施行动计划（2018—2020 年）》。该计划是实施加拿大国家关键基础设施战略（国家战略）的蓝图。加拿大保护关键基础设施的责任由联邦、省和地区政府以及关键基础设施所有者和运营商共同承担。该计划将帮助促进各级政府和私营部门合作伙伴之间的协作和信息共享，提供切实的风险管理举措。致力于使关键基础设施信息网关（CI 网关）现代化，以改善用户体验和功能。实施基于风险的方法，以确定重要资产和重要基础设施。开展跨部门演习，以提升准备和响应的效率。此外，将评估 10 个关键基础设施部门网络的健康状况。分析认为，加拿大的经济稳定和国家安全取决于有弹性的关键基础设施，而弹性取决于所有者和运营商应对快速变化的风险环境的能力，例如，与网络攻击有关的风险可能危及社区和关键基础设施的安全和保障，并且进一步对加拿大人的福祉产生重大影响。

（三）先后发布关于网络安全事件与信息管理的行政指令

由加拿大联邦政府国库委员会秘书处（TBS）发布的《加拿大政府网络安全事件管理计划（2018 年）》于 2018 年 1 月 26 日生效。该文件旨在为管理网络安全事件（包括网络威胁、漏洞或安全事件）提供操作框架，还补充了联邦应急响应计划（FERP）的安排和机制，以提供一个连贯的框架来处理影响多个政府机构和政府信心的网络事件。该文件的作用在于：加强政府对可能的网络威胁和漏洞的态势感知；改善政府内的网络事件协调和管理；减少网络事件对政府计划项目和服务以及信息运营的机密性、可用性或完整性的影响；增加公众对政府管理网络安全事件能力的信心。

《关于个人信息请求和个人信息更正的指令（2018）》经加拿大国库委员会批准，于 2018 年 6 月 26 日发布，2018 年 10 月 1 日生效。该指令根据加拿大《数据隐私法》第 71（1）（d）条而制定，主要用于指导各政府机构回应个人信息请求，目的是确立统一的实践做法和程序，以处理访问或更正由政府机构所掌握的已被使用、正被使用或未来可被使用的个人信息的请求。政府机构负责人或其代表应以公平、合理和公正的方式行使自由裁量权，需要考虑《数据隐私法》的立法意图，即为个人提供获取其个人信息的权利，以及其有限和特定的豁免。必要时与政府机构协商处理和披露个人信息。该指令还建立了保护请求者的身份、协助请求者的原则。该指令可在政府机构内有效、协调和主动地管理《数据隐私法》，有利于根据《数据隐私法》对个人信息请求和个人信息的更正做出完整、准确和及时的回复。但是，该指令不适用于加拿大银行，也不适用于《数据隐私法》所排除的信息。

（四）积极参与制定、发布五眼联盟网络安全政策文件

2018年8月28—29日，澳大利亚举办了2018年度五眼联盟部长级会议。8月30日，澳大利亚还举办了五国总检察长会议。加拿大政府格外重视此次会议，在加拿大国内安全执法与边境管控中握有实权的三大部长（即加拿大公共安全部长Ralph Goodale，加拿大司法部长兼总检察长Jody Wilson-Raybould，加拿大移民、难民及公民部部长Ahmed Hussen）悉数到会。2018年8月30日，加拿大公共安全部发布官方通报，名为《五眼联盟年度会议与五国总检察长会议（Five Country Ministerial Meeting and Quintet of Attorneys General Concludes）》。加拿大参与制定和发布《2018年五眼联盟部长级会议官方公报（Five Country Ministerial 2018 Official Communique）》《关于打击非法使用网络空间的五眼联盟部长级声明（Five Country Ministerial Statement on Countering the Illicit Use of Online Spaces）》《获取证据和加密数据的原则声明（Statement of Principles on Access to Evidence and Encryption）》等文件。

二、分析研判

（一）立法旨在平衡国家网络安全与民众隐私权，财政预算与公共安全部门重心日益向网络安全领域倾斜

加拿大相关网络安全拟议立法与战略的特点在于：确认网络安全是加拿大联邦政府所面临的一个关键问题，呼吁通过加密等特殊手段来确保信息安全；由于网络犯罪现象日益加剧，政府部门受到了极大的威胁，需要国家网络安全战略作为支撑，还需要在数据安全和保护知情权之间取得平衡；肯定了加密对保护个人隐私的价值，同时探究了对国家安全的潜在威胁；在个人隐私与国家介入之间划出清晰界线，给出了原则定义；目前加拿大缺少高技术的网络人才，要在预算方面对网络安全战略有所倾斜。

例如，C-59 法案一旦正式通过，将给予安全情报部门更大的权力，同时把它们置于更严格的监督之下，即在加强反恐保安和维护宪法与保护加拿大人隐私之间达到更好的平衡。加拿大电信安全局（CSE）将有权发动先发制人的网络战，但多了一个"超级"监察机构和一位情报专员。新机构名叫"国家安全情报监察署"，权限不仅包括监督加拿大安全情报局（CSIS）和加拿大电信安全局，而且当加拿大皇家骑警、加拿大边境服务署或任何其他政府部门的工作涉及安全情报时，它都负责监督。安全情报部门在开始一项行动之前要获得公共安全部长或国防部长的批准，如果是境外行动，还需外交部长批准；而新设的情报专员则负责审核和批准相关部长的决定。

同时，2018 年 2 月 27 日，加拿大自由党政府公布了新一年度的财政预算，将拨款近 10 亿加元建设网络保护力量，并鼓励科技公司和有才能的程序员与加拿大联邦政府合作。具体分配数字显示，加拿大联邦政府预留出 7.5 亿加元，将会在未来 5 年内改善网络安全，使加拿大联邦政府对网络攻击有更好的应对，追查网络犯罪分子；预算案还承诺，从 2020 年至 2021 年，增加 2.25 亿加元用以提高 CSE 在收集情报等方面的能力。此前在 2010 年，加拿大前保守党政府曾公布国家网络安全战略，但一直缺乏真正的投资。

2018 年 4 月 16 日，《2018—2019 财年加拿大公共安全部部门计划》公布。在 2018—2019 财年，加拿大公共安全部"优先级 1"的工作是推进保护加拿大公民和加拿大关键基础设施免遭网络威胁与网络犯罪。该部将增加加拿大关键基础设施应对突发事件的弹性，主要通过提高对威胁的认识，实施缓解和补救措施，开展现场评估，并提供技术培训，以提高风险管理能力。分析认为，保护国家和经济安全意味着需使加拿大免受网络威胁和侵害，并加强关键基础设施的应变弹性。

（二）网络个人信息新规虽严厉但仍有漏洞，加拿大隐私法律滞后于网络安全现状

新《保护个人信息和电子文件法案》的首要目的是敦促商家和企业重视对客户资料的保护，要求加拿大的商家和企业一旦发生信息泄露事件，必须及时通知客户或消费者。过去若发生电脑数据泄露或被黑客入侵的情况，大多数加拿大省份都让公司自己决定是否通知客户。新规要求加拿大公司要在两年内加强网络安全保护措施，在与第三方承包商所做的交易中，如果客户隐私信息发生泄露，必须及时告知客户，如果存在造成个人重大损失的风险，还要通知加拿大隐私专员办公室。

处罚措施严厉，每次违规的罚款额最高可达 10 万加元。一般认为，这个数额足以敦促许多企业更新其 IT 基础设施。加拿大独立企业联合会副主席莫妮克·莫若称，绝大多数企业还都没有意识到会发生泄露，也没有把报告数据泄露作为公司最重要的事。但是，有法律专家指出，新规中有些提法和语言不精确，例如规定公司和商家要在数据泄露带来"真正风险"和"实质伤害"时，"在可行的情况下"尽快通知客户。这样的要求可能会导致有些公司报告迟缓或根本就不报告。

加拿大隐私专员丹尼尔·瑟瑞恩认为，最近曝光的两起数据泄露事件（一起是 Equifax 受到黑客攻击，另一起是剑桥分析公司搜集选民信息）都使加拿大人意识到了网络隐私保护的重要性，但立法机构并没有给予足够关注，也没有采取针对性的具体行动。他要求政府增加隐私办公室经费，由每年 2 400 万加元再增加一半，用于雇用更多人来追踪和调查违规行为，因此现在收到的违规报告越来越多。

此外，2018 年 6 月，正在调查剑桥分析公司的加拿大国会委员会，在中期报告中提出建议，认为加拿大的《数据隐私法》需要重大修改，以提供更多数据保护，这与欧盟目前实行的隐私规则相似。其中，包括如何管理政党行为的条例。该委员会认为，应该授予隐私专员更多权力。对于不遵守法规的公司，隐私专员应有权发出行政命令、进行审计、没收文件及课加罚款等。在社交媒体盛行的当下，加拿大政治选战也可能面临个人数据被政党操纵的问题。所以，该委员会建议，《数据隐私法》应该扩展到政治行为，提出的具体方案包括：网络上的政治广告需要增加其透明度，如显示广告由谁付钱、广告的目标客户等。

（三）鉴于网络攻击、网络欺凌等现象泛滥，加拿大政府展开反网络犯罪的调查研究、行政处罚、人事调整活动

加拿大企业不但争先恐后制造和销售可以与互联网连接的家电，如电视、智能音箱、家庭温度控制器、家庭摄像头安全监控系统、婴儿监控器、汽车，而且为了方便客户使用联网家电，不惜牺牲网络安全防护来换取使用的方便性。2018 年 12 月 6 日，加拿大政府负责网络安全的机构加拿大网络安全中心在评估了 2018 年加拿大网络安全问题后发布报告称，网上黑客正在把攻击重点从加拿大人的家庭电脑转向家庭联网电器。黑客可以很容易遥控这些联网家电的功能，窃取加拿大家庭成员的隐秘信息，或者以这些联网家电为跳板进行更具破坏性的网络攻击行动。随着加拿大家庭联网电器越来越普及，针对加拿大家庭联网电器的黑客活动会明显增加。

在反网络犯罪实效方面，2018 年 7 月 13 日，加拿大广播电视及电信委员会（CRTC）首次引用反垃圾邮件法，打击通过网上广告安装有毒软件的行为，其中，两家企业 Datablocks 和 Sunlight Media 分别被罚款 10 万加元（约合 52 万元）和 15 万加元（约合 78 万元）。

加拿大政府意识到了日益严重的黑客入侵问题，包括盗取个人证件、银行信息，诈骗、窃取加拿大商业科技秘密等。加拿大总理特鲁多于 2018 年 6 月 27 日宣布任命谢莉·布鲁斯为加拿大电信安全局（CSE）局长。布鲁斯本科毕业于哈利法克斯市的达尔豪斯大学俄语系，然后在多伦多大学获得斯拉夫语言文学硕士。2019 年是加拿大联邦大选年，一些安全情报专家已经对俄罗斯黑客可能干扰大选的威胁发出警告。CSE 报告称，政府在网络保护上投入不足，导致太多黑客袭击得手。

此外，2018 年 6 月 11 日，加拿大公共安全部发布监管政策研究报告《对欺凌和网络欺凌的处置路径概览（2018）》。有 4% 的 4 ～ 11 岁加拿大学生在网上对某人说过或做过某种卑鄙或残忍的事，而有 37% 的人报告有人在网上对他们说过或做过卑鄙或残忍的事情。该报告表明，网络欺凌由来已久，也早已被公众所关注，但干预与监管的障碍较多，路径不明确。在线环境为犯罪者提供了匿名保护，他们不太可能体验到对欺凌的内疚和悔恨；同时，网络欺凌可以随时随地发生，而不是局限于特定的物理位置，所需要的只是访问互联网；网络欺凌可以在几乎无限数量的人面前发生，即它可以"病毒化"。2018 年 7 月 9 日，加拿大公共安全部发布的《对 STOPit 这种创新型网络欺凌干预方法的评估：总结报告》称，学龄青年（12 ～ 17 岁）一致认为目前可用的解决网络欺凌问题的方法不足，且质疑其有效性。

2.5　2018 年欧盟地区网络空间安全政策

2018 年，欧盟地区的国家高度重视本国及其他国家之间的网络和信息安全建设，在网络安全战略制定、网络安全立法拟定、网络数据保护、网络信息内容监管、信息化技术能力建设和人才培养等方面动作频频。

一、政策概述

（一）发布网络安全战略和立法

1. 发布国家网络安全战略和相关立法

2018 年，欧盟地区的国家在网络安全战略和立法方面动作频频。荷兰、丹麦、卢森堡、立陶宛分别发布了新版国家网络安全战略，提高应对网络攻击和数字威胁的能力。在立法方面，波兰总统签署了《网络安全法》，出台了国家网络安全体系法律草案；保加利亚也通过了新网络安全法案草案；英国执行欧盟《网络与信息安全指令》（也称 NIS 指令）的新法律生效。具体情况如下。

在国家战略方面，荷兰国家网络安全议程（NCSA）概述了当前荷兰在国家安全方面面临的网络威胁，并提出了加强网络安全和应对各类风险的措施方案。此外，荷兰政府在 2018 年第二季度公布了最新的国家数字战略，旨在充分实现荷兰社会和经济的数字化，确保企业、消费者和公共部门应用更好的数字技术，并有效维护国家网络安全。丹麦的新版《网络与信息安全战略》旨在提高应对网络攻击和数字威胁的能力，该战略包含 25 项举措，以强化国家应对网络攻击、信息技术犯罪和外部威胁的能力。卢森堡《第三版国家网络安全战略》将致力于通过加强识别网络攻击和保护数字基础设施的能力以及提高利益相关方的防御意识等措施，增强公众对数字环境的信心和加强信息系统的安全性。立陶宛的新版《国家网络安全战略》确定了未来 5 年国家公私部门网络安全政策的主要方向，并将欧盟《网络与信息安全指令》的规定纳入其中。

在立法进程方面，2018 年 8 月，波兰总统正式签署了该国《网络安全法》。该法在欧盟《网络与信息安全指令》的框架下，将为波兰关键信息基础设施保护提供更直接的遵循依据。2018 年 7 月，保加利亚通过了一项关于网络安全的法案草案，该草案引入了新的法律框架，以更好地防范网络安全风险和事故，解决保护程度不均衡的问题，并开发了一个欧盟在打击网络攻击的战斗中能够保持及时、充分信息共享的通用工具。此外，英国执行欧盟《网络与信息安全指令》的新法律于 2018 年 5 月 10 日生效，旨在提高英国最关键行业的网络安全。

2. 制定网络安全相关标准框架和机制

英国国家网络安全中心通过与各执法机构合作，拟创建一个新的全国"网络安全事件"分类系统，以打造一个新联盟。新的分类系统包含的类别从原有的 3 种扩大到 6 种，此 6 种类别包括国家级网络应急事件、超重大事件、重大事件、重要事件、中度事件、局部事件。2018 年 6 月，英国内阁办公室公布了新的《网络安全最低标准》，涉及多个领域，包括各部门为了保护其业务技术、终端用户设备、电子邮件和数字服务免受已知漏洞的攻击而必须制定的措施。在加拿大 G7 峰会上，德国、英国、法国、意大利、美国、加拿大、日本七国集团国家的领导人同意为 G7 成员国创建一个新的快速反应机制，共同应对"敌对国家"的行动。来自欧盟计算机应急响应小组（CERT-EU）、欧洲防务局（EDA）、欧洲网络与信息安全局（ENISA）和欧洲刑警组织（Europol）的代表们签署了《谅解备忘录（MoU）》，MoU 将建立一个合作框架。新框架将重点聚焦以下 5 个具体领域的合作：网络演习、教育和培训、情报交换、战略和行政事务、技术合作。

（二）发布数据保护监管政策

1. 制定法规条例

《一般数据保护条例》于 2018 年 5 月 25 日正式生效，全面加强欧盟所有网络用户的数据隐私权利，欧盟地区各国也积极行动，发布数据保护相关法规条例，强化数据安全。欧盟委员会称计划制定新的法律措施，要求科技和社交媒体公司交出存储在欧盟境外的客户数据。此外，欧盟委员会已经草拟了一项新的法律文件，该文件要求运营商、云端服务提供商、电子邮件服务提供商和通信应用运营商在 6 小时内提供用户数据，以协助调查"罪犯或恐怖分子"。欧盟委员会还准备修订现有的政党筹资规则，以防止欧洲议会选举发生类似剑桥分析式的数据收集活动。这是欧盟监管机构首次将目光投向政党的数据收集活动。英国金融行为监管局和信息委员会办公室联合更新了《一般数据保护条例》。此条例从 2018 年 5 月 25 日起在英国生效。这是英国在加强个人数据隐私和安全方面迈出的重要一步。英国提出《数据保护法案》修正案，要求在紧急情况下，数据控制者和处理者须在 24 小时内将信息交给信息专员。爱尔兰政府发布 2018 年《数据保护法草案》，以使《一般数据保护条例》生效，并在允许的有限范围内提供国家减损。比利时为适应《一般数据保护条例》更新的第二部法律《2018 年 7 月 30 日关于在处理个人数据方面保护自然人的法律》于 2018 年 9 月 5 日生效。西班牙部长理事会于 2018 年 9 月通过了一项皇家法令，以确保《一般数据保护条例》在西班牙的应用。该法令规定了涉及个人数据保护相关的检查、制裁制度和指导程序。

2. 多举措加强数据保护和监管

欧盟数字订阅可携带权规定于 2018 年 4 月 1 日生效，欧盟公民可以在周游欧盟各国期间无障碍地使用家庭订阅服务，浏览 Netflix 或亚马逊等的流媒体内容。2018 年 6 月 29 日，欧盟成员国大使达成一项新立法规则草案。该规则草案将确保数据自由流动，允许企业和公共行政机构在欧盟的任何地方存储和处理非个人数据。法国数字经济部部长布鲁诺·勒迈尔于 2018 年 1 月表示，法国正考虑收紧数据保护和人工智能领域外资收购的监管，拟禁止外国人购买本国大数据公司，以保护公民信息安全和自由，旨在保护法国数字经济领域新兴部门的国家利益。法国国民议会 2018 年 7 月 18 日夜间投票通过了修正案，将名为"打击（对个人数据的）延伸或不合理使用"的条款列入修宪法案。英国政府于 2018 年 3 月 7 日宣布一项不具有约束力的网络安全指南，以使互联网连接的物联网设备在网络安全漏洞日益增加的情况下被更安全地使用。该指南要求设备制造商确保设备密码是唯一的，而且不能被重置为默认的出厂密码，同时确保经应用程序传输的敏感数据被加密。英国数字文化、媒体和体育部宣布筹建一个新的数据使用伦理准则和创新中心，推动英国数据战略实施。该中心是英国政府"数字宪章"的核心，也反映了英国引领全球创新友好型监管，以促进科技行业发展，并为企业稳定发展保驾护航的愿望。

（三）发布系列网络内容监管举措

1. 重点监管社交媒体，打击"虚假新闻"

一是通过相关法律。德国联邦议会于 2017 年 6 月通过了《社交媒体管理法》（又称《网络执行法》），于 2018 年 1 月 1 日开始实施。立法者计划通过该法案加强社交网络管理力度，打击假消息和违法信息，更加迅速和有效地管理社交网络。法案规定社交平台必须在得到通知后的 24 小时内删除明显的违规违法内容。2018 年 1 月，克罗地亚效仿德国制定了法律草案，旨在应对社交平台上带有仇恨性质、暴力性质的言论和虚假信息，尤其是脸谱上的不当言论。法案并没有规定打击假新闻的强制性措施，反而更加强调对公民的教化和震慑作用。2018 年 3 月，英国数字、文化、媒体和体育部大臣玛戈特·詹姆斯（Margot James）表示，政府正在研究新法规来规范社交媒体平台。新法规可能类似于在德国推出的立法，要求社交平台在 24 小时内撤销不符合某些标准的有害内容。

二是建立组织机构。2018 年 1 月 22 日，英国政府宣布将建立一个快速反应的网络实体单位，阻击在互联网上传播假消息的行为。国家安全委员会已同意设立"国家安全通信单位"，负责"打击针对国家领导人和其他人的虚假情报"，同时负责打击散播外国势力的虚假信息。2018 年 1 月中旬，瑞典首相斯特凡·勒文宣布由瑞典民事应急局和国防委员会联合成立假新闻防御机构，该机构将专门对虚假政治情报和由境外势力制造或传播的假新闻进行精准打击。

三是其他监管举措。2018 年 1 月初，德国司法部推出在线表格，供网民投诉对已举报网络违法言论处理不力的情况。司法部表示接到投诉后将判断社交媒体平台是否存在管理缺陷，并可针对平台打击违法言论不力的行为处以最高达 5 000 万欧元的罚款。欧盟委员会担心 2019 年欧洲议会的选举受到大规模网络"假情报"的影响，要求制定一个"明确的游戏规则"，以清楚了解社交媒体公司在敏感的选举期间是如何运作的。

2. 打击种族主义、恐怖主义内容，强化对有害信息的监管

2018 年 3 月 1 日，欧盟委员会对各成员国提出了如何处理非法在线内容的建议，呼吁在 1 小时以内删除网上恐怖主义内容，比欧盟部分国家的现有规定更为严格。如果该指导建议未能取得有效进展，欧盟委员会可能就此启动在欧盟范围内的立法程序。2018 年 3 月 19 日，法国总理爱德华·菲利普披露了打击网络种族主义新战略《反对种族主义的 2018—2020 年计划》，并承诺在社交媒体上与种族主义和反犹太主义作斗争。

3. 保护出版商网络著作权

2018 年 6 月 20 日，欧洲议会下属的法律事务委员会投票通过了新的《著作权指令》，目的是促使谷歌、脸谱等影响力日益提升的在线平台加强对出版商网络著作权的保护。新指令中第 13 条要求：网络平台必须使用有效的内容识别技术来过滤使用者上传的内容，确保所上传内容未侵犯著作权所有人的权利，并在适当情况下提供关于作品版权的确认和使用报告。

4. 未成年保护

英国政府将制定法律，制止儿童网络欺凌行为，包括脸谱在内的一些社交媒体公司，如果违反新法规，可能面临数百万美元的罚款。英国数字、文化、媒体和体育部大臣马特·汉考克在 2018 年 5 月 20 日公布一份互联网安全战略的进一步细节后表示："如果有公司违法了，政府有权力对其处以全球收入的4%的罚款。"

（四）持续加强安全技术能力建设

1. 网络安全技术发展

欧盟执法机构宣布成立暗网调查小组，负责调查整个暗网的活动。该小组将提供一个完整的、协调的方法，对暗网进行全方位打击，包括共享信息、开发工具、研究战术、发展技术，以及在不同的犯罪领域提供业务支持和专业知识，并确定最主要的威胁和目标。

2. 网络安全能力建设

欧盟委员会正在制定《网络安全法案》，以创建欧洲地区信息通信技术（ICT）产品和服务的网络安全认证框架。欧盟委员会于 2018 年 9 月提议在欧盟范围内建立网络安全能力中心联络网，以便充分地利用现有资金协调网络安全合作、研究及创新。同时，还将成立新的欧洲网络安全产业、技术和研究能力中心，资助网络安全的相关群体。欧洲议会工业委员会于 2018 年 7 月批准了网络安全认证计划，引入了一个新的安全框架，以应用更多的"安全设计"，确保产品只有在达到最低标准后才能进入市场。英国出台战略、指南，帮助企业符合安全指令并赢取合同。一是发布基本服务指南，旨在帮助企业达到《网络与信息安全指令》的要求。二是出台《网络安全出口战略》，旨在帮助中小企业赢得海外合同。英国信息专员办公室（ICO）于 2018 年 8 月发布了首份战略文件《2018—2021 年科技战略》，概述了应对快速变化新技术挑战的监管方法。根据荷兰内阁在 2018 年 9 月 11 日提交的计划，荷兰政府将提供一笔 3 000 万欧元（约合 2.4 亿元）的资金用于网络安全建设。

3. 网络安全人才培养

英国国家网络安全中心宣布，将批准在坎特伯雷肯特大学、伦敦国王学院、卡迪夫大学新设立 3 个网络安全卓越学术中心，使该类卓越学术中心总数达到 17 个。英国政府正计划将一类（优秀人才）签证数量增加一倍，以吸引欧盟以外的数字技术领域移民，加大对《国家网络安全战略》执行的支持力度。此外，英国还利用非营利组织为每年服役的 15 000 名军人进行网络安全培训。

4. 通过战略法案、资金投入等手段支持人工智能、区块链等新科技发展

发布战略、起草法案，争当人工智能（AI）"领头羊"。欧盟委员会从 2018 年春季开始起草人工智能相关法案，规范人工智能及机器人的使用和管理。此外，欧盟拟投巨资支持人工智能的发展以追赶对手，并避免人才流失。在 2020 年前，欧盟对人工智能的投资将提升至 15 亿欧元（约合 130 亿元），

增幅约 70%。法国政府发布的题为《人类的人工智能（AI for Humanity）》的报告，公布了新的国家人工智能战略计划，提出了发展法国人工智能生态系统的战略目标，并阐述了如何利用人工智能技术诱发颠覆性变革的计划。欧洲25 国签署《人工智能合作宣言》，在提高欧洲人工智能研究和应用的竞争力，以及妥善处理涉及社会、经济、道德和法律等方面达成一致并开展全面合作。北欧和波罗的海各国签署了一项新的协议，将采取措施加强在数字领域和人工智能领域的合作，进一步提升北欧地区在这两个领域的国际领先地位，也希望借此提高人工智能在经济社会中的作用。德国联邦政府内阁通过了《联邦政府人工智能战略要点》文件，希望通过实施这一文件，将德国人工智能的研发和应用提升到全球领先水平。

启动法案、机制"拥抱"区块链。欧盟委员会于 2018 年 2 月 1 日宣布启动一项名为"欧盟区块链观测站及论坛"的机制，旨在促进欧洲区块链技术发展并帮助欧洲从中获益。马耳他议会通过了 3 项法案，将区块链技术的监管框架纳入法律。这些法案包括《马耳他数字创新管理局案》《创新技术安排和服务法案》和《虚拟金融资产法案》。西班牙人民党的 133 名代表提出的一项法案，要求在西班牙使用区块链技术改善公共事务，以提升公共政治领域的透明度，提高办事效率。

二、分析研判

（一）网络信息内容监管

在对待网络不良信息方面，欧盟国家一直以来主要依靠各社交媒体平台"自律"清理。在多次袭击事件和剑桥分析事件发生后，各国政府认识到必须强势主动出击，才能应对虚假新闻和仇恨极端言论泛滥的局面。当前，欧盟纷纷开始整治虚假新闻。欧盟为保障 2019 年欧洲议会选举，计划深入了解社交媒体公司在敏感选举期间的运作方式，严厉打击社交媒体传播虚假新闻的行为。除了政府做出努力之外，企业也积极进行行为自治。英国广播公司（BBC）直接提供了一个"真实性校验"工具，并且播放纪录片帮助公众了解新闻报道背后的故事以及虚假新闻来源。随着各国加强了对社交媒体平台的监管和打压力度，科技巨头被迫出台措施配合监管。脸谱、谷歌、推特等科技巨头为避免高额罚款，同时也为减轻自身压力，纷纷出台了各类措施配合监管部门，对抗网络极端主义和虚假新闻。

（二）网络安全国际合作

随着网络威胁日益增多，跨国网络犯罪日益成为全球政府面临的一项挑战，因此各国各组织积极联动，从战略、机制、联合声明等方面加强互联网安全方面的合作，应对网络威胁。英联邦国家发表声明，一致承诺从声明时起到 2020 年将采取网络安全行动共同应对网络安全威胁。G7 国家的领导人同意建立快速反应机制共同应对"敌对国家"的行动，在这个机制的框架内，各国将就敌对活动信息、必要技术和实践等进行交流和情报共享，同时进一步增进合作伙伴之间的相互理解，并通过合作加强各国基础设施保护。荷兰、罗马尼亚、爱沙尼亚等 9 个欧盟成员国将成立各国轮值的快速回应小组，以对抗网络攻击。澳大利亚和英国政府发表联合声明支持《英联邦网络宣言》，共同推进在线法治。

（三）个人数据保护力度

欧盟《一般数据保护条例》于 2018 年 5 月 25 日正式生效，这全面加强了欧盟所有网络用户的数据隐私权利，欧盟及各成员国对个人数据的保护力度也在不断加强。爱尔兰、西班牙等国相继发布相关法律、法令，落实《一般数据保护条例》在本国的应用。英国、比利时等国也对现有的法律条例进行了更新，以适应《一般数据保护条例》。欧盟称：计划制定新的法律措施，迫使科技和社交媒体公司交出存储在欧盟境外的客户数据；已经草拟了一项新的法律文件，要求运营商、云端服务提供商、电子邮件服务提供商和通信应用运营商在 6 小时内提供用户数据；准备修订现有的政党筹资规则，以防止欧洲议会选举发生类似剑桥分析式的数据收集活动等。英国更是频频出台政策加强数据保护，从制定网络安全指南到建立数据使用伦理准则和创新中心等，多举措推动英国数据战略实施。

（四）新技术新应用布局

欧洲一直是信息化高度发达的地区，其在相关领域的举措值得我国学习和借鉴。英国政府将投入 3 亿英镑用于技术和创新，以应对老龄化社会。西班牙人民党提出法案，要求在西班牙使用区块链技术改善公共事务。除了利用技术手段改进政府治理，解决社会问题，欧洲各国还积极谋划 5G、AI 等领域布局。例如，法国发布 5G 发展路线图，计划自 2020 年起分配首批 5G 频段；法国公布新的国家人工智能战略计划，力图成为该领域的世界领袖；英国出台《网络安全出口战略》，帮助中小企业赢取海外合同；欧盟启动"欧盟区块链观测站及论坛"

的机制，旨在促进欧洲区块链技术发展，并帮助欧洲从中获益；英国BAE系统公司联手美国国防部高级计划研究局（DARPA）研发了一种名为"精准网络狩猎"的新的人工智能（AI）网络安全技术，通过AI技术自动筛选大量信息。

2.6 2018年新加坡网络空间安全政策

2018年，新加坡通过《网络安全法案2018》，启动数据保护认证试点计划、公布数字政府蓝图等，不断完善网络信息安全建设，加快推进数字经济发展以及"智慧国"建设进程。此外，新加坡在网络安全领域（如人才培养、国际合作、机构建设等）也处于国际先进行列。新加坡在完善网络信息安全机制及提高相关能力建设等方面的做法值得我国参考借鉴。

一、推进实施《网络安全法案2018》

（一）主要内容

2018年新加坡通过《网络安全法案2018》。2018年2月5日，新加坡议会通过《网络安全法案2018》。该法是落实新加坡网络安全战略的重要举措，旨在建立关键信息基础设施所有者的监管框架、网络安全信息共享机制、网络安全事件的响应和预防机制、网络安全服务许可机制，为新加坡提供一个综合、统一的网络安全法案。《网络安全法案2018》要求设立专门的网络安全官员，并授予网络安全官员管理和应对网络安全威胁和事件的权利；明确了关键信息基础设施的概念及认定程序，确立了11类关键信息基础服务设施；建立网络安全事件的响应和预防机制，赋予网络安全官员对网络安全事件或风险进行调查和预防的权利；建立了针对关键信息基础设施所有者的监管框架，明确了关键信息基础设施所有者的网络安全风险评估义务、审查义务、网络安全事件报告义务、重大事项变更告知义务等；确立了网络安全信息共享机制，赋予网络安全官员除法律禁止披露的信息外的诸多信息的获取权。引入网络安全服务许可机制，规范网络安全服务提供商。

该网络安全法案的具体阐释和适用性。新加坡的"关键信息基础设施"指新加坡所依赖的基本服务的持续交付所需的计算机或计算机系统，若其损失将对国家安全、国防、外交关系、经济、公共卫生、公共安全或新加坡公共秩序造成破坏性影响。其中，"基本服务"包括能源、医疗、政府职能、水、媒体、信息通信、安全与应急服务、航空、陆地运输、海上、银行和金融共11个方面。具有对关键信息基础设施的运营控制权，有能力和权利对关键信息基础设施进行变更，负责确保关键信息基础设施持续运转的组织被称为"关键信息基础设施的所有者"，该网络安全法案规定了所有者的义务，包括提供关键信息基础设施的技术架构信息、每3年进行一次审计和风险评估、向新加坡网络安全局（CSA）报告网络安全事件、参与网络安全演习等多种义务。该网络安全法案授权CSA官员对网络安全威胁和事件进行调查，并且定义了网络安全威胁和事件的严重程度。民众不配合调查或者不遵守调查要求是犯法的，可能处以罚款或者监禁。对于网络安全服务提供商，提供渗透测试（调查）和受管理的安全运营中心监控（非调查性）服务的提供商需要获得许可证，提供调查性网络安全服务的员工也需要从业人员的执照。

（二）相关特点

一是关键信息基础设施（CII）的认定可以采取从大到小的定义。CII的认定是整个制度的核心内容，在修改的过程中，可以参考新加坡法案的规定，采取从大的重要行业领域到重要业务类型，再到具体的计算机或计算机系统的方式，外加兜底性条款，即若遭受损失会产生破坏性影响的内容。对CII的范围实行清单制度，清单由主管部门确定，并定期进行调整更新。清单可由中央其他相关部门和地方在其职责范围内申报提出建议。清单的具体内容可按照通信、金融、航空、铁路、电力、医疗、供水等具体行业划定。

二是在收集网络威胁数据的同时，注意防止权力滥用侵犯隐私。《网络安全法案2018》中针对权力的问题，专门设有信息保护条例，规定新加坡网络安全局只能从已被鉴定为关键信息基础设施的电脑系统上获取信息，并获取与之相关的技术信息以及查案过程中的其他信息。网安总监和相关查案人员对相关信息必须保密。在《网络安全法案2018》出台之前，在19名参与辩论的议员中，超过三分之一的议员对网络安全总监是否应有如此宽泛的权限表示关注。有观点指出，这可能会侵犯个人隐私。在出台相关规定允许部分数据搜集权力的同时，也应当注重数据的保护，防止出现范围扩大、权力滥用的情况。

三是该网络安全法案较为具体细致，可操作性较强。新加坡的《网络安全法案2018》的出台，对与网络安全相关的公司或者人员将产生很大影响。例如：对于一个基本服务的运营商来说，其信息系统可能被指定为关键信息基础设施，并且有相应义务要履行；对于一个网络安全服务提供商来说，其可能需要获得许可；对于公众的一般成员来说，其可能会被要求协助进行网络安全调查；对于一个处理关键信息基础设施或参与网络安全服务提供商的企业来说，其可能需要考虑合同安排，并创建新的内部治理/报告结构、网络安全事件管理计划和通知流程。新加坡的网络安全法案较为具体细致，可操作性较强，尽管仍有一些难以精确定义的地方，但仍不失为一个对实际工作具有较强参考性和指导性的法规。

四是注重产学研的有机结合和政府支持。新加坡创业投资机构Innov8和新加坡国立大学（NUS）创业单位设立了名为"创新网络安全生态系统（ICE71）"的网络安全公司。该公司位于新加坡艾耶拉贾新月路（Ayer Rajah Crescent）的71号区域，该区域聚集了当地的科技创业公司，它还得到了政府机构信息传播媒体发展局（IMDA）和CSA的支持。该计划将成为NUS和新加坡电信之间现有合作伙伴关系的延伸，新加坡国家合作组织于2016年10月共同建立了一个网络安全研究实验室。位于NUS计算机学院、总值4 280万新元的实验室旨在建立数据分析技术，以便更好地检测并实时响应网络安全攻击以及基于"安全设计"概念部署IT系统的新方法。此外，ICE71初创公司可以利用新加坡电信的平台在模拟环境中测试和开发概念验证产品。他们还可以获得其他支持服务，包括工作空间、资金和主题专家。

（三）相关具体举措

一是CSA要求11个关键基础设施部门进行网络安全审查。继新加坡历史上最严重的个人数据泄露之后，新加坡智慧国及数码政府工作团（SNDGG）和CSA共同完成了对国家网络安全政策的审查，并于2018年8月3日在一份联合声明中称，将对关键政府系统采取额外措施以检测威胁。CSA还要求11个CII部门采取额外措施以提高安全性。受影响的11个部门是航空、医疗保健、陆路运输、海事、媒体、安全和应急、水、银行和金融、能源、信息通信和政府本身。这些措施包括删除与不安全外部网络的所有链接；通过单向网关处理开放连接以防止数据泄露，即仅允许数据在一个方向上传输；如果需要进行安全网络和不安全网络之间的双向通信，可以使用一个安全的信息网关。安全信息交换网关是一种系统，旨在实现网络之间的信息交流，同时保护内部域免受恶意软件的入站和敏感信息的出站泄露。这可以通过多种方式实现，例如加密和内容检查，以保护系统的网络路径。

二是组建第一个网络安全产业孵化中心。随着新加坡正努力在新的数字经济中发挥自己的作用，其正在建立第一个网络安全创业孵化中心。名为创新网络安全生态系统（简称ICE71）的孵化计划将在2018年4月向网络安全企业家开放。该计划的目的是确保那些有抱负的企业家们健全经营理念，并确保他们有必要的财务和业务知识来进一步落实他们的想法，还将帮助拓展海外市场并获得风险投资。这项首个着眼于网络安全领域的孵化计划由资讯通信媒体发展局和新加坡网络安全局联合资助，前两年计划是为约100人提供培训，孵化的起步公司达40家。新加坡的网络安全市场逐年扩大，市场价值2016年已超过6亿新元，而随着本地和国际对网络安全服务与产品的需求不断增加，本地网络安全市场在2020年的收入有望达到9亿新元。该计划在抓紧契机搭上数字经济快车的同时，巩固了新加坡在网络安全领域的优势。新加坡希望借助ICE71培养网络安全初创公司，帮助本地网络安全公司发展壮大，强调需要开发"创新解决方案"来应对网络安全威胁的日益严重性和复杂性。

三是成立亚洲第一个工业网络安全中心。多元化高科技和制造企业霍尼韦尔公司于2018年4月25日在亚洲开设了首个卓越工业网络安全中心（CoE），该中心是在新加坡经济发展委员会（EBD）的支持下开发的，旨在帮助保护该地区的工业制造商免受不断发展的网络安全威胁。霍尼韦尔公司工业网络安全副总裁兼总经理Jeff Zindel说："只有确保工业环境的网络安全，制造商才能切实享受数字化转型带来的诸多优势，例如增加正常运行时间、降低维护成本等。今天，霍尼韦尔公司在工业网络安全方面的领导地位又向前迈出了重要一步，进一步加强了我们保护资产、业务和人员的能力。"该中心凭借最先进的能力和管理的安全服务，提高了对客户的网络安全保护、检测、管理和响应能力，这是工业部门成功进行数字化转型的关键因素。

四是为金融机构制定网络安全措施，强化金融领域网络安全能力。2018年9月6日，新加坡金融监管局（MAS）透露，其正在提议制定一套具有法律约束力的网络安全规则，以保护金融机构的IT系统，规定包括银行在内的当地金融机构必须实施该规则。该规则由"6项基本措施"组成，分别为：及时解决系统安全漏洞；为系统构建和实施强有力的安全体系；部署安全设备以确保系统连接；安装杀毒软件以降低恶意软件感染风险；限制可能修改系统配置的系统管理员账户；加强关键系统中管理员账户的用户身份验证机制。MAS首席网络安全官谭耀生表示，该项提议通过划定一条清晰且广泛适用的"网络安全防线"，旨在帮助金融机构加强其网络应急响应能力，以强化新加坡金融体系对网络威胁的抵御能力。2018 年 12 月 3 日，MAS 宣布推出一个 3 000 万新元的网络安全能力津贴计划，提升新加坡金融界网络方面的抵御能力，协助金融机构发展在网络安全方面的本地人才。这项津贴属于金融领域科技和创新计划（简称 FSTI 计划）的一部分，将支付最多 50％的合格费用，上限是 300 万新元。津贴对象主要有两大类：一类是有意在新加坡设立全球或区域网络安全中心的金融机构；另一类是把全球或区域网络安全功能和运作设在新加坡的金融机构。

五是成立海事网络安全运营中心。随着网络威胁的增加，新加坡海事与港务管理局（MPA）成立了海事网络安全运营中心。2018 年 4 月 23 日，海事与港务管理局主席严昌明（Niam Chiang Meng）在新加坡举行的海事网络安全研讨会上发表讲话时承诺，该机构将继续支持提高网络安全意识和发展安全能力，以帮助该行业提高网络应变能力。海事与港务管理局旨在推动关键信息结构的保护。这是继 2018 年 2 月新加坡通过《网络安全法案 2018》后推出的与关键信息基础设施相关的另一项举措。

二、不断完善个人信息保护措施

（一）主要内容

一是新加坡校企合作宣布提高数据保护能力的举措。作为推出数据保护卓越（DPEX）网络的一部分，新加坡管理大学（SMU）和新加坡数字保护咨询机构"海峡互动（Straits Interactive）"于 2018 年 7 月 16 日宣布了旨在提高新加坡数据保护能力的两项举措，即提供数据保护高级证书和专业人士转业计划（PCP）。其中，高级证书将涵盖东盟地区、大中华区和欧盟《一般数据保护条例》的数据保护原则和运营要求，可通过信用系统积累，获得数据保护和卓越运营高级证书。证书主要是为对数据隐私和保护感兴趣的非法律专业人士开设的。另外，专业人士转业计划将利用新加坡管理大学现有的 SkillsFuture 系列数据分析、网络安全和技术支持服务，旨在为数据保护官员发现并储备一批资格预审的候选人。2017 年 2 月进行的一项研究显示，截至 2020 年 2 月，新加坡将需要 10 000 名数据保护官员，这有可能为个人提供双重工作机会。

二是新加坡启动数据保护认证试点计划。新加坡信息通信与媒体发展管理局（IMDA）和个人数据保护委员会（PDPC）于 2018 年 7 月 25 日发布声明，要求新加坡公司可以向新加坡信息通信与媒体发展管理局申请对其数据保护系统进行试点认证，认证可以从 3 个独立机构（ISOCert、Setco Services 和 TUV SUD PSB）任选一个评估自身系统。获得数据保护可信标记（DPTM）认证标准的公司可以在其日后的业务通信中使用为期 3 年的 DPTM 标志。

三是新加坡数据监管机构最终确定"强化版"指导计划。2018 年 11 月 13 日，个人数据保护委员会的公告介绍它正在建立的"强化版实用性指导（EPG）"框架将如何在实践中发挥作用。在这一框架下，新加坡企业将能够向 PDPC 申请"测定"，以确定"特定商业活动是否符合《个人数据保护法案（PDPA）》的规定"。在回复 2018 年就 EPG 提案进行的咨询中获得的反馈时，该监管机构表示：在与标的物有关的问题上，给予了合规判定的事物不会受到后续不合规调查结果的影响。但有一些例外情况，如 PDPA 中与"测定"相关的方面发生了更改，或某个组织提交至 PDPC 作为决策依据的信息是假的、有误导性的或不再准确，将使测定无效。PDPC 还计划对"测定"施加有效期。PDPC 有意将 PDPA 的"谢绝来电（DNC）"规则和适用于批量发送的电子邮件的垃圾邮件控制法案（SCA）整合并简化。DNC 规则要求企业在发送营销信息前，必须先核对新加坡号码的"谢绝来电"登记（DNCR），以确保不会向选择不接收的消费者发送消息。

四是新加坡将立法制裁恶意散播假信息者。新加坡研究网络假信息问题的国会特选委员会（以下简称特委会）于 2018 年 9 月 19 日将涵盖 22 个建议的报告提呈国会，阐明蓄意散播网络假信息对新加坡构成的威胁，并建议多管齐下应对该问题。目前，新加坡政府已原则上接受建议。其中，一项建议是立法以管制假信息的传播，包括对蓄意散播网络假信息者展开刑事制裁，并切断他们的收入来源。新加坡国会特选委员会主席张有福表示，特委会 10 名委员一致同意报告内容，认为当前虚假信息非常多且传播面广，威胁国家安全，必须采取一系列措施进行遏制。接下来，新加坡应考虑通过立法来制裁假信息散播者。但特委会也强调，法律不是"万灵丹"，不可"一刀切"地将所有假信息的散播行为列为刑事罪，建议由本地各媒体机构及科技公司等不同领域的伙伴组成信息查证联盟，以及时推翻假信息。至于政府应在多大程度上参与联盟的运作，特委会内部意见不一，但都认为联盟须具有一定的独立性和能力，并致力于向公众传递真相。

（二）相关特点

一是将数据保护角色专业化。新加坡管理大学执行主任李赖程博士认为，"海峡互动"公司是数据保护专业知识和技术方面的专家。依托该公司，学校已成功培训了近 500 名本科生和个人参加实践数据保护官课程。与此同时，"海峡互动"公司的首席执行官凯文·斯皮德尔森称，希望将新加坡定位为东盟区域数据保护专业中心，同时分享良好的数据保护实践以及东盟其他国家的数据保护做法。这些举措有助于使数据保护官员的角色专业化，达到国际认证标准，并为满足新加坡以及整个东盟地区对数据保护专业知识的需求做出贡献。

二是有助于提高消费者对企业的信心。新加坡通信和新闻部长易华仁于 2018 年 7 月 25 日在莱佛士城会议中心举行的第六届个人数据保护研讨会上发言时表示：在数据保护方面，新加坡不能仅依靠《个人数据保护法》等法律，必须建立一种问责文化，以满足消费者的信任。该计划将有助于消费者对企业建立信心。

三、加快推进智慧国家建设进程

（一）主要内容

新加坡政府公布了"数字政府蓝图"，并成立了顾问委员会来协助政府拟定 AI 道德标准和管理框架等计划，以加快新加坡数字经济发展以及智慧国建设进程。

一是推出"数字政府蓝图"计划。在 2018 年 6 月 5 日召开的智慧国创新周开幕研讨会上，新加坡副总理兼国家安全统筹部部长张志贤宣布推出"数字政府蓝图"。"数字政府蓝图"要求，到 2023 年，所有新加坡政府服务部门将提供至少一项电子支付服务，所有公务员均需具备保障网络安全及使用数据分析科技等基本技术素养。为此，新加坡政府承诺对 2 万名公务员进行培训，帮助其掌握数据分析等技能，这个数量是 2017 年 3 月宣布的 5 年目标的 2 倍。新加坡政府还将增加对机器人和人工智能等数字和自动化科技项目的拨款。

二是新加坡全国人工智能核心（AI.SG）推出两项计划，助其国人掌握人工智能技术。新加坡通信和新闻部长易华仁在 2018 年 8 月 30 日出席新加坡全国人工智能核心成立一周年的活动时，宣布 AI.SG 将推出"AI for Everyone（A14E）"和"AI for Industry（AI4I）"两项新全国计划，旨在协助各行各业新加坡人掌握一定的人工智能技术。AI4E 计划是为一般公众而设立的，由资讯通信媒体发展局和微软公司赞助，旨在让年龄为 13 岁及以上的公众接触基本的人工智能技术、产品与服务，从而了解人工智能如何改善日常生活或工作等。在 AI4E 计划下，AI.SG 将从 8 月底开始，为公众提供免费 3 小时的工作坊。AI.SG 也计划为学校、理工学院及工艺教育学院学生开办类似的工作坊。该计划预计在未来 3 年吸引 1 万人参与。AI4I 计划旨在帮助工程师、软件开发员、经理及执行员等专业人士加强编码能力，以便在开发新应用时能采用数据科学、机器学习及人工智能等技术。AI4I 计划下的课程为期 3 个月，费用达 500 新元，符合标准的参与者可通过资讯通信媒体发展局的加快培训专才计划获得资助。

（二）相关特点

一是有明确的规划，并对规划定时审查调整。新加坡政府在信息化发展战略上一直有清晰的愿景和战略眼光。早在 2006 年，新加坡就推出了一项名为"智能城市 2015"的信息化计划，这个为期 10 年的发展蓝图的目的是通过大力发展 ICT 产业，应用 ICT 技术提高关键领域的竞争力，将新加坡建设成为由 ICT 技术驱动的智能城市。经过 10 年的努力，新加坡于 2014 年将该发展蓝图升级为"智慧国 2025"，计划用接下来的 10 年将新加坡建设成为智慧国度，这是全球第一个智慧国家发展蓝图。而在意识到其智慧国愿景进展缓慢并有落后之势时，新加坡政府迅速采取多项措施，及时为其计划添加助力，力图让新加坡在"智慧国"建设进程上保持世界领先地位。

二是建立政府主导、行业配合、全民参与的互动新体系。新加坡"智慧国"打造的最大亮点在于政府主导，企业和民众广泛参与，形成了"市民、企业、政府"三方合作的新模式。无论是数字政府蓝图，还是 AI 生态系统的规范，均由新加坡政府主导，而专家和行业的积极配合，全体民众的广泛参与，则是相关计划得以顺利、有效推行的重要保证。

三是始终强调服务，以企业和民众利益为先。新加坡政府的数字政府蓝图的两大原则始终围绕着服务这一主题，服务企业，服务大众，以人为本，强调满意度。拟定 AI 道德标准和管理框架的最终目的是保障民众的利益。正是这一出发点，帮助新加坡政府实现了"智慧国"愿景的快速推进。

（三）相关具体举措

一是成立咨询委员会协助政府拟定 AI 道德标准和管理框架。随着更多企业采用人工智能发展新商业模式及创新科技，由此引发的道德问题也备受关注。为确保企业以负责任的方式使用数据和人工智能，2018 年 6 月，新加坡通信和新闻部长易华仁在"创新科技展"上宣布了以下 3 项新举措：设立咨询委员会，探讨人工智能应用道德标准；个人数据保护委员会发布讨论文件，以便规范、负责任地进行人工智能的开发和利用；设立人工智能和数据使用治理的研究项目。

二是成立"智慧国"与数字政府工作组。为全面推动"智慧国"建设，新加坡政府成立了"智慧国"与数字政府工作组，以加速落实"智慧国"愿景，"智慧国"与数字政府工作组在 AI.SG 中发挥人工智能规划、资源集中、跨部门协调合作的作用，确保 AI.SG 从规划到计划执行的顺利进行。新加坡创新机构的作用是紧密联系投资者、企业和政府机构，帮助企业开展人工智能技术创新，支持人工智能创新成果商业化和规模化。国家研究基金会的功能定位于资助人工智能相关研究工作，2017—2022 年，该基金会将投资 1.5 亿新元，着重解决新加坡在金融、交通及医疗保健方面的发展瓶颈，深化新加坡人工智能创新实力。

三是新加坡公用事业局推出智能科技蓝图，推动水务系统数码化。2018 年 7 月 12 日，新加坡公用事业局推出智能科技蓝图，采用人工智能和大数据等技术，推动水务系统数码化。该局计划在未来 5 年内，在水质管理、主要水管网络、客户用水量数据以及员工工作流程这几方面开展多项试验。面对不断上升的水资源需求和运营成本，加上人力资源短缺以及气候变化等多重挑战，新加坡公用事业局指出，使用数码解决方案和智能科技，有助于当局加强水务系统的营运韧性、生产力和安全性。新加坡公用事业局在为期 5 天的新加坡国际水资源周上也展出了多个智能项目。

四是建设数字孪生港口。新加坡海事与港务管理局计划建立一个 3D 打印和辅助制造中心，使其能够规划一个数字孪生港口。新加坡政府重视数字规划。新加坡交通运输部高级部长蓝彬明在 2018 年 10 月 22 日称，交通运输部已经建立下一代港口建模与仿真卓越中心（C4NGP）。该中心由新加坡国立大学（NUS）和新加坡海事学院（SMI）运营，将有助于新加坡港口部门深化研究，促进创新。

四、加强国际网络安全方面合作

一是新加坡呼吁东盟在网络安全方面加强合作，推动成立名为 CERT 的计算机应急响应小组。2018 年 8 月，新加坡网络安全局（CSA）召开了第九届东盟记者访问计划会议，13 名东盟国家的记者听取了 CSA 关于网络安全的简报。会上，新加坡要求东盟国家加强在网络安全方面的合作，以防止网络犯罪。在 2018 年 4 月于新加坡举行的东盟峰会上，东盟地区领导人发表了一项关于网络安全合作的联合声明，承认跨境网络威胁日益紧迫和复杂。对此，CSA 表示，东盟地区各国网络安全防护的能力参差不齐，因此经验较少的国家需要加强能力建设，新加坡正在安排与这些国家的媒体举行会议，交流网络安全领域的经验和教训。此外，CSA 还推动成立了名为 CERT 的计算机应急响应小组，该小组已与东盟地区国家合作，提醒它们警惕网络犯罪和其他与东盟网络安全有关的问题。

二是投入 3 000 万新元资助东盟—新加坡网络安全卓越中心运作。新加坡未来 5 年将投入 3 000 万新元，全额资助 2019 年成立的东盟—新加坡网络安全卓越中心（ASCCE）。该中心将通过研究和培训，提升东盟成员国的网络安全能力。负责网络安全事务的通信和新闻部长易华仁在第三届东盟网络安全部长级会议开幕式上宣布东盟—新加坡网络安全卓越中心的细节。设于新加坡网络安全局的 ASCCE 将设立一个网络智库和培训中心，着重于网络安全国际法、网络策略以及网络安全政策等方面的研究和培训。ASCCE 也会设一个电脑应急反应小组，专门提供相关培训，并促进各国小组间互换网络威胁和网袭的相关情报以及应对网络威胁的方式等。此外，ASCCE 还会设一个网络靶场训练中心，为所有东盟成员国进行虚拟的网络防卫训练和演习。

三是新加坡拟定正式的东盟网络安全机制。2018 年 9 月 19 日，第三届东盟网络安全部长级会议在新加坡举行。新加坡网络安全局表示，与会各国部长达成共识，委托新加坡起草一份正式的东盟网络安全机制，讨论网络外交、网络政策和网络运营问题，加强该地区的网络防御能力。该决定贯彻了东盟领导人 2018 年 4 月举行的第 32 届东盟峰会共识，更好地协调了东盟网络安全保障工作。东盟网络安全委员会主席、新加坡通信和新闻部长易华仁称，新加坡致力于领导、深化东盟的网络能力建设，加强该地区应对全球网络威胁的能力。东盟 10 国一致同意，努力构建一个基于规则的网络安全国际框架，令东盟各国更有信心应对网络威胁。此外，鉴于以规则为基础的网络空间将促进经济发展，提升民众生活标准，东盟网络安全委员会原则上赞同联合国信息安全政府专家组 2015 年国际信息和通信安全报告中列出的 11 项自愿准则。

四是和美国推行联合网络安全技术援助计划。2018 年 11 月 16 日，新加坡总理李显龙与美国副总统彭斯在总统府举行双边会晤后，在记者会上宣布，新加坡和美国将推行联合网络安全技术援助计划。通过这项技术援助计划，新加坡网络安全局将同美国国务院合作，每年在新加坡和区域城市举办 3 场网络安全培训课程，加强与亚洲国家的合作，从而更有效地共同应对新型跨国威胁。

2.7　美国在数据保护方面的立法经验及启示

大数据时代，面对海量数据的生成和存储，以及大量的跨境数据流动，数据保护已成为全球性难题。作为互联网的发源地，美国不仅拥有世界上先进的网络技术和发达的网络应用，其在数据保护立法方面也走在世界前列。研究美国数据保护的立法行为，总结其数据保护立法的特点和规律，对完善我国数据保护立法具有重要的借鉴意义。

一、美国数据保护立法概况

从发展历程看，伴随网络和社会发展的不同阶段和规律，美国的数据保护立法经历了从探索到不断完善的过程。从立法现状看，美国数据安全立法旨在保护多元化的社会利益：在促进数据开放、保障国家安全的基础上，兼顾保护个人隐私和打击网络犯罪。从立法形式看，美国并没有专门为个人信息保护立法，而是采取了"分散立法"的模式，依靠联邦和州政府制定的隐私和安全条例承担数据保护的重任。美国数据保护的立法实践主要体现在以下几个方面。

（一）个人信息保护立法

虽无专门的个人信息保护法律，但自 20 世纪六七十年代以来，美国制定的与个人信息保护有关的法律有数十部，其中对个人信息保护影响较大的如下。

《信息自由法案》（1966 年通过）明确指出个人隐私文件（包括人事档案、医疗档案和类似档案）是豁免开放的信息类型，规定任何人均有权要求政府机构提供与自身有关的信息，政府若披露个人医疗档案及类似的资料就构成侵权。该法案的主要内容有：联邦政府的记录和档案除某些政府信息免于公开外，原则上向所有人开放；公民可以向任何一级政府机构提出查询、索取复印件的申请；政府机构必须公布本部门的建制和本部门各级组织受理信息咨询的查找程序、方法和项目，并提供信息分类索引；公民在查询信息的要求被拒绝后，可以向司法部门提起诉讼，并应得到法院的优先处理；行政、司法部门必须在一定的时效范围内处理有关信息，并公开申请和诉讼。《信息自由法案》的重要意义在于明确了"政府信息面前人人平等，政府信息公开是原则、不公开是例外"等信息公开原则。

《隐私法》（1975 年实施）限制联邦政府机关向其他人公布与个人有关的信息，禁止在没有本人书面同意的情况下披露个人隐私信息。规定每个美国政府机构应设有行政和实体安全系统，以防止未经授权发布个人记录。该法建立了一个"公平信息实践"准则，用于管理记录系统中维护的个人可识别信息的收集、维护、使用和传播，并对政府应当如何搜集个人数据、何种个人数据能够存储、个人数据开放的程序进行了详细规定。该法规定信息主体的权利主要有：个人信息决定权，即信息主体享有决定其个人信息是否被收集、存储和利用的权利；个人信息知情权，即信息主体享有知道行政机关是否保有其个人信息并取得个人信息复制品的权利；个人信息更正修改权，即信息主体享有更正错误的个人信息的权利。该法还规定了行政机关可以公开个人记录，不需要本人同意的 12 种例外情况。这 12 种情况分别为：为执行公务在机关内部使用个人记录；根据《信息自由法案》公开个人记录；记录的使用目的与其制作目的相容、没有冲突，即所谓的"常规使用"；向人口普查局提供个人记录；以不能识别出特定个人的形式向其他机关提供作为统计研究之用的个人记录；向国家档案局提供具有历史价值或其他特别意义、值得长期保存的个人记录；为了执法目的，向其他机关提供个人记录；在紧急情况下，为了某人的健康或安全而使用个人记录；向国会及其委员会提供个人记录；向总审计长及其代表提供执行公务所需的个人记录；根据法院的命令提供个人记录；向消费者资信能力报道机构提供作为其他行政机关收取债务参考之用的个人记录。为了在公共利益与个人利益之间寻求平衡，除了上述 12 种情况外，《隐私法》还作出"免除"规定，即"普遍免除"和"特定免除"。前者只适用于中央情报局和以执行刑法为主要职能的机关所保有的个人记录；后者不限制适用的机关，但只能适用于行政机关记录系统中以执法为目的而编制的个人记录等 7 种关于个人的记录，即行政机关在一定的情况下，可以不适用《隐私法》的某些要求和限制。《隐私法》对涉及的主体和相关术语进行了相对明确的界定。该法中的"机关"包括联邦政府的行政各部、军事部门、政府公司、政府控制的公司，以及行政部门的其他机构，即包括总统执行机构在内。该法也适用于不受总统控制的独立行政机关，但国会、隶属于国会的机关和法院、州和地方政府的行政机关不适用该法。该法中的"人"是指美国公民或在美国依法享有永久居住权的外国人。"记录系统"是指在行政机关控制之下的任何记录的集合体，其中，信息的检索以个人的姓名或某些可以识别的数字、符号或其他标识为依据。"其他标识"包括别名、相片、指纹、音纹、社会保障号码、护照号码、汽车执照号码，以及其他一切能够用于识别某一特定个人的标识。"个人记录"涉及教育、经济活动、医疗史、工作履历以及其他一切关于个人情况的记载。

《电子通信隐私法》（1986 年通过）主要禁止未经授权的电子窃听，对信息传输安全、存储安全和进行合法性监视等作出规定，是有关保护网络个人信息较为全面的一部数据保护立法。虽然《电子通信隐私法》主要防止政府未经允许而去截取监听私人的电子通信，但该法的第 2709 条却允许美国联邦调查局（FBI）发布国家安全令函给网络服务提供者（ISP），以命令他们揭露客户记录，该条款被质疑违反了美国宪法。

《网络世界中的消费者数据隐私：保护全球数字经济中的隐私和促进创新的框架》（2012 年颁布）正式提出《消费者隐私权利法案》，目的是加强对个人隐私权的保护，为消费者提供明确的基线保护。规定消费者隐私数据收集应遵循 7 个原则，分别是：个人控制（消费者有权对数据收集的内容以及如何使用数据进行控制）；透明性（消费者有权方便读取和访问涉及隐私和安全问题的信息）；尊重数据背景（消费者有权要求公开的个人信息与消费者提供数据时的背景保持一致）；安全；可访问和准确性（消费者有权访问和修改个人数据，确保敏感性以及错误数据带来不良后果的风险适度）；聚焦收集（消费者有权对收集和保留的个人数据进行合理的限制）；责任性（消费者有权要求公司采用正确的方法处理个人数据）。上述规定集中体现了美国政府应对大数据时代隐私保护问题的做法。法案的基础仍然是"公平信息实践法则"，包括"告知与同意框架的强化""数据保存与处理的安全责任""事后问责制"等方面。

《消费者隐私权利法案（草案）》（2015 年 3 月制定）对"个人数据""隐私风险"等术语进行了详细定义，一方面赋予了美国公民更大的隐私权，另一方面允许各行业在美国联邦贸易委员会的监督下自主制定有关数据隐私的行为准则，并试图在保障消费者隐私和给予企业一定灵活性之间寻求平衡。《消费者隐私权利法案（草案）》旨在保护商业领域的个人隐私，并通过由不同利益相关者制定的可执行的行为守则，及时、灵活地实施这些保护措施，表明美国政府已经开始根据社会发展的新变化进行隐私保护思路的调整，寻求建立开放政府数据背景下针对个人隐私保护的新规则。

《隐私盾框架》（2016 年生效）：在加强个人数据保护方面，"隐私盾"协议比之前的"安全港"协议有众多创新和强化之处。一是"隐私盾"协议约束名单内的企业必须遵守"隐私盾"协议规定，已经退出"隐私盾"协议名单的企业如果继续存储根据协议获得的个人数据，也必须就对应的个人数据履行相应义务。二是按照"责任转移原则"，名单内企业将个人数据传送给第三方时，应确保这些个人数据享受至少同等水平的保护。名单内企业还需对第三方代理人违反规则的行为承担后果，除非有明确的免责证据。对于个人数据和隐私保护，美国政府向欧盟出具了书面承诺，公开表示以国家安全为由进行的访问，都必须受到约束和监管，保证不会对根据"隐私盾"协议转移到美国境内的个人数据进行不加鉴别的、大规模的监视，批量收集的公民数据只能用于反恐、防扩散、网络安全等 6 种特定目的，且不得破坏"隐私盾"协议的原则。另外，美国建立了独立于国家安全部门之外的监察专员机制，专门负责跟踪和处理个人提出的投诉和咨询。

《宽带和其他电信用户隐私保护规则》（2016 年 12 月通过）将 1934 年《美国电信法案》中的用户个人信息保护要求应用到了宽带接入服务中，以促进用户信息和隐私保护。2017 年 3 月，受美国总统换届、通信监管机构 FCC 新主席上任以及电信监管思路变更的影响，《宽带和其他电信用户隐私保护规则》被 FCC 废除。此后，美国电信运营商有权查看用户所有未加密的在线活动，美国电信和宽带用户的隐私权让位给企业利益。

除上述法律外，美国还根据不同行业的隐私保护特点，制定了专门行业隐私法律。在金融领域，《金融隐私权法案》对银行雇员披露金融记录及联邦立法机构获得个人金融记录的方式进行限制；《金融服务现代化法案》要求金融机构尊重客户隐私，并保护客户非公共信息的安全与机密。在保险领域，《健康保险隐私及责任法案》规定个人健康信息只能被特定的、法案中明确的主体使用并披露，个人可以控制了解其本人的健康信息，但要遵循一定的程序标准。在电视领域，《有线通信隐私权法案》禁止闭路电视经营者在未获得用户同意的情况下利用有线系统收集用户的个人信息；《电视隐私保护法案》将隐私权保护范围扩展到录像带销售或租赁公司的顾客。在电信领域，1996 年

《电信法》规定电信经营者有保守客户财产信息秘密的义务。在消费者信用领域，《公平信用报告法》规定了消费者个人对信用调查报告的权利，规范了消费者信用调查/报告机构的报告的制作、传播流程以及对违约记录的处理等事项，明确了消费者信用调查机构的经营方式。在儿童隐私保护领域，《儿童在线隐私权保护法案》规定了网站经营者必须向其父母提供隐私权保护政策的通知，以及网站对 13 岁以下儿童个人信息的收集和处理原则与方式等。修订版的《儿童在线隐私权保护法案》（2013 年 7 月）扩大了"儿童个人信息"的外延，使其涵盖追踪儿童上网活动的 Cookies 数据、地理位置信息、照片、视频以及录音等信息，将个人照片、IP 地址等纳入个人信息范畴，新增了对相关主体的通知等要求，并界定了最具争议的数据留存、删除权等新术语。

（二）公共数据保护立法

美国政府对计算机网络高度依赖，从联邦政府到州政府，再到公民个人的大量信息几乎全部存储在计算机系统中，因此美国极为重视对公共数据的保护。美国政府对公共数据保护的立法主要体现在保障公共数据安全、规范数据使用和危机应对等方面。

在保障公共数据安全方面，"9·11"事件以前，美国政府及民众普遍认为国家数据安全面临的主要威胁在于对关键性信息基础设施的攻击并窃取其中的数据，保障国家安全的首要任务就是防止恐怖分子破坏关键性的信息基础设施，降低其利用其中数据的可能性。因此，美国出台了一系列法律加强对国家关键信息基础设施的保护，包括《国家信息基础设施保护法案》（1996 年）、1998 年克林顿总统签署的《关于保护美国关键基础设施的第 63 号总统令》。"9·11"事件以后，美国对国家安全战略作出重大调整，以牺牲公民的知情权和隐私权为代价，将其数据安全政策的重点调整为监控国内和全球信息流动，其数据政策从"开放为主"转向"控制优先"，并出台了一系列法律政策，包括《关键性基础设施信息法》（2002 年）、《爱国者法案》（2002 年）、《国土安全法》（2002 年）、《保障信息空间安全的国家战略》（2003 年）。2006 年，又通过《爱国者法修改和再授权法》延长了《爱国者法案》的实效，对加强反恐行动中联邦政府的权力、强化公民的权利保障作出了诸多重大修订。针对数据共享豁免的立法，2015 年 12 月，美国国会正式通过《网络安全信息共享法案》，旨在简化政企用户的信息共享流程，要求企业在必要时能根据国土安全部的需求迅速将用户信息与国土安全部进行共享。当用户控告企业的此类行为侵犯公民隐私权时，企业拥有不受追诉的豁免权。这种共享的适用范围包括：安全威胁情报、网络攻击信息、恐怖行动信息或是被政府部门认为可能来自间谍或敌对势力的信息。该法案看似赋予了企业用户信息共享免责的权利，事实上却为政府加强对企业的网络数据资源控制开辟了合法途径。

在规范数据使用和危机应对方面，《消费者隐私权利法案（草案）》（2015年3月）规定，相关实体应向个人提供准确、清晰、及时、显眼的隐私和安全实践通知，并提供方便合理的访问途径，将更新或修改及时告知个人。该通知至少应包括收集、使用、保留个人数据的目的和安全措施等内容。2015年4月，美国众议院两名议员提出《学生数字隐私与家长权利法案》，试图限制教育科技服务公司对12岁以下学生教育数据的使用，禁止出售个人身份数据及其关联数据，禁止收集或使用学生数据用于营利。规定发生数据泄露事件时，教育科技服务公司必须通知联邦贸易委员会（FTC）和所有遵从现行法律的潜在受害者。2014年12月颁布的《国家网络安全保护法》，规定美国国家预算管理局主任应定期更新"数据泄露通知政策与指南"，若发生数据泄露或违反规定的事件，受影响机构在发现未经授权的获取或访问后，应于30天内通知国会有关委员会泄露的信息及摘要、受影响人员数量（包括受影响人员的评估）、需要延迟通知受影响人员的必要性描述等内容，并通知受影响人员。

（三）大数据保护立法

美国一直对大数据应用持鼓励态度，主张利用大数据提高消费者福利。2010年以后，奥巴马政府发动了一系列"我的数据"行动，以使美国公民能够安全地获取个人数据，并支持和发展能够使用和分析这些数据的私人部门，使之更好地为公民提供应用和服务。为了更大限度地促进大数据行业发展，美国暂未针对大数据保护立法，但发布了一系列大数据发展倡议和规划。

2012年美国通过《大数据研究和发展倡议》，将大数据上升为国家意志，同时动员所有美国民众加入，以期创造巨大的经济和社会效益。同年颁布《消费者隐私权利法案》，明确规定数据的所有权属于用户（即线上/线下服务的使用者），并规定了对数据的使用需对用户保持透明性、保证安全性等细节。

2014年5月美国发布2014年全球"大数据"白皮书——《大数据：把握机遇，守护价值》，从政策调整、法律制定、法律解释和技术革新几个方面对大数据时代下完善公民个人数据保护提出了建议，试图解决大数据利用与公民信息保护价值之间的冲突，以释放大数据为经济社会发展带来的新动能。对于大数据发展可能与隐私权产生的冲突，则以解决问题的态度来处理。报告提出了6点建议：推进消费者隐私法案；通过全国数据泄露立法；将隐私保护对象扩展到非美国公民；对在校学生的数据采集仅应用于教育目的；在反歧视方面投入更多专家资源；修订电子通信隐私法案。

2016年5月美国发布《联邦大数据研究与开发战略计划》，要求通过促进数据共享和管理政策来提高数据的价值，提出要了解大数据的收集、共享和使用方面的隐私、安全和道德问题。该计划在强调数据共享的同时，也强调了安全的至关重要性，明确实施数据共享行动和举措时必须注重对敏感数据的隐私保护。

（四）跨境数据立法

关于数据的本地存储：美国并没有法律规定禁止数据跨境流动，但在对外资安全的审查机制中，通常会要求国外网络运营商与电信小组签署安全协定，要求其国内通信基础设施应位于美国境内，将通信数据、交易数据、用户信息等仅存储在美国境内。关于数据的跨境流动：美国对军用和民用相关行业的技术数据跨境实施许可管理。依据其《出口管理条例》（EAR）和《国际军火交易条例》（ITAR）分别对非军用和军用的相关技术数据进行出口许可管理。提供数据处理服务的相关主体或者掌握数据所有权的相关主体在数据出口（注：美国法律对数据出口的管理范围非常宽泛，即使是向美国境内的外国公民传递数据，也被视为出口）时，必须获得法律规定的出口许可证。

在上述原则统领下，近几年美国关于数据跨境流动的立法实践有：2014年6月，美国司法部部长承诺将1974年的《隐私权法案》扩展到欧盟，加强跨大西洋之间的合作。2015年10月，通过《网络安全信息共享法案》，美国国土安全部建立起企业与联邦调查局和国家安全局之间的密切关联，以阻止网络攻击者收集用户数据和隐私。对于数据跨境中一直争论不休的管辖权问题，该法案确定了"定罪无国界"的惩罚模式，对于盗窃、侵犯美国公民数据的外国人均可定罪。2016年7月，美欧通过的主基调为增强跨境数据主体权力的《隐私盾框架》补充了"安全港协议"原本的安全、知情、转移、选择、数据完整、执行及访问七大原则，为数据主体提供了更为具体的法律依据，使其能够随时知悉其数据被处理的真实情况。

二、美国数据保护立法的特点

（一）分散立法保护模式

美国数据保护法律规制的最大特点是多样性，其数据保护立法所涉及的面极广，包括金融、医疗、教育、税务、通信等多个领域。既有专门针对隐私的法律，也有在调整某事项时涉及隐私的条款；既有规范政府行为的法律，也有调整商业主体或者医疗、教育机构等特定主体的法律。在分散立法模式下，美国相关部门各司其职：议会以立法的形式明确数据保护的基本准则与理念；不同行政部门在执行数据保护法律的过程中以制定行政规则等方式解释法律所规定的准则；法院则通过个案以判例的形式拓展数据保护的领域与力度。

（二）公私有别

美国数据保护在公权与私权领域有着明显不同的保护理念与政策。受自由市场经济的传统与价值影响，美国的个人信息立法保护侧重于避免来自国家公权领域的侵权。如美国个人信息保护的基础性法律——《隐私法》严格规定了行政机关对个人信息进行收集、存储、使用与传播的行为，有效避免了政府滥用个人信息以及侵犯个人隐私的行为。

（三）以隐私权为中心的数据保护

在美国法律语境中讨论个人信息可视为讨论隐私。隐私权是美国个人信息保护的核心理论，同时也是宪法层面的基本权利。从联邦各类有关个人信息保护的文件上看，大多数据保护立法以保护隐私的名义出现。近年来，美国联邦最高法院通过一系列判例确立并发展了公民隐私权保护权利，数据保护权利的范围在不断地扩大，形态也在发生变化。

三、美国数据保护立法的启示

（一）推进开放政府数据

一是构建开放政府数据框架，健全开放政府数据的法规制度体系，建立开放政府数据组织领导与长效运作机制。二是统筹制定开放政府数据战略和衔接紧密的部门行动计划。三是树立数据治理思维，促进公共数据管理与信息技术的深度融合，切实提高开放政府数据效率。四是构建以用户为中心的公共数据服务体系，逐步实现公共数据开放与社会、市场数据利用的无缝对接。五是提高风险防范意识，建立开放政府数据的风险防范机制。

（二）完善政府监管机制

一是推进个人数据保护相关立法，明确个人数据保护的权责归属，提升对个人数据的保护水平。二是对跨国企业提出更为严格的个人数据保护要求，规定重要数据留存在本地。三是提升个人在跨境数据流动中的主动地位，赋予个人选择权、决定权、知情权、救济权等。四是将企业责任作为确保个人数据安全的主要抓手，推动企业建立自律机制，完善自身的数据保护水平。五是创新数据安全管理模式，推动建立数据安全信用体系。

（三）构建跨境数据流动管理

一是在立法中对跨境数据流动的概念进行规定，明确政府可以采取的管理手段以及相关各方主体的安全保护责任。二是建立跨境数据流动多元化的管理手段，对跨境数据流动进行分级分类管理，建立健全的跨境数据流动安全风险评估和监督机制。三是积极参与国际数据跨境流动或用户信息保护等热点领域的安全规则制定。

2.8　俄罗斯数据保护领域立法情况及启示

通过 20 多年的立法进程，目前，俄罗斯在数据保护领域已形成较为完备的法律体系，其在立法过程中的经验做法值得我国参考和借鉴。

一、概况

早在 1993 年，俄罗斯宪法就规定了个人有保护其私生活秘密的权利。1995 年，俄罗斯出台《信息、信息化和信息保护法》，首次使用"个人数据"的概念，并作出加强个人数据保护的规定。1997 年颁布的《联邦国家安全构想》强调，应加强个人数据特别是网上个人数据，以及互联网服务商与用户之间传输数据过程中的信息的保护立法工作。2003 年，俄罗斯国家杜马审议《个人数据法》提案，将个人数据保护立法纳入议事日程。2006 年 7 月，俄罗斯正式出台《联邦个人数据法》，即第 152 号联邦法令。此后，2009 年和 2014 年又分别通过了第 266 号和第 242 号联邦法令，对《联邦个人数据法》相关条款做了进一步补充修订。

《联邦个人数据法》是俄罗斯在个人数据保护领域的首部专门立法，主要调整相关主体在个人数据处理过程中产生的法律关系，重点关注个人数据处理的基本原则以及主体权利与义务，目的是在个人数据处理过程中保护其私人秘密、权利和自由不受侵犯。作为个人数据保护的基本法，该法的出台和实施，确立了数据保护领域的立法基调和发展方向，为公民个人隐私权和数据保护提供了根本保障。

二、《联邦个人数据法》的主要内容

该法的主体部分共分为 6 章，具体为：总则、个人数据处理的原则和条件、个人数据主体的权利、运营者的义务、个人数据处理的监督执法、最后条款。

定义。根据该法，"个人数据"是指任何属于自然人（个人数据主体）的特定信息或者任何能识别出自然人的特定信息，"个人数据处理"是指对个人数据所采取的收集、系统化整理、积累、存储、细化（补充或修改）、使用、分发（含传输）、脱敏、封锁、销毁等行为。该法也对上述处理行为分别进行了详细说明。

基本原则。该法规定，个人数据处理应遵循充分性、一致性、合法性、明确性、有限性原则。即个人数据处理的目的应充分，且在处理过程中始终保持一致，个人数据处理的方法应合法，待处理的个人数据数量、性质及所用技术应明确，个人数据应在达成处理目的后及时销毁。

主体权利。该法明确了个人数据主体对其个人数据处理的知情权、同意权等基本权利，规定数据主体有权知悉并确认个人数据处理的目的和方法、待处理的个人数据清单及来源、可接触并获取其个人数据的范围、个人数据处理的时限、可能导致的法律后果等。

运营者义务。该法规定，在收集个人数据时，运营者应向数据主体提供其有权获取的一切信息，如果数据主体拒绝提供个人数据，应向其提供充足的理由。在处理个人数据的过程中，运营者应采取必要的组织、管理及技术措施，确保数据免遭非授权访问、复制、修改、销毁、分发和使用。

权力机构。根据该法，授予监督信息技术和通信领域的联邦执行机构负责个人数据保护与监督的执法权力，确保数据主体权利得到有效保障，确保数据处理行为符合本法规定。

其中，针对跨境传输，该法明确了"同等保护"要求，即在个人数据跨境传输前，应确认拟传输的其他国家保证对个人数据主体的权利进行同等保护；

确认同等保护的其他国家依照本法实施个人数据跨境传输；为保护俄罗斯联邦宪法制度体系、维护公民权利及国家安全，可以中止或者限制个人数据跨境传输行为。

三、其他立法举措

（一）《信息、信息技术和信息保护法》

2006 年，俄罗斯出台《信息、信息技术和信息保护法》，即第 149 号联邦法令；2014 年又颁布第 364 号联邦法令，对《信息、信息技术和信息保护法》相关条款进行了补充修订。作为信息领域的基本法，该法是俄罗斯第一部以信息为对象的专门立法，主要对相关主体在产生、获取、传输信息及使用信息系统和信息技术时产生的法律关系进行调节。

针对信息保护，该法提出了应遵循"在实现信息获取权的基础上，采取相应的法律、组织和技术措施，确保信息免遭非授权访问、破坏、修改、复制、封锁、分发和传输"的原则，规定了信息持有者和信息系统运营者的保护义务，即：防止未经授权访问信息或将信息传输给无访问权限的个人或组织；检测未经授权访问信息的行为；排除因违规获取信息造成不良后果的可能性；确保信息系统和技术处理设备的可靠性和可用性；提供已经修复的受损信息；检测并确认信息保护措施的有效性。

（二）第 97 号和第 242 号联邦法令

2014 年 5 月，俄罗斯颁布第 97 号联邦法令——《关于信息、信息技术和信息保护法修正案及个别互联网信息交流规范的修正案》，规定"自网民接收、传递、发送、处理语音、文字、图像或者其他电子信息的 6 个月内，运营者应在俄罗斯境内存储相关信息；运营者应留存并向国家侦查机关和安全机关提供上述信息，不履行者予以行政罚款"，明确了境内留存数据和协助提供信息的要求。

2014 年 7 月，俄罗斯颁布第 242 号联邦法令——《就"进一步明确互联网个人数据处理规范"对俄罗斯联邦系列法律的修正案》，修订《联邦个人数据法》和《信息、信息技术和信息保护法》，在这两部法中增加"运营者应使用位于俄罗斯境内的数据库，对俄罗斯公民个人数据进行收集、记录、整理、存储、核对（更新或修改）、提取"的规定，进一步细化了数据本地化的存储要求。

（三）第 264 号联邦法令

2015 年 7 月，俄罗斯颁布第 264 号联邦法令——《关于修改信息、信息技术和信息保护法及俄联邦民事诉讼法典第29条与402条》，赋予公民向搜索引擎运营商申请屏蔽互联网上涉及自身不实信息的权利，也被称作俄罗斯的"被遗忘权法"。

四、经验借鉴及启示

在数据保护领域，俄罗斯以《联邦个人数据法》为基本法，辅以《信息、信息技术和信息保护法》、第97号、第242号和第264号联邦法令等法律，通过及时立法、修法，逐步细化明晰，形成了较为成熟、完善的数据保护法律体系。

俄罗斯数据保护立法的突出特点有2个。一是确立"数据本地化存储"规则。2013年"棱镜门"事件后，基于维护国家安全的历史传统和来自现实的网络威胁，俄罗斯改变了对数据跨境传输的态度，保护公民个人隐私和国家安全成为首先要考虑的内容。通过出台第97号和第242号两个联邦法令，以立法的形式，明确了"俄罗斯公民个人数据存储及相关数据处理只能在位于俄罗斯境内的服务器上进行"的要求。二是及时修订现行法律满足形势需要。作为安全意识极强的一个国家，俄罗斯十分重视数据安全问题。为了适应不断变化的内外部形势，2009年和2014年分别对《联邦个人数据法》相关条款做了补充，而"棱镜门"事件曝光后，仅2014年就对《信息、信息技术和信息保护法》进行了3次修订。不断强化完善法律制度，成为俄罗斯加强数据保护必要且行之有效的手段。

与此同时，俄罗斯的数据保护立法也存在一定的局限性，主要表现在3个方面。一是观念意识上，强调法律对公民权利的最大保障，对个人数据保护的规定相对严格、保守，一定程度上阻碍了数据的自由流动和充分利用。二是适用范围上，上述法律的调整对象以个人数据为主，并未涵盖公共数据、商业数据、政府数据、特殊敏感数据等类别，针对个人数据的保护原则和措施也不适用于其他数据，范围偏窄。三是安全与发展的平衡上，"本地化"要求对数据跨境传输做出了大范围的限制，为外国企业在俄罗斯开展业务增加了困难和障碍，已导致谷歌、微软等一些企业全球性服务的撤离，这对其经济社会发展造成了较大损失。

综上，对我国在数据保护领域的立法提出几点建议。一是体系上，采取统分结合的模式，制定一部规范、指导数据保护和利用的综合性、基础性法律，对于特定领域的数据保护，在相关法律和行政法规中具体体现。二是范围上，涵盖个人数据、公共数据、商业数据、政府数据、特殊敏感数据等类别，细化涉及数据保护和数据利用的各个环节，包括数据收集、存储、获取、使用、传输、脱敏、销毁等，针对不同数据类别和环节，提出有针对性的保护和管理措施。三是内容上，明确分类分级、安全可控、充分利用、合理限制、动态调整、依法管理等数据保护原则，明确数据主体的基本权利，包括知情同意、自主选择、及时通知、收集利用最小化、数据完整和准确、限定目的和使用等。四是重大问题上，加强顶层设计和规范管理，对大数据安全、资源利用、跨境传输、安全审查、风险评估等作出明确规定，推动数据保护，并符合我国的"网络强国""互联网+""一带一路"等战略实施的需要。五是制度设计上，在保护公民个人隐私和国家安全的基础上，通过设置法定的例外情况、用户授权、优先区域、安全协议、合同约定、第三方认证等弹性机制，在数据安全保护和共享利用之间做好平衡，满足国家经济发展和社会治理需求。

2.9 德国数据保护立法情况综述及启示

随着大数据、云计算等信息通信技术的快速发展，数据安全及保护正变得日益重要，隐私保护、数据主权等问题迫在眉睫。数据安全的核心是数据权属问题，集中表现为拥有权和处置权。德国作为全球范围内在数据保护领域立法起步较早的国家，已经形成较为完备的法律体系和健全的法制机制，在数据保护方面取得了一定成效。现将德国数据立法领域的相关情况归纳整理，为我国进一步强化数据保护、推进立法工作提供参考。

一、德国数据保护立法的基本脉络

（一）历史沿革

1970 年，位于联邦德国（西德）的黑森州出台了数据保护的相关法律。1978 年，联邦德国（西德）出台了国家层面的《联邦数据保护法》，确立了数据保护的基本规则和主体框架。1995 年欧洲议会和欧盟理事会颁布了保护个人数据处理和数据自由流动的第 95/46/EC 指令，要求欧盟各成员国依据指令精神进行立法。为执行欧盟指令要求，德国于 1995 年颁布《联邦数据保护法》，并分别于 2001 年、2003 年、2006 年、2009 年和 2015 年进行了修订。至此，《联邦数据保护法》成为德国数据保护领域的重要的基础性、专门性法律。

（二）法律体系

经过长期发展，德国已经形成较为完备的数据保护法律体系。一是纵向层面，以《联邦数据保护法》为基础，德国的每个州也制定了本州的《数据保护法》，这些法规构成了一个严密的法律体系，规范着德国的数据保护工作。二是横向层面，除《联邦数据保护法》外，德国于 2004 年出台《电信法》，涉及电子通信领域数据保护。针对传媒、艺术领域，德国还颁布《通信法》《媒体法》等予以规范。随着信息通信技术的发展，德国又制定了《远程媒体法》。此外，德国《税法》和《社会保障法》中对公民在征税和社保方面的数据保护也做出专门规定。

（三）整体动向

一是高度重视数据保护。2011 年德国出台的网络空间安全战略指出，网络空间的安全和网络空间数据的完整性、真实性及保密性已经变得极其重要。确保网络空间安全已成为对国家、企业和社会的一项重要挑战。二是不断强化数据隐私保护标准。2013 年"棱镜门"事件及德国大选后，德国进一步提高数据隐私保护标准，强烈鼓励信息技术服务供应商将数据加密，且不向外国情报机构传送数据。三是强调国际合作及规则制定的重要性。德国认为，联合国是建立网络空间国家负责任规则的核心平台，数据拥有的问题及管辖权的问题非常复杂，各个主权国家应该努力建立保护数据完整性以及数据使用的原则。

二、德国数据保护立法的核心概要

（一）主体框架

《联邦数据保护法》是德国数据保护领域的专门性法律，据最近一次修订的 2015 年版本显示，其主体框架分为六大部分、48 条。第一部分为"总则"，主要包括定义、主体、范围、内容、职责等。第二部分为"公共机构对数据的处理"，主要涉及处理的法律依据、数据主体的权利、联邦数据专员等。第三部分为"私法主体和参与竞争的公法企业对数据的处理"，主要规范该企业机构主体的法律依据、相关权利、监管机构、行为规则。第四部分为"特殊条款"，涉及"特殊秘密"条件下的使用限制等内容。第五、第六部分则分别为

"最后条款"与"过渡条款"，包括处罚规定及延伸效力。

（二）核心概念

《联邦数据保护法》指出，"个人数据"是指关于个人或已识别、能识别的个人（数据主体）的客观情况的信息。个人信息包含在个人数据的范畴之内。该法同时还对数据收集、处理及利用行为作了区别。"数据收集"是指从相关数据主体处获得数据；"数据处理"则为数据的存储、修正、传递、控制以及删除；"数据利用"即除数据处理条款之外的任何其他个人数据使用行为。

（三）基本原则

学术界认为，德国的数据保护立法着重体现以下原则。一是直接原则，个人信息原则上应向信息主体收集。二是更正原则，为保证信息内容完整与准确，信息主体有权要求修改个人信息，以使其在特定目的范围内保持完整、正确及最新。三是目的明确原则，收集个人信息应当有明确特定的目的，禁止公务机关和非公务机关超出目的范围收集、存储个人信息。四是安全保护原则，个人信息应该处于安全保护中，避免可能发生的泄露、意外灭失和不当使用。五是公开原则，收集、处理、利用应当保持公开，信息主体有权知悉其个人信息被收集、处理及利用的情况。六是限制使用原则，个人信息在使用时应严格限制在收集的目的范围内，不得作目的范围外的使用。

（四）主要权利

《联邦数据保护法》赋予数据主体的主要权利有 4 个。一是请求告知权，即主体有就其信息的内容及处理、利用等情况请求相关主体告知的权利。二是个人信息更正权，信息主体对错误的个人信息有权更正，对过时的个人信息有权更新。三是个人信息删除权，除非有法定的或者约定的理由，信息主体有权要求删除未经其同意而存储的信息。四是个人信息封锁权，若仅为保有个人信息而存储个人信息或信息主体对个人信息的准确性存有疑问，信息主体有权要求信息控制人封存该信息。

三、德国关于数据保护领域重点问题的立法举措

（一）个人数据及隐私保护

根据《联邦数据保护法》，收集、处理和使用公民个人信息受到严格管制。一是强调"知不知情"。按照规定，信息所有人有权获知自己哪些个人信息被记录、被谁获取、用于何种目的，私营机构在记录信息前必须将这一情况告知

信息所有人。二是强调"同不同意"。如果是出于商业目的而获取、处理、使用个人信息，必须经信息所有人书面同意，而非法获取或不再需要的信息必须删除。三是强调"如何惩戒"。一旦有人因非法或不当获取、处理、使用个人信息而对信息所有人造成伤害，此人就要承担责任。四是强调"如何维权"。如果有人认为某个机构在收集、处理或使用自己的信息时侵犯了自己的权利，他可以找相关部门投诉或反映情况。

（二）跨境数据及数据主权

一是"欧盟内国家"，根据《欧盟数据保护法律指令》，德国对欧盟其他成员国的数据保护持信任态度，允许与欧盟成员国之间进行数据交换。但随着2016年欧盟《一般数据保护条例》生效，数据跨界流动更加严格。二是"欧盟外国家"，根据欧盟2001年《关于向第三国的处理者传输个人数据的标准合同款的委员会决定》，若接受欧盟以外的运营商和服务商提供数据服务，则必须签署欧洲标准合同，以确保数据处理过程的安全性。三是"可信国家清单"，欧盟制定了数据保护的可信任国家清单，列入清单的国家被认为在数据保护方面拥有信任保障，包括加拿大、瑞士、安道尔、挪威等国家。四是"跨境数据安全评价"，对数据合理保护水平的判断要综合考虑数据的种类、数据处理目的和持续时间、数据来源国和接收国，以及适用于接收者的法律形式、专业规则和安全措施。

（三）大数据安全及保护

德国政府在出台的《2014—2017年数字化议程》中指出，欧盟于2015年生效的《一般数据保护条例》是应对大数据、云计算、网络数据等新兴技术安全的纲领性文件，而德国数据保护法也在2015年进行了一系列的优化调整。此外，德国通过一系列安全战略和具体行动来加强大数据时代的信息安全。目前，德国大型企业和政府部门的邮件系统已运用邮件加密技术。未来，普通电子邮件用户发送的信息也将逐步普及使用加密技术传送，这些数据都将存储在德国境内的数据中心。在大数据时代，德国将朝着加密技术本土化的目标进一步加强数字安全建设。

四、德国数据保护立法的特征及亮点

（一）单独设立专员机构，形成完备监督体系

《联邦数据保护法》要求设立的"联邦数据保护与信息自由专员"，堪称德国数据保护法制举措的一个亮点。一是国家层面，设立联邦数据保护专员，由议会选举产生并由总统任命，在内务部设立专员办公室，负责监督联邦政府机构的数据保护工作，并接受公民关于数据保护维权的投诉申请。联邦数据专员任期为 5 年，可连任两届，内务部单列预算为专员提供人员和物资。二是地方层面，联邦各州同样设立专员，以类似的方式负责监督各个州政府机构的数据保护工作。三是机构组织，《联邦数据保护法》倡议公立和私营机构设立专职的数据保护官，要求自动收集、处理和使用个人数据的机构、企业书面任命一名数据保护官，私营企业应在开业 1 个月内完成任命。数据保护官要具备一定的专业知识，并在履责时不受干涉。

（二）加大打击违法力度，确保数据信息安全

一是依据德国相关法律，在网上传播、使用木马程序及恶意代码等窃取个人数据的行为，情节严重的被纳入刑法的惩戒范围。二是严厉打击违法有害信息的传播，散布传播黄色信息、煽动种族仇恨、宣扬纳粹思想等行为将受到刑法的严厉处罚。三是若违反与数据保护相关的法律规定，将被处以5 万～ 30 万欧元的罚款；如因违法获利，罚款应超出获利金额。

（三）重视数据采集透明，严格维护用户权益

德国法律规定，政府和企业采集个人数据必须具有"目的相关性"，采集数据要坚持"知情最小集"原则，非相关且非必要数据不得采集。要求企业将数据的用途主动通知当事人，当事人也有权利要求企业告知其数据的流向以及采集处理的过程。为贯彻法律要求，越来越多的德国企业开始加强对用户数据的保护。一些企业网站专门开设了关于数据保护的网页，明确告知客户自己保护信息的措施。需要客户填写信息登记表格时，也会在显要位置提醒客户这些信息的用途。这些规则关乎每个人的现实切身利益，较好地调动了公众维护数据保护政策的积极性，进而形成数据保护的良性循环。

（四）紧跟最新发展动向，应对潜在安全风险

近年来，德国《联邦数据保护法》的历次修改，对各项新兴信息技术给予了极大的关注，通过法律形式来应对新技术带来的数据风险和社会问题。一是针对日益普遍的电子监控，规定了对公共领域进行监控的限制条件。二是对个人数据移动存储和处理介质的使用作出了规定。三是对电子化办公的个人数据问题作出了规定。四是在德国工业 4.0 发展进程中，将对工控系统的数据安全问题以及超大型公司的数据权属问题的重视提高到了前所未有的高度。

五、对我国的启示

（一）在数据流动与信息安全之间寻找平衡

数据天然具有流动性，这是数字经济赖以存在和发展的基础。如果数据不能流动，那么它就不能参与生产过程，也就无法成为市场要素。但是，数据安全问题也是由数据的流动性造成的。个人数据会被收集、使用、处理、传输，而且可以在数据主体不知情的情况下流动。德国原有的数据保护立法侧重于安全，近年来在修订过程中，在确保安全的基础上，增加了很多个人数据保护的例外情形，以适应经济发展需要。因此，数据保护法必须兼顾信息流动与信息安全两方面，要处理好个人、社会和国家利益之间的关系。

（二）加快健全数据保护领域的法制体系

一是完善法律体系。德国的数据与个人信息保护立法体系并非一蹴而就，而是历经多次修订并逐渐完善的。我国目前已经出台《网络安全法》，下一步应加紧制定数据保护领域的专门性配套法律法规，分阶段、分行业推动数据保护立法进程。针对跨境数据流动、个人隐私保护、国家大数据安全等重大问题，应尽快出台相关法律。二是专设机构人员。可以借鉴德国的"联邦专员"与"数据安全官"举措，在国家、地方、机构层面尝试研究设立"首席数据信息安全官"，健全配套体制机制，规范明确相关权责，强化数据安全保护。三是明确法律权属。明确并细化不同法律主体的权属关系、权利义务，尽快填补法律空白，强化对国家安全、个人隐私的保护力度，加大对破坏数据安全等各类违法犯罪行为的打击力度。

（三）激发社会力量，形成网络空间综合治理合力

一是将网络空间治理法规政策与公民权益紧密结合，从立法高度明确个人在网络空间的权利义务，高度重视网络空间个人数据安全性，确保个人在网络空间的经济利益和隐私。二是更大程度地发挥和释放行业协会等非政府组织的行业动员与监督能力，加强行业自律，完善行业规范，力促在网络空间国家治理中起到更积极的作用，形成官民协同的良性互动局面。三是开展专项执法行动，加大对破坏网络空间数据安全的各类违法犯罪行为的打击力度。四是建立网络空间数据安全的举报、奖励和惩罚制度，充分发挥公众监督作用，在全社会形成良好的网络安全文化氛围。

（四）加快对新技术、新应用的潜在安全风险的立法覆盖

一是针对基于大数据和云服务的模式，树立安全优先的理念，确保基于云的跨境数据服务不给国家关键基础信息网络和重要信息系统带来重大安全隐患。二是建立云服务的安全测评资质评估机制，在政府部门和重要行业招标采购过程中要求招投标企业必须拥有国家级的云服务安全资质。三是对于云服务过程中涉及国家安全、商业机密和个人隐私的行为，制定专门的法律条款对其进行约束。

2.10　一些国家对漏洞悬赏的经验做法及启示

近年来，随着计算机和互联网技术的快速发展，影响全球网络安全、各国政府和企业的系统安全事件不时发生，系统漏洞安全被提升到前所未有的战略高度。为了发现系统安全漏洞，美国、日本、欧洲等国家和地区以及微软、谷歌等互联网巨头纷纷推出"漏洞悬赏"计划，吸引网络信息安全从业人员挖掘系统漏洞，防患于未然。

一、美国漏洞悬赏的经验做法

（一）政府层面

一是制定并不断完善顶层设计。早在 2008 年，小布什政府就制定了漏洞公平裁决程序（VEP），奠定了美国漏洞管理的制度基础。根据 VEP，美国政府会决定是将发现的漏洞向社会公布，还是对漏洞进行保留。WannaCry 在全球爆发后，国际舆论对美国大量"库存"漏洞行为发出质疑。2017 年 11 月，为平息舆论质疑，特朗普政府对 VEP 机制进行更新后公开发布。2018 年 1 月，美国众议院通过《网络漏洞公开报告法案》，要求美国国土安全部提交网络漏洞披露报告，并描述网络漏洞披露的政策和程序，为 VEP 提供了法律依据。二是启动漏洞奖励活动。2017 年 5 月，美国国家总务管理局（GSA）启动美国首个全面开放的政府漏洞悬赏计划，最低奖金为 300 美元，最高奖金为 5 000 美元。

（二）军方层面

一是推出一系列漏洞奖励计划，广泛吸引"白帽黑客"帮助美国军方挖掘系统漏洞。其中，影响较大的有黑客"攻陷五角大楼"悬赏计划（注：2016 年 4 月

18 日至 5 月 12 日，吸引了 1 410 名黑客参加，修复了 138 个有效漏洞，发放了 7.5 万美元的赏金。鉴于此次行动取得的良好成效，美国国防部宣布将长期开展这一计划）、"攻陷陆军"漏洞赏金计划（注：2016 年 11 月 30 日至 12 月 21 日，项目共收到了 400 多个漏洞报告，其中，118 个漏洞可复现。美国陆军向参与者支付了 10 万美元的漏洞赏金）、"攻陷空军"漏洞赏金计划（注：2017 年 5 月 30 日至 6 月 23 日，该项目除了向本土专家开放之外，还邀请了英国、加拿大、澳大利亚、新西兰等"五眼联盟"成员参与。项目吸引了 272 名"白帽黑客"参与，共提交漏洞 207 个，发放超过 13 万美元的漏洞奖金），帮助美国军方成功找到了大量影响国防系统安全的漏洞。二是与企业合作，借助最新技术挖掘军事软件漏洞。2016 年，美国国防部高级研究计划局与卡耐基梅隆大学初创企业 For All Secure 签订为期两年的合同实施"Voltron"计划，将尖端人工智能技术应用到各个不同的国防机构，以发现美国军方操作系统和定制程序中存在的编码漏洞。三是发布漏洞披露指南，确定漏洞奖励机制。2017 年 8 月，在美国国防部的资助下，卡耐基梅隆大学软件工程研究所发布"CERT 漏洞协同披露指南（CVD）"，并强调由于激励会加强安全研究人员与组织机构之间的未来合作关系，奖励通常比惩罚更有效。

（三）企业层面

美国科技巨头争相发起悬赏计划或资助悬赏项目，影响较大的有谷歌推出的"Android 安全悬赏"项目、英特尔推出的漏洞赏金计划、微软发起的 Windows 安全漏洞悬赏计划等。美国企业漏洞悬赏的特点在于紧跟产品更新节奏，奖金高且增长速度快，因此吸引了大量人员参与，发现了大量的高风险漏洞。美国企业还常资助一些非营利性漏洞发现组织。如 2017 年 7 月，非营利性漏洞悬赏项目"网络错误赏金（IBB）"宣布获得脸谱、GitHub 和福特基金会的捐赠，总计 30 万美元。除企业外，美国的一些专业漏洞收购平台也常发布漏洞悬赏计划。2017 年 9 月，漏洞收购平台 Zerodium 启动 Tor 浏览器漏洞悬赏计划，奖金总额高达 100 万美元。

二、其他主要国家（地区）漏洞悬赏的经验做法

（一）欧盟和其他欧洲组织

一是建立专门机构研究网络漏洞，加强网络安全漏洞共享。欧洲央行（ECB）要求其监管的银行从 2017 年夏天开始披露所有的主要网络安全漏洞，

并对所监管银行的网络安全和外包安排进行定期审查。二是欧盟立法对"白帽子"的漏洞挖掘行为进行明确，赋予"白帽子"黑客漏洞挖掘权限，豁免"白帽子"的善意挖掘行为，将"漏洞挖掘人造成破坏的危害性"纳入是否入罪的判断标准。三是企业推出漏洞悬赏计划。2016 年上半年，芬兰保险业巨头 Local Tapiola 推出漏洞悬赏计划，规定任何黑客只要能够找到严重的、项目规定范围内的漏洞，都有机会获得 5 万美元的奖励。

（二）俄罗斯

俄罗斯非常重视网络漏洞的获取和利用。为鼓励发现漏洞，俄罗斯做了很多努力。一是奖励搜索国家 IT 系统漏洞的行为。2018 年 1 月，俄罗斯政府批准信息安全计划，提出到 2020 年，俄罗斯政府将拨付 5 亿卢布（约合 870 万美元）财政预算和 3 亿卢布（约合 530 万美元）预算外资金用于搜索国家 IT 系统漏洞。二是发起破解 Tor 网络赏金活动。俄罗斯内政部曾于 2015 年前后发布过赏金招标项目，希望找到能够获取匿名网络 Tor 的用户资料的方法。该项目的招标范围是那些达到一定保密级别，能够承包俄罗斯政府项目的机构。俄罗斯政府给出的悬赏金额是 390 万卢布。

（三）日本

一是加强与美国合作，共同举办 2017 Pwn2Own 黑客大会（注：Pwn2Own 是著名的、奖金丰厚的黑客大赛，由美国五角大楼网络安全服务商、惠普旗下 TippingPoint 的项目组 ZDI 主办，谷歌、微软、苹果、Adobe 等互联网和软件巨头都对比赛提供支持，通过黑客攻击挑战来完善自身产品）。第六届移动 Pwn2Own 黑客大会于 2017 年 11 月 1—2 日在东京 PacSec 安全会议期间举行。Pwn2Own 黑客大会的奖励金额超过 50 万美元。根据安全漏洞的不同，奖金也有变化。二是日本雅虎、索尼、任天堂等科技及互联网企业巨头也纷纷推出自己的漏洞赏金计划。

（四）韩国

一是设立网络漏洞共享协调机构。2017 年 1 月 3 日，韩国政府向国会正式提交《国家网络安全法案》，提议在国家情报院建立网络安全威胁信息共享中心，共享网络攻击方法、恶性程序、信息通信网络、信息通信器材和软件安全缺陷等的相关信息以及其他预防网络攻击的信息。二是韩企推出漏洞奖励计划。2017 年 9 月，韩国三星公司推出漏洞奖励计划，向发现有可能危及设备的关键软件漏洞的人支付高达 20 万美元的奖金。

（五）新加坡

新加坡国防部在 2018 年 1 月 15 日至 2 月 4 日实施漏洞悬赏计划，首次邀请了来自全球约 300 名"白帽黑客"攻击国防部 8 个连接网络的电脑系统，以测试系统是否有漏洞。每个漏洞的奖赏在 150 新元至 2 万新元，总奖赏金额取决于寻获漏洞的多寡、复杂程度和关键性。新加坡金融、通信等关键基础设施部门也将效仿推出相关计划。

三、世界部分国家（地区）漏洞悬赏的特点

（一）以"漏洞悬赏"为由头，实为积累网络安全战略资源

近年来，各国发起的漏洞悬赏项目之所以如此兴盛，除消除系统隐患、提升网络安全防护能力等"显性益处"外，其"隐性目的"更在于借助漏洞悬赏的形式发掘和收编网络攻击领域的"优质白帽"人员，同时储备关键漏洞资源，一定程度上有网络军备的目的。

（二）悬赏计划目标明确，保密要求凸显漏洞挖掘敏感性

几乎所有的悬赏漏洞计划均有特定的目标对象。如美国国防部的悬赏计划中，黑客特定攻击美国陆军域名寻找漏洞。英特尔推出的漏洞奖金计划是鼓励世界各地的"白帽黑客"找到该公司各种软件、固件和硬件中的安全漏洞。新加坡国防部漏洞悬赏计划则专门针对国防部的电脑网络系统查找漏洞。漏洞悬赏活动兼具私密性，大部分悬赏活动都要求"白帽黑客"在发现漏洞后隐蔽提交至主办部门。

（三）多采用公私合作或私私合作的框架模式

以美国为例，漏洞挖掘或漏洞悬赏计划多是漏洞测试平台与政府、军方或被测试系统软件所有者的互联网公司之间签订合同，并对挖掘方法、目标和漏洞报告进行精细授权。

四、对我国的启示

一是借鉴他国经验，建立健全我国网络漏洞悬赏体系。探索建立专设机构，制定完善系统漏洞披露的相关规定、法律制度或活动开展指南。二是依托现有漏洞管理体系，定期推出专门漏洞悬赏计划，强化漏洞发现能力，优化上报机制。三是制定专门规章，强化对漏洞悬赏活动的监管。四是推动国际社会建立网络漏洞共享机制和全球防止网络武器扩散公约，防范漏洞武器化趋势。

第 3 章

全球网络空间安全形势

3.1 2018 年 1 月全球网络空间安全形势

2018 年 1 月 17 日，世界经济论坛（WEF）发布《2018 年全球风险报告》称，网络攻击首次被纳入全球风险前五名，成为 2018 年全球第三大风险因素，仅次于极端天气和自然灾害。网络安全研究人员披露了英特尔、AMD 和 ARM 架构的芯片存在"崩溃（Meltdown）"和"幽灵（Spectre）"两个安全漏洞，这两个漏洞可用于盗取几乎所有现代计算设备中的敏感信息。1995 年以后生产的芯片均无一幸免地受此次披露漏洞的影响。工控系统应用程序（APP）被发现普遍存在严重漏洞，可能导致设备被摧毁或工厂爆炸。新型物联网僵尸网络 HNS 爆发，入侵以网络摄像头为主的不安全物联网设备，被感染的设备已超过 1.4 万台。各国积极加强数据保护立法执法以及网络安全人才队伍建设和技术研发，以提升本国网络空间防御能力。

一、全球网络攻击总体态势

一是亚太地区网络安全态势堪忧。美国火眼公司 1 月 15 日发布的《亚太地区网络攻击报告》显示，亚太地区网络攻击驻留时间（从网络被入侵到入侵被检测历经的时间）全球最长。全球网络攻击驻留时间的中位数为 99 天，亚太地区则为 172 天，欧洲、中东和非洲为 106 天，美国为 99 天。驻留时间越长，攻击者获得的目标信息越多。二是金融科技安全威胁较大。趋势科技发现名为"FakeBank"的银行恶意软件家族，相关样本数量已经达到数千个，其使用新型混淆技术，并将攻击目标锁定为俄罗斯的多家银行。三是数据泄露事件频发。意大利警方测速摄像头数据库遭黑客攻破，约 40 GB 文件被删除。黑客还使用被入侵警察局的内部电子邮箱向一些地方和全国性媒体发送数张计算机屏幕截图和一份 PDF 文档，显示其控制警方计算机系统的真实性和删除文件的过程。电子前沿基金会（非营利性的国际法律组织）和安全公司（Lookout）联合调查发现，与黎巴嫩总安全局有关的监控间谍活动 Dark Caracal 从世界各地的安卓手机和微软视窗系统中窃取大量数据，并且有黑客组织将 Dark Caracal 间谍软件平台出售给某些国家用来监听。

二、全球网络攻防对抗日趋激烈

一是全面加强网络防御。美国网络司令部 2018 年拟进一步强化自身职能，重点围绕增加网络作战活动、加速网络作战人员培养、遴选升格为全面统一的战斗司令部后首任司令官、完成与国家安全局的职能拆分工作 4 条主线展开。国土安全部（DHS）部长尼尔森表示，DHS 正在向私营部门提供工具和资源，以助其采取"主动防御"策略，在实际受到攻击前主动采取自我保护措施。美国联邦调查局（FBI）局长沃雷称，FBI 正把注意力放在更好地阻止网络犯罪和黑客的相关工作方面。美国正面临黑客活动、内部威胁等"复合型威胁"，FBI 需要强化其员工的网络技能，并建立网络行动小组，以迅速应对威胁。加拿大军方将实施重要的网络安全态势感知长期项目，以推动网络防御升级，并对"高级渗透威胁"做出响应。越南在 2018 年 1 月 8 日宣布成立网络空间作战司令部，该部隶属于国防部，协助国防部履行维护国家网络主权和信息管理职能，研究和预测网络战争，以保护其在互联网上的主权。二是提出所谓"进攻性防御"新概念。北约多国拟部署进攻性网络武器，对国家支持的网络黑客做出更强硬的反应。美国、英国、德国、挪威等北约成员国已确定部署攻击性网络武器。北约使用的"进攻性防御"新概念将进一步威胁到其他国家和组织，并可能会被运用到目前常规军事行动中。三是发展"改变游戏规则"技术。日本政府拟在修订《防卫计划大纲》时，提出"获得旨在削弱对方优势的能力"，包括加强太空和网络战应对、积极研究人工智能（AI）等"改变游戏规则"的技术。

三、一些国家不断强化信息内容安全监管

一是加强情报监控。美国总统特朗普于 2018 年 1 月 19 日宣布签署《外国情报监控法修正案》第 702 条的更新授权，延续国家安全局（NSA）的互联网监控计划，同意授权 NSA 监听外籍人士以及收集与之相关的情报。最新授权将在 2023 年 12 月到期。二是强化媒体有害信息监管。英国内政部表示，如果

谷歌、脸谱等科技巨头不采取更多措施打击网络极端主义，移除旨在使人们变得激进或者协助他们准备发动攻击的网络内容，英国可能会对这些科技巨头征收新税，但并未给出征税计划的细节。德国司法部于 2018 年 1 月推出在线表格，供网民投诉对已举报网络违法言论处理不力的情况。司法部接到申诉后将判断社交媒体平台是否存在管理缺陷，并可对平台打击违法言论不力的行为，处以最高达 5 000 万欧元（约合 3.89 亿元）的罚款，但司法部强调不会亲自参与删除或屏蔽违法言论。越南人民军总政治部副主任阮仲义上将透露，已招募了 1 万多人组成名为 "Force 47" 的网络战部队，试图打击网上传播的 "错误观点"。该网络战部队已开始在多个部门运作。阮仲义表示，越南必须每时每刻做好打击 "错误观点" 的准备。"Force 47" 部队的打击重点是社交媒体网站。2016 年，巴基斯坦联邦内阁批准了《防止电子犯罪法案》的修正案，该修正案旨在将亵渎和色情内容纳入网络犯罪法。此前，伊斯兰堡高等法院在听证有关在社交媒体上传不良内容的案件时，处理了与亵渎有关的罪行问题。以色列政府要求社交媒体网站删除有害内容的成功率从 2015 年的 50% 跃升至 2017 年的 85%。司法部 2017 年向推特、优兔和脸谱等社交媒体发出了数千次删除有害或危险内容的请求，绝大多数得到了执行。司法部主要关注煽动恐怖主义的内容，其正在讨论所谓的 "脸谱公司法案"，以授权行政法庭命令社交媒体删除对国家安全构成威胁的内容。三是积极打击虚假信息。新加坡发布绿皮书称，考虑设立一个专门的部长级委员会，负责对使用数字技术在网上散布虚假信息的情况进行评估，分析其对社会制度和民主进程造成的影响，提出防止和打击网络假新闻所应坚持的原则和具体措施。

四、加强国家网络数据保护立法、执法

一是加强数据保护立法。美国白宫新闻秘书莎拉·桑德斯称，美国白宫自 1 月起将禁止员工在工作中使用个人手机。白宫技术系统的安全和完整性是特朗普政府的首要任务。因此，在白宫西楼不再允许使用所有的个人用具和设施。印度议会委员会建议，随着国家迈入数字经济时代，政府应当尽早出台数据隐私立法。印度应该有一个健全的消费者隐私和数据保护法，以免丧失对数据的控制，成为 "数字化殖民地"。印度迫切需要与数据最小化、隐私和保留相关的法律，以保证公共和私有数据的安全。美国民主党参议员伊丽莎白·沃伦和马克·沃纳 1 月 10 日提交了《数据泄露预防和赔偿法案》，要求信用机构

与联邦贸易委员会（FTC）共享数据保护策略和方法细节，以避免数据泄露。该法案要求FTC成立一个新的网络安全办公室，以负责检查和监督信用机构的数据保护。该法案授权FTC可对机构处以每泄露一条信息50～100美元的罚款。二是加强数据保护执法。美国玩具制造商伟易达（VTech）的安全漏洞导致数百万家长和儿童的数据遭曝光，FTC宣布对其处以65万美元的罚款。FTC公布的调查结果显示，伟易达曾以多种方式违反美国法律，未能按照承诺和要求保证数据的安全。

五、核设施等关键基础设施网络安全引发忧虑

一是核设施网络安全状况堪忧。英国皇家战略研究所（查塔姆社）1月11日公布的全球核武器系统网络安全调研报告显示，核武器系统的开发始于前数字时代（计算机普及前），而如今核武器系统的指挥、控制和通信设施逐步数字化。由于设计年代久远，以至于核武器系统存在许多非常明显的安全漏洞，对黑客攻击活动基本没有抵御能力，网络攻击可能会破坏核武器的控制装置，其后果不堪设想。二是用核武器加强网络威慑。美国国防部最新撰写的《2018年核态势评估报告（草案）》显示，美国将考虑动用核武器反击非核武攻击。该草案虽并未明确提及将用核打击报复网络攻击，但表示美国"只会在极端情况下考虑用核武器保护美国或其盟友及合作伙伴的重大利益"，据知情人士透露，大型网络攻击也被视为"极端情况"。三是工控系统APP安全隐患较大。网络安全公司IOActive和Embedi的研究发现工控系统APP存在严重漏洞，可能导致设备被摧毁或工厂爆炸。研究人员从谷歌应用商店随机挑选了34款由西门子和施耐德电气等工控系统供应商开发的APP进行测试，结果发现147个安全漏洞，只有2款APP不存在安全漏洞。研究人员表示，一些漏洞可使黑客能够干扰APP与机器设备之间的数据流动，导致流水线混乱或炼油厂爆炸等。

六、加强网络安全人才队伍建设和技术研发

一是加强组织机构建设。以色列政府决定将国家网络局和国家网络安全局合并为新的国家网络总部。新机构将负责民用领域从制定政策到为网络防御构建技术力量的全面工作。总理内塔尼亚胡已任命前辛贝特国家安全机构信号情报网络部门主管伊格尔·乌纳担任新的国家网络总部负责人。英国政府数字服务小组（GDS）在原网络安全主管于2017年年底离职后，寻找新的网络安全

主管，新主管将负责威胁鉴定、情报收集、漏洞管理、事件监测和响应，并与安全、交付和政策团队合作确保GDS持续处于"安全考量的前沿"。印度尼西亚最新成立国家网络安全局，将在未来几个月内招募数百人，以应对日益增长的网络谣言和骗局，并为2018年在各地同时举行的地方选举提供保障。世界经济论坛（WEF）宣布成立全球网络安全中心，这一全新机构旨在提升网络弹性，同时建立起一套独立的最佳实践库，并将针对不同攻击场景提供指导性意见。二是利用技术手段提升网络安全。俄罗斯新近批准搜索国家信息技术系统漏洞计划，决定在2020年前拨付5亿卢布（约合870万美元）财政预算和3亿卢布（约合530万美元）预算外资金用于搜索国家信息技术系统漏洞。任何人都可以参与发现漏洞，成功者将获得奖品和现金奖励。美国脸谱公司宣布为"互联网安全保护奖励"项目提供10万美元奖金，用于资助提升在线安全性和隐私性的研究提案。谷歌母公司Alphabet宣布成立名为Chronicle的独立的新网络安全公司，其目标是分析海量数据，为安全团队提供洞察"漏洞隐患"的能力，以保护数据安全。

3.2 2018年2月全球网络空间安全形势

2018年2月，平昌冬奥会开幕期间遭遇网络攻击，全球4 000多个网站被挖矿软件挟持，朝鲜黑客攻击活动持续猖獗，美欧启动多项个人数据保护和网络攻击应对举措，多国加快网络安全机构调整，加强网络安全国际合作。

一、漏洞隐患和黑客攻击安全事件频发

一是平昌冬奥会媒体中心服务器遭黑客入侵。2月9日，平昌冬奥会开幕式期间，其服务器遭到黑客入侵，主媒体中心IPTV发生故障。二是朝鲜黑客组织活动猖獗。2月，朝鲜黑客组织不断寻找海外目标，且不掩饰踪迹地开展网络攻击。如朝鲜黑客被怀疑与日本虚拟货币交易所丢失的580亿日元虚拟货币"NEM（新经币）"有关。三是全球4 000余家网站被加密挖矿软件劫持。2月12日，拥有大量用户、旨在帮助失明和视力不佳的人访问网络的网站插件"Browsealoud"被篡改，并添加了挖掘加密货币门罗币的"Coinhive"挖矿程序，导致全球4 275个政府网站被劫持，这一过程持续了数小时。四是德国外

交及内政部网络疑遭黑客入侵。五是恐怖组织转向借助"暗网"展开网络攻击。六是新型勒索病毒 Data Keeper 被发现。专家在互联网上发现一种大规模杀伤性的新型勒索病毒 Data Keeper，该软件可对受害者电脑里的文件进行加密，并要求以加密货币交纳赎金。

二、多国发布网络安全战略和隐私保护政策

一是美国出台多项网络安全强化举措。美国部分国会议员发布新议案，旨在恢复美国国务院的网络主管职能，以对抗网络审查在全球蔓延的趋势。美国国土安全部科技署划拨 564 万美元资金，用于奖励开发新工具、理解和应对网络攻击。美国司法部成立网络安全特别工作组，研究制定一项针对加密货币的"全面战略"，以处理使用加密货币进行洗钱等违法行为。二是欧盟（欧洲国家）健全网络安全机制和指南。欧盟宣布启动"欧盟区块链观测站及论坛"机制，以促进欧洲区块链技术发展并帮助欧洲从中获益；欧盟还计划出台新法律，以迫使科技和社交媒体公司交出存储在欧盟以外的客户数据。英国发布针对基本服务运营商的网络安全指南；爱尔兰发布 2018 年《数据保护法（草案）》，以使欧洲议会通过的《一般数据保护条例》生效。三是部分亚太国家立法加强网络安全监管。新加坡国会通过《网络安全法案 2018》，旨在加强保护提供基本服务的计算机系统，防范网络攻击；澳大利亚通过国家面部生物特征匹配方案，授权内阁收集、使用和披露身份信息，用于用户身份和社区保护及其他活动。澳大利亚《数据泄露通知法案》在 2 月正式生效，该法案要求澳大利亚《隐私法》所涵盖的机构和组织，一旦意识到存在可能导致"严重损害"的信息泄露，需尽快通知泄露事件中涉及的个人。

三、合作应对日益严峻的网络安全威胁

一是北约网络合作防御卓越中心（CCDCOE）联合拉脱维亚举行网络防御演习。2018 年 1 月 30 日至 2 月 2 日，北约网络合作防御卓越中心联合拉脱维亚的国家计算机应急响应小组（CERT.LV）举行了名为"利剑 2018（Crossed Swords 2018）"的网络防御演习，并发布报告。二是美国与乌克兰、沙特阿拉伯加强网络安全合作。2 月 7 日，美国众议院投票通过《2017 年乌克兰网络安全合作法案》（H.R.1997），以促进美国和乌克兰在网络安全保护方面的合作。2 月 19 日，美国系统网络安全协会 SANS Institute 与沙特网络安全机构 SAFCSP

签订《谅解备忘录（MoU）》，以促进知识分享、技术转化和技能本地化。三是印度尼西亚与澳大利亚进行技术性合作。印度尼西亚与澳大利亚共同制定处理网络防御标准，两国同意至少在事件处理方面进行技术性合作。

四、推动网络安全机构调整和举措出新

一是设立和整合网络安全职能机构。2018 年 2 月，美国国防部宣布，其旗下的信息网络联合部队总部已经获得完全运作能力，并称这是一项具有里程碑意义的成就。美国司法部宣布将成立一个名为"网络数字工作组"的全新网络安全工作组，旨在评估和解决恐怖分子及一般用户恶意利用互联网的问题。澳大利亚国防军成立新的国防通信情报与网络司令部，以优化其网络安全指挥结构。日本政府决定成立官民共享相关信息、联合应对的新组织——网络安全协会。二是出台新举措打击网络犯罪和恐怖主义，降低网络安全风险。欧盟委员会呼吁各成员国在 1 小时以内删除网上恐怖主义内容；美国国务院宣布将从国防部获得 4 000 万美元，以加强打击外国恶意宣传和虚假信息的工作；加拿大联邦政府宣布斥资 10 亿美元打击网络犯罪；新加坡国防部邀请 200 多名高手"入侵"其属下的网络系统，找到 35 个漏洞。

五、其他值得关注的重大事件

一是 SpaceX 公司成功发射两颗太空互联网测试卫星。SpaceX 公司欲借此打造一个遍布全球的卫星 Wi-Fi，为全球数十亿人带来类似 5G 的网络服务，这可能从组网模式上改变全球通信格局。二是美国公司以 23 亿美元收购欧洲最大光纤网络运营商。2 月 27 日，美国电信公司和互联网提供商 GTT Communications 以 23 亿美元的价格收购欧洲光纤网络运营商 Interoute。三是欧盟官员表示准备随时监管数字货币。2 月 26 日，欧盟金融服务主管表示，如果相关风险未能在全球范围内解决，欧盟随时准备对数字货币进行监管。

3.3　2018 年 3 月全球网络空间安全形势

2018 年 3 月，脸谱公司数据泄露事件曝光并持续发酵，漏洞隐患和黑客

攻击事件频发，美国参议院通过多项网络安全监管举措，多国施策强化隐私保护和社交媒体监管，推动 5G 网络与人工智能发展成为关注重点。

一、脸谱公司数据泄露事件引发各国关注

一是脸谱公司数据泄露事件曝光。3 月 19 日，社交媒体巨头脸谱公司被指发生严重数据泄露，超过 5 000 万名用户数据被一家名为"剑桥分析"的公司非法收集，用于协助特朗普在 2016 年美国总统大选期间预测并影响选民投票。二是多国政府启动对脸谱公司的调查。印度电子与信息技术部、澳大利亚信息专员办公室等陆续向脸谱公司发出通告，要求核实此次事件是否涉及该国公民；美国联邦贸易委员会、韩国通信委员会、以色列司法部等机构已针对脸谱公司隐私保护的合法性展开调查。三是脸谱公司做出回应并采取补救措施。3 月 22 日，脸谱公司首席执行官马克·扎克伯格发表声明，就数据泄露事件做出回应，承认公司没能保护好用户数据，并承诺将实施更严格的数据访问限制；3 月 28 日，脸谱公司公布了一系列补救措施，计划通过更新隐私设置和服务条款，进一步提升隐私政策透明度，加强对用户数据的保护。四是部分亚太国家制定隐私保护政策。新西兰议会加紧审议一项新的《隐私法》提案，旨在强化对该国公民个人隐私的保护与监管，并加大对违规行为的处罚力度。

二、漏洞隐患和黑客攻击事件频发

一是 AMD 芯片发现新的安全漏洞。3 月 13 日，以色列网络安全公司 CTS Labs 披露 AMD 芯片存在 13 个安全漏洞，这些漏洞允许攻击者向芯片注入恶意代码并破坏硬件，其严重程度不亚于"熔断"和"幽灵"漏洞。二是加油站软件漏洞曝光。3 月 10 日，卡巴斯基实验室研究人员发布报告称，可通过软件漏洞在线访问全球 1 000 多个加油站控制器，不仅能够擅自更改汽油价格，还可以窃取记录在控制器上的信用卡信息和车牌号码。三是 4G 漏洞被利用窥视用户。研究人员测试发现，4G LTE 网络协议中的漏洞可被恶意利用，发起监视用户通信行为、跟踪设备位置、发送虚假警报等网络攻击。四是变种僵尸网络卷土重来。3 月 1 日，美国飞塔公司安全研究人员发现变种 Mirai 僵尸网络，新变种仍然依赖传统的 Mirai 传播技术，使用弱密码对物联网设备进行暴力破解后，将其变为代理服务器转发恶意流量。五是俄罗斯国防部网站遭分布

式拒绝服务（DDoS）攻击。3 月 23 日，俄罗斯国防部网站在为最新的国产武器选名投票的过程中，遭到了密集的分布式拒绝服务攻击，该攻击主要来自西欧、北美地区。

三、网络安全立法出台

一是美国强化网络安全监管机制。3 月 7 日，美国参议院国土安全和政府事务委员会通过《重新授权法案》，该法案批准了多项网络安全监管举措，包括设立网络安全和技术设施安全局，负责保护联邦网络和关键基础设施免受物理和网络威胁；实施"漏洞悬赏"计划，以挖掘国土安全部网络中的更多漏洞；实施"人才交流"计划，让私营部门的网络安全工作人员进入国土安全部工作；指导相关部门及时报告区块链技术的潜在威胁等。二是英国制定智能设备安全政策。3 月 7 日，英国发布《智能设备网络安全草案》提案，要求制造商强化防护措施，以提高联网智能设备的安全性，提案被认为是英国《国家网络安全战略》的重要组成部分，目前已对公众开放意见征询。三是欧盟创建 ICT 网络安全认证框架。欧盟委员会在新的《网络安全法案》中确立欧洲地区信息通信技术（ICT）产品和服务的网络安全认证框架，包括认证的组织方式、职责归属以及如何开发和管理认证计划，相关认证标准则由欧洲标准化委员会（CEN）和欧洲电工委员会（CENELEC）共同拟议。

四、社交媒体成为监管重点

一是设立专门监管机构。3 月 19 日，缅甸运输和通信部长宣布，建立一个社交媒体监控机构，专门负责监控和调查社交媒体网络。二是出台新举措加强规范。3 月 28 日，德国联邦司法部发布了一套指导方针，根据该《社交媒体管理法》，如果社交媒体平台未能充分履行其在仇恨言论方面的报告义务，则要被处以 2 000 万欧元的罚款，并对屡犯者加大处罚金额。欧盟委员会就处理社交媒体非法在线内容对各成员国提出指导意见，呼吁在 1 小时内删除网上恐怖主义内容，如果未能取得有效进展，委员会将考虑在欧盟范围内启动立法程序。三是采取更严厉的管控措施。3 月 7 日，斯里兰卡政府紧急封堵了脸谱等社交媒体平台，以阻止 3 月 6 日在某市发生的宗教冲突通过网络进一步发酵蔓延。

3.4　2018 年 4 月全球网络空间安全形势

　　2018 年 4 月，网络信息泄露事件、网络勒索、网络攻击仍呈高发态势，经济利益等成为主要驱动力；美欧等西方国家持续加强网络数据监管和控制能力，不断打击网络"假新闻"和在线犯罪；网络军备和网络战备活动增加，多国加强智能武器研发和相关军费投入，积极开展网络演习；英国、美国、澳大利亚等对来自"敌对国家"的网络攻击表示高度担忧，联盟应对网络攻击威胁的趋势明显，各项安全举措频出。

一、网络安全事件持续高发

　　一是信息窃取和网络间谍活动威胁数据安全。芬兰赫尔辛基新企业中心负责维护的某网站在 3 日遭匿名黑客的攻击，造成约 13 万用户信息以及其他一些机密信息被窃取；美国国土安全部（DHS）公开表示，他们在华盛顿特区发现了电子监控设备的存在。这些被称为国际移动用户识别码（IMSI）捕捉器的设备通过伪装成手机信号塔并截获手机信号的方式来达到监听通话和信息的目的。二是信息泄露事件规模和影响持续增加。泰国最大的 4G 移动运营商 TrueMove 的一名操作人员将亚马逊 AWS S3 中总计 32 GB 的 4.6 万人的数据公开在互联网上，其中，包括身份信息、护照和驾驶执照等数据；英国在线购物网站 DronesForLess.co.uk 交易数据库意外在线暴露且无加密保护，导致数千名警方、军方、政府以及个人消费者的购买记录以及个人信息泄露。三是经济利益等成为网络攻击的主要驱动力。美国国土安全部（DHS）、联邦调查局（FBI）以及英国国家网络安全中心（NCSC）联合发布声明称，俄罗斯黑客意图劫持全球路由器，且有可能取得了一定程度的成功；黑客利用 2018 年 3 月末曝光的一个思科高危漏洞 CVE-2018-0171 攻击全球 ISP、数据中心事件，使超过 20 万台思科设备受到影响。四是自然灾害依然会对网络安全造成巨大影响。瑞典 Digiplex 数据中心 4 月 19 日发生火灾，火灾报警系统释放灭火气体产生的巨大声响导致该数据中心磁盘损坏，引发近三分之一的服务器意外关机，进而摧毁整个北欧范围内的纳斯达克（美国电子证券交易机构）业务。

二、多国持续加强网络信息监管和控制能力

一是立法明确在线数据获取权。继 3 月 23 日特朗普签署《澄清境外数据合法使用法案》后，澳大利亚政府表示其正积极促成与美国签订获取跨境数据协议；欧盟委员会也正拟定新法，允许欧盟成员国的司法部门可以直接向在欧盟提供服务的服务提供商，以及设立在其他成员国的服务提供商或代理公司，请求电子证据（如应用中的电子邮件、文本或消息等），而不论数据位于何处，服务商均需在 6 小时内提供对应数据。二是强化在线信息监管，打击网络"假新闻"和网络犯罪。马来西亚 4 月 2 日通过了《反假新闻法》，对在社交媒体或数字出版物上传播虚假新闻的公民将处以最高 50 万林吉特（约合 81 万元）的罚款和最高 6 年的监禁，与此同时，欧盟委员会正在起草打击"网络虚假信息"的政策，欧盟各成员国也都在努力治理国内有害内容和错误信息的传播；美国总统特朗普 4 月 11 日签署了《2017 年允许州和受害者打击在线性交易法案》，提出了终止性贩卖的办法，并为执法部门和受害者打击性交易提供了法律支持；埃及通信和信息技术委员会 4 月 16 日通过了《网络犯罪法》草案，旨在对社交媒体进行监控，并限制假新闻（尤其是煽动暴力的新闻）的传播；英国内政部表示将在 2018—2019 年投入约 5 000 万英镑（约合 4.45 亿元）提升打击网络犯罪的能力，并加大力度打击"暗网"犯罪。俄罗斯总统普京 4 月 25 日签署《互联网诽谤法案》，允许当局封锁发布诽谤公众人物信息的网站，并对拒绝删除者处以最高 5 000 万卢布的罚款。三是打造和推广本土加密通信软件。法国官员称，法国本国开发商已经接受政府委托，利用开源软件开发出一款加密通信应用。目前，已由 20 位政府官员进行测试，在 2018 年夏天推向全法国政府使用。伊朗于 4 月 9 日上午 10 时起在全国范围内封锁 Telegram，并已经开始尝试让本国用户转移到 iGap、Soroush、Gap 等本土通信平台上。四是加强网络身份管理和数据保护。美国白宫管理和预算办公室（OMB）于 4 月 6 日发布有关数字身份管理政策草案，推出系列措施以增强用户隐私保护，降低涉及数字信息传输的负面影响，并建立数字身份，采用合理的身份验证和访问控制流程，显著影响网络信息的安全性。联合国贸易和发展会议（UNCTAD）于 4 月 16 日至 4 月 20 日在日内瓦举办了电子商务周，呼吁在全球范围内加强对数据隐私的监管，特别是帮助发展中国家加强数据保护。

三、多国积极提升网络作战能力

一是加紧网络战战略部署。美国网络司令部发布《实现和维持网络空间优势：美国网络司令部指挥愿景》，将防御、复原和竞争整合在了一个大的行动框架内，强调要主动预测美国在网络空间领域的薄弱环节，并通过防御性行动防止对手抓住弱点发动攻击，同时表示国家安全战略要与国防战略协同一致。特朗普4月19日向国会提交了一份网络战战略，概述了政府将采取何种手段应对某些领域最棘手的问题，包括发起黑客攻击行动和威慑对手等。二是加大智能武器的研发投入。韩国国防部4月3日宣布，将在2019年以前投入29亿韩元（约合1 724万元）开发智能型信息化情报监视侦察系统，运用人工智能和大数据技术整合分析卫星、侦察机、无人机搜集的影像情报，远期目标是开发基于人工智能的指挥控制系统，实时研判传递战况。美国陆军研究实验室（ARL）的科学家们最近发布的一份白皮书显示，美国陆军正在开发一种机器学习方法，用于从热图像中识别人脸。陆军公共事务办公室表示，这项技术旨在辅助战场侦察和协助士兵识别政府监视名单上的敌方或个人。三是开展网络演习。美国国土安全部4月10日举办第六次"网络风暴"演习，主要目的是在关键基础设施风险加大的情况下，强化实施信息共享，本次演习有包括企业高管、执法部门、情报部门和国防官员在内的1 000多人参加。4月23日至4月27日，北约网络合作卓越中心在塔林举行"锁定盾牌"年度演习，模拟针对主要民用互联网服务商和空军军事基地发起的敌对网络攻击，有多个国家和企业参与。

四、应对网络安全威胁，强化国际合作

一是完善和制定国家级网络安全战略。美国众议院4月26日发布2019年《国防授权法案》，提出一系列网络规定和建议，重点是扩大网络力量，保护关键基础设施和巩固网络责任。日本网络安全战略本部4月初于首相官邸召开第17次会议，拟定《新一期日本网络安全战略纲要（草案）》，重点推进政企合作，强化事前防御能力以及扩大对电力和供水等关键基础设施的特殊保护。美国国家标准与技术研究院4月16日更新了《提升关键基础设施网络安全的框架》，框架根据组织机构的业务需求、风险承受能力和资源，对功能、类别和子类别进行调整，帮助各组织机构制作降低网络安全风险的路线图，确保既

能兼顾整体与部门目标，考虑法律法规要求和行业最佳实践，又能反映风险管理的轻重缓急。新西兰政府启动审查并修订《国家网络安全战略》，更加强调联合参与、跨政府协作以及与私营部门/非政府组织合作，新增目前政府正在实施的相关举措，如实施国家数字战略、设立首席技术官、优先考虑数字版权等内容。荷兰司法和安全部 4 月 21 日向内阁提交审议国家网络安全议程的申请，该议程概述了当前荷兰面临的网络安全威胁，并提出了加强网络安全和应对各类风险的措施方案。二是加速网络安全机构设立和职能整合。澳大利亚网络安全合作研究中心（CRC）于 4 月 5 日在珀斯投入运营，旨在提高国家的网络安全研究、开发和商业化能力。日本东京警视厅 4 月 1 日正式启用网络空间大楼，6 个部门的 500 余名办案人员将集中一处办公以强化合作，共同应对网络犯罪。印度政府成立了一个国家网络协调中心（NCCC），该中心隶属于计算机应急响应小组（CERT-In），旨在对现有和潜在的网络安全威胁提供态势感知，解决各种网络安全威胁，包括滥用社交媒体所带来的风险，并为个别实体主动、预防和保护行动提供及时信息共享。三是积极开展国际合作。新加坡和英国签署了一份关于网络安全能力建设的合作备忘录，共同向英联邦成员国提供为期两年的网络安全能力建设项目。据悉，此次签署的合作备忘录是在 2015 年备忘录的基础上进一步扩大合作的。英联邦国家 4 月 21 日发布联合声明，一致承诺从现在起到 2020 年采取网络安全行动，加强网络安全能力，共同应对全球犯罪集团和敌对国家行为体造成的安全威胁。澳大利亚外交部长朱莉·毕晓普于 4 月 23 日宣布澳大利亚成为北约网络合作防御中心参与成员，并将派遣一名代表常驻该中心。

3.5　2018 年 5 月全球网络空间安全形势

　　2018 年 5 月，信息泄露事件仍然频发并引发部分国家严厉监管，有政治背景的网络攻击事件呈愈演愈烈之势。与此同时，各国持续从顶层设计、法律规范、技术能力、政企合作等多方面加快网络安全的体系建设，并重点加强跨境数据监管和个人信息的保护。在信息化方面，5G 和人工智能成为各国竞争的焦点，并带来了一定的监管问题。

一、信息泄露事件持续高发

一是网络漏洞导致数据泄露。据媒体报道，美国位置数据公司（LocationSmart）向客户提供实时获取公民位置信息的API存在漏洞，他们可以不经过授权许可，就在几秒内获取任何公民的实时位置，其精度范围可以达到几百米。二是个人信息买卖依旧猖獗。火眼公司在5月17日发布的一份调查报告中指出，火眼公司旗下的安全团队在地下黑客论坛发现了一组正在被出售的数据集，这些数据集涉及大量的敏感资料，其中就包括了超过2亿名日本网民的个人身份信息（PII）。三是社交媒体平台成为个人数据交易的重要工具。据巴基斯坦"Techjuice"网站报道，数百万巴基斯坦公民的个人敏感信息正在不同的社交媒体平台上被出售，而这些信息在巴基斯坦国内网站上的售价仅为100卢比（约合9.5元）。

二、网络攻击活动愈演愈烈

一是政治性网络攻击不断冲击国家政治秩序。马来西亚第14次大选投票日前夕，马来西亚几家政党的网站遭到分布式拒绝服务（DDoS）攻击。二是攻击窃密活动仍处高发态势。网络安全公司McAfee发布报告称，朝鲜黑客组织Hidden Cobra在泰国使用服务器进行大规模网络间谍活动与恶意软件攻击。三是黑客网络攻击破坏社会生活。安全公司发现有黑客利用谷歌地图的网址分享功能出现的漏洞和即将关闭的短网址服务，使不知情的用户被导向诈骗网站。5月14日，丹麦铁路运营商（DSB）证实其于5月13日遭遇了大规模的DDoS攻击，事件造成约1.5万名旅客无法通过该公司的应用程序、售票机、网站和商店购买火车票。

三、多国持续加强网络供应链和数据流控制

一是加强网络产品供应链控制。二是加快数据安全保护立法。美国众议院提出《安全数据法案》，这项法案禁止联邦机构要求厂商（开发人员和卖方）设计、修改产品或服务中的安全功能，以便于政府实施监控。社交网络巨头脸谱公司推出"网络威胁危机"热线，其向印度的政治家和政党提供基于电子邮件的热线服务，以确保他们的数据安全。三是强化隐私保护举措。美国、日本

和新加坡已向世界贸易组织提议跨境数据以电子方式自由流动，禁止服务器本地化，并明确政府获取隐私数据的程序。社交媒体公司推特正在该应用内打造一项新的加密聊天功能，旨在更好地保护用户，方便用户之间发送私密信息。四是加强数据侦查权力。英国提出修正《数据保护法案》以扩大信息专员调查权，要求数据控制者和处理者在紧急情况下于 24 小时内交出信息。法官可以颁发允许进入处所的搜查令，而不需要事先通知数据控制者、处理者或处所占用人。

四、多国加快网络安全防护体系建设

一是出台综合性法律法规维护网络安全。波兰政府通过一项关于国家安全体系的法律草案，详细说明了国家网络安全体系的组织、实施监督和确保遵守法律的方法以及建立《波兰网络安全战略》的程序等。英国执行欧盟《网络与信息安全指令》的新法律于 2018 年 5 月 10 日生效，旨在确保英国的最关键行业提高网络安全。乌克兰《关于保障乌克兰网络安全的基本原则法》于 5 月 9 日正式生效，明确了网络安全的管理对象和关键设施基础清单。二是出台多项计划加强网络安全防护能力。5 月 14 日，美国能源部发布了《能源行业网络安全多年计划》，为美国能源部网络安全、能源安全和应急响应办公室勾画了一个"综合战略"。三是加强网络安全政企合作水平。英国电信已与欧洲刑警组织签署了一份《谅解备忘录》，双方同意分享有关重大网络威胁和攻击的情报。四是充分发挥网络安全智库的作用。美国智库提出建立"类 NTSB 网络安全监督新模式"解决网络安全问题。由来自法国、德国、意大利、西班牙和英国的 12 家工业和学院合作伙伴组成的欧洲财团获得了欧盟 2020 年研发与创新框架计划的批准，开展"脑—物联网（Brain-IoT）"研究项目，旨在加强物联网的操作性和安全性。

五、5G、人工智能等新技术性应用迅猛发展

一是移动 5G 发展成为各国竞争焦点。美国联邦通信委员会（FCC）称 5G 高频频谱于 2019 年开拍，首先释放 28 GHz。5 月，德国电信开始试验"5G 数据链路"，已将 5G 天线整合至柏林市中心的商业网络中，这标志着欧洲出现首个可通过现场网络实现的 5G 数据连接体系。二是各国加快发展人工智能。市场研究公司 Gartner 发布报告称，人工智能行业的总价值将在 2018 年达到 1.2 万亿美元。美国白宫于 5 月 10 日举行了人工智能峰会，表示美国成立人工

智能特别委员会，将对人工智能采取不干涉的方式进行监管。在 2018 财年，特朗普政府加大了在信息技术和联邦研发方面的支出，并在 2017 年投入约 20 亿美元用于开发人工智能技术。三是利用人工智能提高安全技术能力。印度政府官员宣布，该国将利用人工智能技术开发武器、防御和监视系统。印度将充分利用其在信息技术领域的领先地位，着手开发用于未来战争的人工智能动力武器和监视系统，以保障其未来的国防防御和进攻能力。美国国防部高级研究计划局希望利用人工智能来提高网络漏洞检测的速度。

3.6　2018 年 6 月全球网络空间安全形势

2018 年 6 月，信息泄露事件、黑客网络攻击仍然频发，网络运行与数据安全风险持续升高。各国持续从顶层设计、法律规范、技术能力等方面，加快网络信息安全体系建设，重点加强数据保护及关键信息基础设施防护，不断推进区块链、人工智能等新技术新应用的战略布局。

一、全球信息泄露事件依然多发

网上出现疑似查询泄露邮箱密码信息的网站，初步统计该网站涉嫌泄露约 14 亿个邮箱密码，涉及 Gmail、Hotmail、Yahoo 等知名邮件服务运营商用户。澳大利亚一家人力资源公司基础设施遭恶意程序感染，或致超过 200 万名活跃用户数据泄露，其中包括姓名、联系方式等敏感信息。以色列一家 DNA 检测公司遭黑客攻击，导致超过 9 200 万名用户信息泄露。马来西亚教育部学校考试分析系统（SAPS）被指存在安全漏洞，或致 1 000 万名公民的个人信息泄露。Firefox、Chrome 等浏览器，以及谷歌旗下的 Google Home 和 Chromecast 电视棒产品被指存在安全隐患，或被恶意网站用来收集用户个人信息。

二、黑客活动及网络攻击较为猖獗

一是国际重大活动成为黑客攻击的重要目标。据美国网络安全智库披露，美朝首脑会晤前，韩国遭受网络攻击次数显著增加；会晤期间，新加坡作为会议地点，遭遇网络攻击超过 4 万次，其中，92% 为侦查扫描，8% 为攻击行为。此外，世界杯期间网络安全及黑客攻击亦引发关注。二是国家关键信息基础设施频遭攻击。乌克兰国家安全局 6 月 6 日称其成功阻止了黑客对某北约成员国驻基辅大使馆的网络攻击。黑客通过攻击智利银行计算机系统，试图窃取 1 000 万美元。网络安全研究团队 FortiGuard 称，近期俄罗斯多个电子产品服务中心网站遭受攻击。赛门铁克安全公司 6 月 19 日称，监测发现黑客组织正针对美国和东南亚国家的卫星通信、电信、地空成像、军事系统等设施发动攻击。三是黑客对虚拟货币频频下手。2018 年 6 月，虚拟货币遭网络攻击事件多发。黑客从以太坊应用和矿机中挖掘漏洞，窃取超过 2 000 万美元的虚拟货币。韩国 Bithumb、Coinrail 等大型虚拟货币交易所接连遭遇黑客攻击，出现虚拟货币失窃事件，引发虚拟货币交易价格大幅下跌。

三、多国出台措施加强数据保护与利用

一是推进数据保护领域立法。越南 6 月 12 日通过一项法案，要求脸谱、谷歌等全球科技公司将越南本地"重要"用户数据存储在其境内，并开设办事处。二是加快数据中心建设。俄罗斯国防部正筹划建立数据灾备处理中心云网络，以便让其情报系统"离网"运作，预计在 2020 年全面投入使用。印度计划在博帕尔建立包含 50 万个虚拟服务器的数据中心，并计划在 2019—2020 年投入使用。英国数字、文化、媒体和体育部 6 月 13 日宣布，计划筹建新的数据创新中心。三是助推释放数字红利。英国政府宣布将制定一项全国性数据战略，旨在"释放政府数据力量"。荷兰政府公布了一项数字战略，旨在推进经济社会的数字化。澳大利亚宣布启动"国家基础设施数据收集和传播计划"，推动实现提升数据决策支撑、驱动经济创新发展的目标。

四、加强网络空间治理，提升安全防护能力

一是多国颁布网络安全立法及战略，加大网络违法犯罪打击力度。埃及议会 6 月 5 日通过《网络犯罪法》，宣布对鼓励犯罪的网站或社交媒体账户处以罚款和监禁；加拿大 6 月 12 日颁布新版网络安全战略，旨在加强网络安全防护、打击网络犯罪；白俄罗斯总检察长办公室宣布正在起草立法，以对涉嫌在互联网传播"虚假消息"的人员进行起诉；法国议会 6 月 7 日就"假新闻"与"信息操纵"立法展开讨论。二是美国废除"网络中立"引发关注。美国联邦通信委员会 6 月 11 日宣布，《恢复网络自由命令》正式生效，这也意味着其 2015 年制定的"网络中立"政策被废除。有评论认为，此举将赋予网络服务

提供者更大的权限，或将影响消费者与企业权益。三是美欧加强关键基础设施防护。美国批准、修订《物联网法案》《国防授权法案》《2002 年国土安全法》等多部法律，更加强调攻防并举和对关键基础设施的保护。美国举行"网络极限 2018""2018 年扬基网络安全演练"等网络安全演练，强化对金融、医疗等关键基础设施的安全防范。欧洲网络与信息安全局（ENISA）于 6 月 6 日组织针对机场等关键基础设施的"网络欧洲 2018"演习，共有 30 个国家参与。四是美国持续推进网络空间军事化。美国发布新版《网络空间作战》（JP3-12）条例，细化网络空间作战内容。美国陆军、海军展开网络训练与安全检查，美国空军加强网络战队伍建设。另有外媒披露，美国国防部秘密授权网络司令部可发起主动攻击。

五、积极拓展 5G、区块链、人工智能等战略布局

一是多国抢抓 5G 发展先机。美国无线通信和互联网协会（CTIA）称，美国应加快引进 5G 技术，抢占战略机遇。韩国 6 月 18 日完成对电信公司的 5G 频谱拍卖，并于 12 月开始使用。二是探索区块链技术应用。印度电信监管局表示将通过区块链技术保护用户个人信息，此外，印度一家公司与安得拉邦政府合作建立区块链数据库，用于收集和存储 5 000 万公名民的 DNA 数据。新加坡金融管理局与印度签署协议，探索区块链技术领域的合作。三是加快发展人工智能。美国总统副助理和副首席技术官米歇尔·克拉西奥斯 6 月 5 日称，美国政府将公布所有有助于推动美国人工智能研究的数据，并表示正执行一项移民和贸易政策，以吸引人工智能人才，并已增加 40% 的人工智能和自动化资金预算。欧盟委员会 6 月 6 日公布 2021 年至 2027 年欧盟长期预算草案，新设"数字欧洲"项目，以投资超级计算机、人工智能等。新加坡通信和新闻部长易华仁 6 月 5 日宣布 3 项人工智能治理和行业道德倡议。美国南加州大脑与创造力研究所宣布利用人工智能技术来分析推特信息，试图预测暴力抗议活动。

3.7　2018 年 7 月全球网络空间安全形势

2018 年 7 月，多国发生多起较严重的数据泄露和漏洞安全事件，表示数

据安全保护和减少漏洞威胁仍任重道远。各国继续加强立法和国际合作，以确保数据安全、打击虚假新闻、加强网络安全能力建设和打击网络犯罪。各国人工智能、区块链和物联网等新技术新应用的战略布局进一步加快。

一、网络数据泄露和漏洞安全事件频发

一是发生多起较严重的数据泄露事件。新加坡保健服务集团数据库遭受新加坡有史以来最大规模的网络攻击，包括总理李显龙在内 150 万人的个人资料失窃。美国网络安全公司 UpGuard 称，100 多家车厂（包括通用汽车、特斯拉、丰田、蒂森克虏伯、大众等）的机密数据被泄露。美国"死神"无人机相关机密文件被黑客利用 FTP 漏洞窃取，并在暗网中出售。德国最大信息技术托管服务提供商域名工厂（Domain Factory）称，有匿名黑客宣称成功侵入其客户数据库，并分享部分客户内部数据作为证据。二是发生多起漏洞安全事件。西班牙消费者协会发现西班牙电信存在一个能访问用户完整个人数据的安全漏洞，可导致数百万用户的完整个人数据泄露。芬兰穿戴设备品牌 Polar 生产的运动手环存在漏洞，可泄露用户位置信息和运动路径，进而可导致情报机构、军事基地、机场或核武器存放地点曝光。美国网络安全厂商赛门铁克称，黑客组织"Leafminer"利用水坑网站、漏洞扫描和暴力登录等入侵技术，渗透了阿塞拜疆、以色列、黎巴嫩和沙特阿拉伯等国的基础设施和政府组织机构。

二、加强数据保护立法和数据流通国际合作

一是加强数据法规政策制定和违规行为惩处。巴西参议院 7 月 14 日通过《个人数据保护法案》，建立起保护国内个人数据的体系。法国国民议会 7 月 18 日投票通过修正案，将"打击对个人数据的延伸或不合理使用"的条款列入修宪法案。新加坡政府试行"个人资料保护信誉标志计划"，有助于建立消费者对企业的信心。肯尼亚政府制定一项《数据保护和隐私法案》，以保护肯尼亚公司处理的消费者数据。美国拟订的《联邦数据战略》草案的"原则"部分强调，数据的使用和治理应优先考虑数据安全、隐私和透明度，同时加强"联邦数据实践对公众影响"的评估。英国信息专员办公室拟对脸谱网违反数据保护法规的行为开出 50 万英镑（约合 446 万元）的罚单。二是加强数据流通国际合作。日本和欧盟 7 月 18 日就个人数据灵活转移合作

框架达成最后协议，标志着"个人数据安全流通的世界最大地区将诞生"。谷歌、微软、脸谱和推特四巨头 7 月 20 日联合正式宣布了数据传输项目（DTP），旨在创建"让人们可以在网络上自由移动信息的新工具"。

三、多措并举打击网络虚假新闻

一是出台反假新闻立法。法国国民议会 7 月 3 日通过《反假新闻法》，根据该法，选举期间候选人可向法院申请删除存在问题的新闻报道，同时要求脸谱和推特等社交媒体平台披露相关内容的赞助方。埃及议会 7 月 16 日通过一项法案，允许埃及媒体监管最高委员会对社交媒体上粉丝数超过 5 000 个的用户账号进行监督。二是通过自律和培训等加大打击假新闻力度。脸谱公司从其平台上删除故意煽动暴力行为和其他人身伤害的虚假信息，根据其新政策，可能被用于"煽动、恶化暴力或人身伤害"的文本和图片都会被删除。脸谱公司还向学者提供 1 PB 的匿名用户数据，用于研究错误信息在选举过程中发挥的作用。推特为打击虚假新闻和加强平台管理，在 5 月—7 月已暂停超过 7 000 万个账号。联合国教科文组织正开发名为"新闻、'假新闻'和虚假信息"的示范课程，以提高相关组织和个人辨别高质量信息和避免被"假新闻"操纵的能力。美国跨大西洋选举诚信委员会开发了一个可以发现破坏选举行为的早期预警系统，以寻找试图发布颠覆性内容的行为。

四、不断提升网络防御和犯罪打击能力

一是完善网络法律法规。美国众议院推出《推进网络安全诊断和缓解法案》，推动国土安全部对其"持续诊断与缓解（CDM）"网络监测计划进行定期更新和技术升级。欧洲议会工业委员会于 7 月 10 日批准《网络安全法》草案，拟对入网设备引入新的安全认证体系，只有达到最低"安全性设计"标准的设备才能进入市场。德国内政部考虑完善相关法律以获取更多权力，从而追踪和清理网络攻击，并启动反击措施。乌克兰内阁 7 月 11 日批准了《实施国家网络安全战略的行动计划（2018 年）》，确定了支持网络安全监管、提升国家网络安全技术手段、建立国际伙伴关系和加强人员培训等 18 项任务。保加利亚通过了引入新框架的网络安全法草案，以更好地防范国家网络安全风险和事故。二是提升网络威胁情报共享水平。俄罗斯将建立执法机构和网络安全公司间的威胁数据自动交换系统，来协调应对网络威胁。美国金融服务信息共享

和分析中心与新加坡网络安全局签署 3 年合作协议，以提高双方网络安全威胁情报共享水平，并联合开展网络安全演习。三是加强打击网络犯罪国际合作。欧洲刑警组织和以色列 7 月 17 日在海牙签署协议，以解决跨境网络犯罪问题。美国、英国、澳大利亚、加拿大、荷兰这 5 国政府于 7 月 3 日宣布成立"全球税务执法联合组织"，旨在打击包括违规使用加密货币等在内的网络金融犯罪活动。巴基斯坦联邦调查局计划在全国范围内建立 10 个网络犯罪中心，以应对高技术犯罪。四是加强网络空间军事力量建设。捷克建立网络部队总部，于 2019 年 1 月初正式运作。美国网络司令部成立了一个特别工作组，以应对网络空间的威胁。五是提升网络应急响应能力。日本决定新导入在铁路、电力等重要基础设施遭受网络攻击时，显示受损"严重程度"的 5 个等级的标准。新加坡开发出世界上第一款混合语言语音识别引擎，将帮助新加坡城市紧急救援人员更快地做出应急响应。

五、加快人工智能、区块链等新技术研发

一是各国加速人工智能发展。欧洲 25 个国家 7 月 18 日签署了《人工智能合作宣言》，确保欧洲人工智能研发的竞争力。德国 7 月 18 日通过《联邦政府人工智能战略要点》文件，将该国对人工智能的研发和应用提升到全球领先水平。日本开始推进各大学的工学部设置新课程，着力培养人工智能技术人才。韩国制定《人工智能研发战略》，要求在 2022 年之前投入约 20 亿美元用于人工智能研究。各国加强人工智能领域合作，韩国与新加坡就人工智能发展签署《谅解备忘录》，英法两国政府就分享人工智能成果等签署协议。人工智能研发应用日益广泛，美国国防高级研究计划局推出"人工智能探索"计划，旨在帮助美国保持其在人工智能领域的技术优势。英国使用一种可以监测社交媒体情绪的人工智能，以衡量人们对某些话题的感受。二是加快物联网发展。技术研究和咨询公司 Ecosystem 最新研究显示，2017—2022 年，全球物联网支出预计将以 6.9% 的年复合增长率增长，达到 3 670 亿美元的规模。美国国会众议院能源和商业委员会于 7 月 12 日批准了智能物联网法案，将指导联邦机构物联网技术研发和监管。三是加强区块链研发和监管。俄罗斯国防部建立一个区块链研究实验室，将区块链技术应用于加强网络安全和打击针对关键信息基础设施的网络攻击。美国波音公司利用人工智能、区块链等技术为无人机创建交通管理系统。日本电信巨头 NTT 正寻求开发基于区块链技术的新合同协议系统。

马耳他议会通过了 3 项法案，将对区块链技术的监管纳入法律框架。四是重视 5G 技术发展。法国于 7 月 16 日发布 5G 发展路线图，计划自 2020 年起分配首批 5G 频段，并至少在一个法国大城市提供 5G 商用服务，2025 年前实现 5G 网络覆盖法国各主要交通干道。西班牙 7 月 18 日拍卖用于 5G 服务的 3.6 GHz ～ 3.8 GHz 频段频谱，西班牙四家主要运营商都将参与此次竞拍。全球移动通信系统协会（GSMA）发布报告称，2025 年前亚太地区将成为全球最大的 5G 商用地区。

3.8 2018 年 8 月全球网络空间安全形势

2018 年 8 月，多国持续从法律规范、技术能力等方面加快网络信息安全体系建设，在网络安全能力提升、数据保护、队伍建设、机构调整和国际合作等领域出台系列改革举措。此外，8 月的漏洞隐患和黑客攻击安全事件多发，全球网络安全形势依然不容乐观。

一、漏洞隐患和黑客攻击安全事件频发

一是多国关键基础设施受到攻击。8 月 1 日，卡巴斯基实验室称，俄罗斯制造业、石油、天然气、物流等领域的逾 400 家工业公司遭遇鱼叉式网络钓鱼攻击。8 月 6 日，新加坡表示，其近期遭遇了历来最大规模的网络攻击事件，包括总理李显龙在内的大约 150 万人的公共医疗个人信息失窃。8 月 13 日，巴西部分金融机构受到 DNS 劫持，部分银行账户登录凭据遭到窃取。二是多国政府机构、高校遭遇攻击。网络安全公司 PaloAltoNetworks 指出，近几个月来，巴基斯坦的网络犯罪团伙"高更组织（Gorgon Group）"攻击美国、英国、俄罗斯和西班牙的政府组织机构。该组织通过使用与被攻击者共享的基础设施发动攻击，部分攻击是通过含恶意软件感染的 Word 文档实施的。英国网络安全公司 Secureworks 称，黑客组织 Cobalt Dickens 正以世界顶尖大学为目标，窃取其未经发表的研究机密。三是多家重要通信技术企业漏洞曝光。8 月 14 日，英特尔披露了其芯片的新漏洞"预兆"，这也是继 2018 年年初发现"熔断"和"幽灵"之后，英特尔芯片的第 3 个重要漏洞，该漏洞能让黑客有机会获取内存数据，影响到 2015 年以来发布的酷睿和至强处理器。8 月 27 日，网络安全人员发现美国三大运营商 AT&T、Sprint 和 T-Mobile 的系统存在安全漏洞，不

良分子可利用漏洞获取用户数据。在拉斯维加斯召开的"黑帽大会"上，美国国土安全部官员也表示，当前的智能手机中存在安全漏洞，数百万美国智能手机用户受到影响。四是FBI警告称全球ATM机将遭受大规模黑客袭击。8月10日，美国联邦调查局向银行发出机密警报称，网络犯罪分子计划在未来几天内实施全球ATM机"提款阴谋"，利用"头奖"技术控制ATM机。

二、加强网络安全和数据保护立法

一是美国立法放宽实施网络攻击条件。8月13日，特朗普签署2019财年《国防授权法》，允许美国使用"国家权力的所有工具"对国外势力发起的损害美国利益、造成美国公民伤亡、严重破坏美国民主以及攻击关键基础设施的行为予以反击。8月15日，特朗普签署命令，推翻奥巴马2012年签署的《第20号总统政策指令》，该指令制定了一个复杂的跨部门流程，美国在使用网络攻击之前必须遵循这一流程，特朗普此举旨在放松对此类行动的限制。8月27日，美国科罗拉多州共和党参议员科里·加德纳和得克萨斯州民主党参议员克里斯·库恩斯提出《网络威慑与响应法案》，要求对对美国发动的网络攻击负有责任或参与其中的实体和人员实施制裁。二是波兰、阿联酋发布（或更新）网络安全相关法律。8月，波兰总统签署政府2018年5月份通过的《网络安全法》，为波兰的国家网络安全系统创建了框架。阿联酋总统颁布了修订后的《网络犯罪法》，明确了对危害网络安全行为的监禁及罚款细则。三是多国（地区）立法加强个人隐私保护。欧盟委员会修订现有的政党筹资规则，以防止欧洲议会选举发生类似剑桥分析式的数据收集活动。巴西总统特梅尔签署《通用数据保护法》，以减少私营企业收集个人数据的数量。西班牙发布更新《数据保护法》指令，新版《数据保护法》通过引入一些新规则来解决《一般数据保护条例》和1999年制定的《数据保护法》这两个独立数据保护制度之间的冲突。埃及批准了保护个人数据的法律草案，旨在提高国内数据安全水平，规范电子营销组织活动和数据传输行为。

三、出台举措加强网络安全监管

一是多国军方设立和整合网络安全职能机构。美国宣布国防创新实验小组成为美国国防部的正式机构，并更名为国防创新小组，以帮助美国国防机构和各军种更快地获得创新技术。美国国土安全部成立国家风险管理中心

（NRMC），代表该机构计划阻止网络攻击部门发起的攻击，捍卫美国关键基础设施的安全。日本决定在陆上自卫队西部方面队新设专门负责防御网络空间攻击的部队——"方面系统防护队（暂名）"。该防护队的主要任务是处理针对野外通信系统以及指挥系统的网络攻击活动。着眼奥运保障，日本还新设国际反恐情报共享中心，以加强政府内部信息共享。韩国计划成立"网络作战司令部"，并成立一系列特派团，用于情报收集和其他任务。韩国还计划建立网络战培训中心，以培养"精英网络战士"。二是加强漏洞发现和公私合作。美国联邦贸易委员会和司法部鼓励公司为"白帽黑客"提供上报安全漏洞的有效途径，并要求所有机构未来都必须采用漏洞披露计划。美国国防部8月12日邀请大约100名黑客在海军陆战队的主要通信网络中寻找安全漏洞，开启了五角大楼的第6项漏洞赏金计划。三是提升打击谣言和维护网络安全能力。针对美国中期选举，美国36个州已采用技术，允许联邦政府监测州内部计算机系统以消除黑客影响。同时，美国民主党推出属于自身的竞选工具识别软件，以此识别可疑的机器人和假账号。美国社交媒体也部署行动，比如脸谱公司处理首批疑似干扰美国中期选举的32个账号和页面。微软同时启动了一个名为Account Guard的试点项目，旨在为政治运动和美国总统大选提供网络安全保护。此外，美国白宫和脸谱公司举行电话会议讨论网上使用的虚假信息策略等，这是特朗普政府与私营部门合作保护选举计划的一部分。

四、加速布局区块链、5G、物联网等领域

在区块链方面，韩国政府划拨5万亿韩元，用于8个关键领域的"创新增长"投资项目，重点是区块链和人工智能。韩国教育部还公布了包括区块链培训在内的40门课程，尝试通过培训改善青年就业机会。迪拜国际金融中心法院创建世界上首个基于区块链的法院。在5G建设方面，澳大利亚通信与媒体管理局于2018年11月底举行了5G频谱拍卖。印度最大规模的频谱拍卖将覆盖9个频段的所有可用频谱。在物联网方面，美国国土安全部科学技术局与Plurilock公司签署了一份20万美元的合同，旨在提高物联网设备的安全性，减少网络攻击对物联网设备造成的破坏。英国网络空间战略与安全科学中心推出新的物联网安全标准，旨在加强联网设备的安全性。英国互联网协会的互联网工程任务组也致力于对IoT标准的研究，包括认证和授权、用于物联网使用案例的加密和设备生命周期管理。

3.9 2018年9月全球网络空间安全形势

2018年9月，全球各类网络攻击事件持续爆发。西方主要国家陆续推出网络信息安全管理新措施，加强安全监管与打击网络犯罪。美国不断宣示和提升其网络战能力。网络空间国际合作已成为主流。

一、全球网络攻击事件持续不断

一是亚太地区成为受恶意软件攻击最多的地区。微软亚洲发布的2017年第一季度《微软安全情报报告（SIR）》显示，亚洲国家尤其是新兴国家，最容易受到恶意程序的影响。报告显示，孟加拉和巴基斯坦是全球恶意软件遭遇率最高的国家，其次是柬埔寨和印度尼西亚。二是针对外交人员的监听活动仍然频繁。9月，安全软件公司ESET的安全研究员发现了一款针对全球范围内各领事馆、部委及大使馆的用以监视政府和外交官的恶意软件。从2016年起，恶意软件就开始利用一个称为Gazer的后门，对东南欧洲国家的政治目标进行侦察监听。三是特定敏感信息仍是窃密重点。美国《信息自由法案》收集的数据显示，黑客于2016—2017年针对工程与导弹研究共开展了1 152起恶意攻击活动，主要目标是窃取军事武器与专家研究成果的详细资料。加利福尼亚州网络安全公司UpGuard的研究人员发现，逾9 400份美国私营安全公司TigerSwan的私人简历泄露，包括员工住址、电子邮件地址、护照号码、社会保险号码等敏感信息。四是谋利性质的木马病毒攻击值得警惕。法国安全研究人员在一台荷兰的网络服务器上发现了垃圾邮件制造者非法搜索存储的数据，调查显示，匿名攻击者主要利用该批电子邮件账户群发银行木马病毒Ursnif，以盗取银行账号信息谋利。

二、各国持续加强网络信息安全管理

一是制定安全防护方案。美国国家标准技术研究所（NIST）发布了新的IT安全措施的草案，首次将隐私权作为其核心内容，并将安全范围扩大到物联网和智能家居领域。澳大利亚启动了电信部门安全改革（TSSR），旨在建立一个通信行业应对国家安全威胁的框架。该法案还规定，除了保护其网络外，电信运营商还被要求向政府报告正在规划的基础设施变化，以及这些变化可能会给政府部门安全带来的影响。英国国家计算中心（NCC）为保障政府、央行、监管机构等多家组织的网络安全，特创立新一代威胁保障中心（CENTA），该中心将为境外央行与监管机构提供全球网络安全咨询服务，协助有关机构设计网络安全监管制度。二是加强安全监管。美国国务卿蒂勒森批准了"全球事务中心"使用国会拨款的 6 000 万美元，以打击恐怖组织的"宣传和虚假信息行动"。俄罗斯互联网监管机构 Roskomnadzor 向脸谱公司发出警告称，俄罗斯《个人数据保护法》规定俄罗斯公民个人数据应保存在俄罗斯境内，若不遵守本地法律将遭到禁用。印度政府公布了切断互联网服务所需的程序和权限，允许政府在公共紧急情况下或出于公共安全原因采取特殊措施。英国北爱尔兰警察局聘请了一家私人网络安全公司，以揭露涉嫌参与网络种族歧视的警官和工作人员的匿名推特身份。据行动团体 Right 2 Know（R2K）数据统计，南非政府每年都会利用监管政策漏洞，访问数万民众的敏感信息。2015 年以来，南非的执法机构每年至少监听了 7 万个电话号码。三是加强网络犯罪打击力度。美国政府正在组建一个专门打击与哈维飓风相关的网络犯罪组织，联合政府各部门共同打击与哈维飓风相关的网络盗窃和欺诈犯罪行为。俄罗斯总统普京签署了一项新出台的独立国家联合体（CIS）打击网络犯罪合作协议，以共同应对日益增加的网络犯罪数量，维护国家安全。四是加强网络安全政企合作。美国国防部 9 月 17 日临时授权亚马逊公司旗下云计算服务平台公司 AWS 存储"影响级别 5"的机密数据，包括军事和国防部最机密的信息。亚马逊公司发布公告表示，临时授权进一步巩固了 AWS 的行业领导者地位，支持国防部关键任务，保护数据安全。

三、美国不断提升网络作战能力

一是加大网络武力威慑。美国国防部对英国广播公司（BBC）9 月 3 日的报道的回应暗示，美国的网络战能力将某国的整个关键的基础设施置于控制之下。二是扩大国防投资。美国参议院 9 月 18 日以压倒性票数通过了总额为7 000 亿美元的《2018 财年国防授权法案》。该法案不仅超过了 2011 年美国国会《预算控制法》规定的 5 490 亿美元的上限，还超过了特朗普提出的 6 680 亿美元的预算规模。三是夯实作战力量。美国海军陆战队正在着手组建电子战支援小组，运用包括信息作战和网络作战在内的电子战能力支援传统作战单位的行动，并赢得战争。四是强化作战训练。美国网络司令部正在通过建立网络工具标准，将网络任务部队所有人员的联合训练要求作为培训新网络战士的主要内容，使所有人员得到同样的基础训练。

四、网络空间国际合作已成为主流

随着各个国家、国际组织对网络安全共同风险认识的进一步提高，网络空间双边、多边层次的合作正在不断加强。欧盟委员会主席让-克洛德·容克9月13日提议加强欧洲网络与信息安全局（ENISA）工作，建立一个新的"欧洲网络安全机构"，以更好地协调欧盟各国共同应对网络安全威胁。英国于9月18日向欧盟提议签署单独的安全合作协议，希望在脱欧后维持与欧盟各成员国的网络安全业务合作。该协议为英国脱欧后双方在安全领域的合作、刑事诉讼程序和执法活动奠定法律基础。第四次印度—欧盟网络对话在新德里举行，对话包括国内网络政策落地、网络威胁缓解、网络监管等问题。双方重申要致力于建立一个开放、自由、安全、可靠、和平、可访问的网络空间，以促进经济发展和创新。英国电信联合澳大利亚新南威尔士州政府宣布将于悉尼成立一个全球网络安全研究与开发（R&D）中心，旨在加强国家网络安全防御体系。该中心是英国电信在英国以外成立的第一家网络安全研发机构，研究内容包括网络安全、机器学习、大数据工程、云计算与数据网络等。

3.10 2018年10月全球网络空间安全形势

2018年10月，网络信息泄露事件、网络勒索、网络攻击仍呈高发态势，具有国家背景的网络攻击增多。多国出台数据保护立法政策，制信息权争夺日益激烈。各国持续加强网络攻防能力建设，网络威胁防御和遏制策略不断出台，欧美国家通过联盟应对网络攻击威胁趋势明显。

一、网络安全事件持续高发

一是信息泄露事件规模和影响持续增加。10月初，谷歌公司的工程师本·史密斯发现一个位于"GOOGLE + PEOPLE API"的漏洞，该漏洞允许第三方应用程序访问被标记为私有的用户敏感信息，例如姓名、电子邮件地址、职业、性别等。该漏洞最多可能会影响 50 万个 Google+ 账户的个人资料，438 个应用程序可能已使用此 API。漏洞曝光后，德国、爱尔兰等相关机构纷纷介入调查。10 月 12 日，美国国防部表示其差旅记录遭黑客窃取，这些记录泄露了美国军方和文职人员的个人信息和信用卡数据。据悉，此次数据泄露可能影响了多达 3 万名国防部雇员。二是美国 11 月中期选举安全问题备受关注。美国选举安全小组于 10 月 10 日发布最新报告，对 11 月中期选举前通过电子邮件发送的选票发出警告，认为邮件中发送给负责选举官员的 PDF 和 JPEG 选票附件存在安全漏洞，可能会被黑客利用。10 月 15 日，某黑客论坛被披露兜售美国 19 个州的选民个人资料，其中，3 个州的选民数据就高达 2 300 万笔，估计总数将超过 3 500 万笔。三是恶意软件威胁日益增大。美国安全软件公司 Webroot 年中报告称，2018 年上半年网络安全威胁来自勒索软件和加密技术在内的一般恶意软件占 52%，其中，仅非法加密技术就占 35%。英国卫生和社会护理部（DHSC）预计，勒索软件攻击通过入侵服务和软件升级，给英国国家医疗服务体系造成了 9 200 万英镑（约合 8.4 亿元）的损失。10 月 10 日，美国计算机应急响应小组（US-CERT）网站发布预警（Alert），称朝鲜黑客在 ATM 提现方案中使用恶意软件 FASTCash，将该组织称为 HIDDEN COBRA。据估计，HIDDEN COBRA 已窃取上亿美元。四是固件漏洞威胁依然严峻。美国消费者协会（ACI）使用基于 Insignary 的 Clarity 扫描工具，测试了来自 14 个制造商、销售于美国市场的 186 个 SOHO（小型办公室/家庭办公室）Wi-Fi 路由器的样本。其中，155 个（83％）路由器固件中有可被潜在的攻击利用的漏洞，平均每个路由器有 172 个漏洞。五是具有国家背景的网络攻击渐增。赛门铁克发现了一个新的 APT 组织 Gallmaker，他们在攻击中有意隐藏身份，使用现有的攻击策略和公开的攻击工具，且以政府、军事、国防部门及东欧国家的海外使馆等为攻击目标，被认为与间谍活动性质极其类似。

二、网络数据保护和制信息权争夺日益激烈

一是多国加强个人数据保护。10 月初，孟加拉国总统哈米德正式签署《2018 年数字安全法案》，加强网络数据信息监管。10 月 10 日消息，美国任命高级官员辛格担任欧盟—美国监察专员，参与 10 月 18 日至 19 日的"隐私盾"第二次年度审查，旨在加强对隐私和框架的承诺。二是强化网络信息监管。10 月 10 日，欧洲数据保护监督官员乔瓦尼·布塔雷利称，监管机构将依据新

隐私法《一般数据保护条例（GDPR）》行使权力，对违规行为处以罚款甚至临时禁令。10 月 15 日，印度《经济时报》刊文称，印度储备银行（即印度中央银行）坚持推行《数据本地化规则》的新法规：在印度产生的支付数据必须且只能存储在印度。三是开展广泛的联盟合作。10 月 8 日消息，美国、日本和欧盟正在共同制定跨境数据传输方面的规则。据悉，美国、日本、欧盟的信息管理机构将在各自管辖范围内制定具体措施。10 月 10 日，乌拉圭和 20 个欧洲委员会成员国签署了一项欧洲理事会条约，旨在加强在国际层面保护个人数据的原则和规则。该条约是目前唯一涉及个人数据保护权利的国际条约。

三、持续强化网络攻防能力建设

一是积极制定应对网络威胁的策略框架。10 月 7 日，沙特国家网络安全管理局（NCA）发布了核心网络安全控制文件，以便在各个国家机构中应用最低标准，降低网络安全风险，保障沙特的经济安全和国家安全。10 月 14 日，韩国军方官员表示，韩国军方正考虑制定网络威胁应对规则，以便有效应对外来的网络威胁，相关行动规则将详细列出在网络威胁被发现之后军方实施回击的具体规则。10 月 16 日，应多个联邦机构的请求，美国智库情报和国家安全联盟（INSA）发布"网络指标和警告（I&W）框架"白皮书，旨在为政府、学术界和行业专业人士提供一个实用的分析过程，将预期的攻击场景分解为可持续监测的指标，并对实际的攻击发出警告。二是组建新的国防机构和指挥部门。10 月 3 日，美国参议院一致通过了一项法案，将国土安全部（DHS）下属国家保护和计划局（NPPD）重组为网络安全和基础设施安全局（CISA）。10 月 16 日，北约计划成立新的军事指挥中心"网络指挥部（Cyber Command）"，以便全面、及时掌握网络空间状况，并有效对抗各类网络威胁。同月，印度内阁安全委员会批准组建 3 个新机构，分别为国防网络局（Defence Cyber Agency）、国防太空局（Defence Space Agency）和特别行动司（Special Operation Division）。这 3 个新机构将相互支撑并且受主席、参谋总长指挥。10 月 16 日消息，尼日利亚成立陆军网络战司令部，旨在保护其数据、网络免受网络攻击和遏制恐怖主义威胁。三是强化技术能力建设和人才教育。新西兰国家应急响应小组（CERT-NZ）于 2018 年 10 月 8 日至 12 日在全国范围内推出第二届"网络安全智慧周"活动，旨在鼓励民众采取措施自我防护。10 月 30 日，英国财政部部长表示，英国军方将在 2019—2020 年获得

10 亿英镑，用以提升网络及核武器水平。四是强化国际联盟合作。10 月 3 日，北约防长会议在布鲁塞尔北约总部举行，会议将"如何加强北约的防卫和威慑能力"作为重要议题之一，此前，美国国防部官员曾表示，如果北约盟友提出要求，美国承诺将为盟友实施"进攻性"或"防御性"的网络行动，但美国仍会保持对相关行动和人员的控制权。10 月 5 日，英、德两国签署共同声明，以提升两国军方的防御合作，并在运作、支撑、医疗服务、教育和概念定义等方面展开合作。10 月 15 日，一些欧盟国家正在推动欧盟对网络攻击者实施制裁。10 月 17 日，欧盟各国政府承诺在布鲁塞尔举行的欧盟领导人峰会上进一步加强对网络和其他威胁的威慑和抵御能力，并向科技平台施压，要求其加大打击虚假信息的力度。

3.11　2018 年 11 月全球网络空间安全形势

2018 年 11 月，美国迎来中期选举，涉美网络安全动向引发各方关注，美国多措并举保障选举期间的网络信息安全。同时，各国继续从顶层设计、机构设置、资金投入等方面入手，加强本国网络威慑及攻防能力建设，提升网络数据保护和网络内容监管力度，不断推进 5G、人工智能、量子技术等新技术、新应用的战略布局。

一、美国中期选举期间网络安全动向值得关注

一是美曝选举期间网络威胁加剧。美国国土安全部发布报告称，国外黑客在选举前的数周内，针对美国选民数据库发动数十次攻击，试图窃取选民数据。网络安全公司 Carbon Black 于 11 月 2 日称，有 20 个州的约 8 100 万名选民信息在暗网被出售，包括选民姓名、住址、身份等。二是美强化举措确保安全。美国华盛顿州、伊利诺伊州和威斯康星州启用国民警卫队网络安全预备队，对选举系统进行评估。推特公司 11 月 5 日宣布，在选举前已封锁 115 个涉嫌与国外机构联系干预选情的账户，删除近万个机器人账户，并对发布劝阻民众投票信息的账户予以注销。脸谱公司于 11 月 6 日称，已封锁 30 余个涉嫌干预选举的账户。

二、持续强化网络威慑及攻防能力建设

一是加快网络军事力量建设投入。美国国防部披露，其 2018 财年"军事情报项目"的预算获批总额为 221 亿美元，超过 2018 财年申请的 207 亿美元。日本内阁网络安全中心数据显示，日本应对网络攻击的预算连续 4 年增加，2019 年度预算中相关经费合计为 852 亿日元（约合 52 亿元），超过 2018 年度的 621 亿日元（约合 38 亿元）。二是推进网络防御能力现代化。美国国防部于 11 月 5 日称，正加紧推进军事数据中心迁移至军事云，通过部署联合区域安全栈平台来确保信息网络的安全。美国国土安全部于 11 月 8 日宣布，向加州大学圣地亚哥分校、芝加哥伊利诺伊大学研究团队投资约 130 万美元，用于开发网络威胁评估工具。日本于 11 月 20 日发布新版《防卫计划大纲》草案，强调将提高在"新战场（太空及网络空间）"的防范能力。三是加强关键基础设施防护。美国国土安全部 11 月 1 日与通信、电力、金融等领域网络安全负责人会谈，商议针对重要数字资产给予最高级别保护。此外，国土安全部于 11 月 7 日宣布成立信息通信技术供应链风险管理特别工作组，以防范黑客入侵重要信息系统。11 月 14 日，美国国土安全部及国防部就网络威胁防御达成合作框架，并明确各机构的防御责任。四是健全机构建设。美国总统特朗普 11 月 16 日签署《网络安全信息共享法案》，批准成立网络安全和基础设施安全局，该机构将成为独立联邦机构，负责监督民用和联邦网络安全。保加利亚议会与部长理事会成立网络安全委员会，委员会主席由副总理担任，成员包括内政部长、国防部长和外交部长等，旨在加强国家层面的统筹协调。

三、加强数据保护和监管力度

一是多国加快数据保护法治进程。加拿大新版《数据泄露应对条例》于 11 月 1 日生效，该条例要求对数据安全开展科学的风险评估。此外，加拿大于 11 月 5 日公布新版《保护个人信息和电子文件法案》，要求加拿大国有企业在发生数据泄露时尽快报告，否则将面临最高达 10 万加元（约合 53 万元）的处罚。塞尔维亚议会于 11 月 9 日通过《个人数据保护法》，该法为收集和处理个人数据的机构规定更多责任。二是多国加强对国际互联网巨头的监管力度。越南 11 月 5 日更新网络安全法草案，要求谷歌、微软、脸谱和其他公司在越南境内设立当地办事处，并将所有数据存储在越南境内托管的服务器上。英国

信息专员办公室 11 月 6 日表示，将联合爱尔兰数据保护专员办公室，对脸谱公司数据安全进行调查。日本经济产业省专家会议发布中期报告，鉴于反垄断及信息保护需要，拟对谷歌、苹果、脸谱等巨型互联网企业加强监管。三是强化打击网络犯罪。南非议会司法委员会正式通过了《网络犯罪和网络安全法案》，该法案除将盗窃和数据干扰定为刑事犯罪外，也引入涉及"恶意"电子通信的新法规。

四、深入开展网络空间国际合作

一是推进国际规则制定。全球网络空间稳定委员会于 11 月 8 日发布"六项全球准则"，强调不干预别国网络主权、减少网络漏洞。法国等 51 个国家于 11 月 12 日签署《巴黎网络空间信任与安全倡议》，呼吁加强网络治理国际合作。二是加强双边合作。俄罗斯于 11 月 7 日称将与西班牙联合建立网络安全组织，以防止虚假信息传播破坏双边关系。三是加强多边机制建设。日本与东盟建立网络攻击情报共享机制，推进网络威胁信息共享及协同应对。欧盟理事会于 11 月 19 日通过新版欧盟网络防御政策框架，将训练演习、技术研发、国际合作作为优先事项。

五、推进前沿技术研发及应用

德国宣布将在人工智能领域投资 30 亿欧元（约合 236 亿元），用于关键技术的研发及商业应用，同时建立人工智能研发中心，并在高校设置至少 100 个人工智能教职岗位。阿联酋于 11 月 11 日宣布将启动有关自动驾驶汽车和人工智能的立法工作。英国宣布增加 5 000 万英镑，以吸引和留住世界顶尖人工智能人才，并投资 2.35 亿英镑建立英国量子计算中心，助推量子技术研发。欧盟推出"量子技术旗舰计划"，拨付 10 亿欧元开展量子基础研究。

3.12　2018 年 12 月全球网络空间安全形势

2018 年 12 月，全球网络安全态势依然严峻，网络安全事件频发，带来的损失日益放大。世界各国不断出台政策法规和监管举措，采取人工智能等新技术手段，加强网络安全应急演练，以提升网络安全防御能力。

一、全球网络安全态势依然严峻

一是恶性网络攻击事件频发。俄罗斯外交部发言人扎哈罗娃于 12 月 26 日称，12 月 17 日，俄罗斯驻英大使馆网站和俄罗斯常驻国际海事组织代表团网站遭黑客攻击，数据库被完全摧毁，网站无法登入的时间高达一天。卡巴斯基实验室发布的报告显示，2018 年拉丁美洲平均每天发生 370 万起恶意软件攻击事件，而每年将发生 10 亿次恶意软件攻击事件。此外，2018 年 12 月一个 ThinkPHP 任意命令执行漏洞导致超过 4 万家中文网站可能遭到来自黑客的攻击。二是政府和个人数据成主要攻击目标。俄罗斯一家网络安全公司称其在 30 多个国家的政府门户网站发现 4 万多个账号的登录证书，该公司认为这些信息可能会在地下黑客论坛上被出售。全球知名调研公司盖洛普（Gallup）于 12 月 11 日发布的调查数据显示，美国 23% 的个人或金融信息曾遭受黑客攻击。三是智能网联汽车面临较大安全威胁。美国安全企业 UpStream 于 12 月 24 日发布的《2019 年全球汽车行业网络安全报告》称，一项网络黑客行动就可能让汽车制造商损失 11 亿美元，到 2023 年，该数字可达 240 亿美元。

二、多国出台新政策，立法强化网络安全

一是出台战略。埃及正式实施《国家网络安全战略（2017—2021 年）》，以应对网络恐怖主义和网络战争、对关键信息基础设施的入侵和破坏、对数字身份的威胁和对私人数据的窃取等问题，从而发展网络安全产业，提升对公民的电子服务和网络安全保护水平。马来西亚宣布在 3 个月内完成《国家网络安全政策》，以遏制国内外的网络攻击事件并保护个人数据。日本于 12 月 18 日发布的新版《防卫计划大纲》明确写着自卫队拥有"网络反击能力"，同时将网络空间视为具有重要意义的领域。英国于 12 月 24 日公布新版《网络安全技能战略（征求意见稿）》，以招募更多技能熟练的专业人员进入该行业，提高普通劳动力的网络安全意识。澳大利亚联邦政府于 12 月 13 日发布了《数字服务平台战略》，以提供可由多部门使用的、可重用的业务功能。二是加强立法。美国国会 12 月 21 日正式通过《公共、公开、电子与必要性政府数据法案》（又称《开放政府数据法案》），确立了政府信息机器、可读并默认向公众开放、联邦机构制定公共政策时应循证使用这两大基本原则。参议院 12 月 7 日

一致通过了《国土安全部数据框架法案》，旨在要求国土安全部开发数据框架，以整合其现有全部数据库。参议院 12 月 12 日通过了《21 世纪综合数字体验法案》，要求机构所有新网站或"数字服务"在投入使用前 180 天必须满足可访问性、易用性和安全性的最低标准。俄罗斯一项名为《主权互联网》的法律草案已于 12 月 14 日递交到国家杜马，计划每年花费 1 300 亿卢布（约合 128 亿元）建立俄罗斯自主掌控的互联网。草案发起人之一柳德米拉·博科娃表示，"数字经济"项目提供了该计划所需的开支，并将使用分配给通信监管机构 Roskomnadzor 的拨款。澳大利亚国会于 12 月 6 日通过了《1997 年电信法案》修订版，也称《反加密法案》，要求互联网公司、电信公司、信息服务商或任何被认为有必要的人无条件协助官方获得加密内容，以协助警方追捕恐怖分子和其他犯罪分子。12 月 18 日，津巴布韦内阁批准《2018 年网络保护、数据保护和电子交易法》，进一步明确计算机网络犯罪定义，强化打击力度，加强数据隐私保护、自动化过程监管和数据保护国际合作。

三、美国、欧盟等积极提升监管水平

一是充实机构。美国众议院 11 月 30 日投票通过了《2018 年联邦首席信息官（CIO）授权法》，将重新授权、重新命名、编纂和提升 CIO 职位，该职位将由总统任命，直接向管理和预算办公室主任报告，并规定联邦首席信息安全官（CISO）向联邦 CIO 报告。欧洲议会、理事会和欧盟委员会 12 月 10 日就《网络安全法案》达成了一个政治协议，表示该法案增强了欧洲网络与信息安全局（ENISA）授权，能够更好地支持成员国应对网络安全威胁和攻击。俄罗斯官员 12 月 17 日表示，俄罗斯外交部将成立网络信息安全特别行动部门，并将该部门作为其推进网络空间国际战略的重要一环，为其开展网络国际博弈，进一步强化组织保障。二是强化合作。日本警察厅已与欧洲刑警组织签订交换反恐对策和网络犯罪等信息协定，将在东京奥运会和残奥会、二十国集团（G20）峰会以及橄榄球世界杯期间加强合作。联合国大会于 12 月 17 日通过俄罗斯牵头起草的《防止信息通信技术用于犯罪目的》的决议，旨在加强国际合作，打击网络犯罪。三是加强演练。欧洲安全与合作组织（OSCE）在哈萨克斯坦首都阿斯塔纳举行风险评估和危机管理演习，旨在加强防范以关键能源基础设施为目标的恐怖主义网络袭击。越南全国 100 多个计算机应急响应组织于 12 月 18—21 日举行了该国史上最大规模的网络安全演练。

四、加强数据安全，促进数字经济发展，酝酿数字税

一是出台数字经济战略。澳大利亚政府于 12 月 19 日启动了一项名为《澳大利亚技术未来》的数字经济战略，涵盖技能、包容性、数字政府、数字基础设施、数据、网络安全和监管七大主题，通过加强专业教育培训，推动数字经济的最大化效益，确保数据访问、流动的安全性，提升数字活动的信任性与安全性。二是加强数据安全监管。美国参议院多名民主党参议员呼吁制定更严格的隐私法，甚至对数据安全性较差的公司处以高额罚款。印度政府 12 月 20 日批准授予 10 家机构"拦截、监视或解密任何计算机上生成、发送、接收或存储的信息"的法定权力。该法令是 2000 年印度《信息技术法》的扩展。印度 12 月 24 日还出台了《数据保护法案》，禁止密码、金融和医疗数据、种姓、宗教和政治信仰等信息的跨境流动，但可以根据"必要性或国家的战略利益"提供豁免。欧盟各国政府于 12 月 7 日同意"加强规则草案"，允许执法部门直接获取科技公司存储在另一个欧洲国家云端的电子证据。如果企业不遵守这类规定，将被处以高达其全球营业额 2% 的罚款。日本 12 月 20 日表示将与美国、欧盟展开合作，构建数据安全框架，打造"数据流通圈"，研究允许个人和产业数据跨境转移的制度。三是酝酿数字税。法国经济和财政部长布鲁诺·勒梅尔于 12 月 17 日宣布，将在欧盟率先对互联网巨头开始征税，估计该税在 2019 年将达到 5.7 亿美元（约合 39 亿元）。除法国外，大多数欧盟国家也都支持该税，意大利、西班牙和英国已准备好其数字税收计划，其他 8 个国家已经或正在采取类似措施。

五、加快人工智能量子信息等技术发展，助力网络安全

一是加快人工智能应用。美国空军成立"人工智能跨部门团队"，计划在 3 年内投资 1 亿美元用于人工智能（AI）研究，以提升包括网络安全防护在内的自动化网络和信号情报处理能力。赛门铁克公司宣布推出面向工控系统的神经网络安全解决方案，运用人工智能加强网络安全防护。欧盟委员会于 12 月 21 日就《值得信赖的人工智能道德准则草案》开始了公众咨询，准则草案由 AI 高级专家小组（AI HLEG）拟订，规定 AI 必须具有"道德目的"，并"以人为中心"，遵守"基本权利、原则和价值"，遵循仁善、非恶意、自治、正义和可解释性 5 项原则。日本政府综合科学技术与创新会议于 12 月 20 日汇总了

AI战略要点，提出每年培养100名全球顶级AI人才，以及10多万名掌握运用AI等实践技能的人才。二是立法加快量子信息科技研究。美国总统特朗普12月21日签署《国家量子倡议法案》，旨在加快量子信息科技的应用和发展，制定了为期10年的发展目标和优先事项。同时，法案规定将设立国家量子协调办公室，促进联邦量子信息科技研究成果转化，满足国家安全和经济发展需求。

第 4 章

国家（地区）网络空间安全战略

4.1　欧盟信息专员办公室《2018—2021 年科技战略》

欧盟信息专员办公室（ICO）《2018—2021 年科技战略》与欧盟《2017—2021 信息权利战略计划》是一脉相承的。此文件主要关注"保持与时俱进，提供优质的公共服务，跟上技术发展""制定科技战略""概述在技术变革影响信息权利时适应技术变革的方法，为新技术的到来提前进行规划"等内容。

战略旨在发展 ICO 的技术知识，并加强对这些技术的理解，以确保有效地将这些知识和理解传达给组织和个人。了解技术如何影响信息权利并不是 ICO 的专属领域，也不只是 ICO 一个部门的责任。工作将由新技术政策部门牵头，在 ICO 团队中也将植入技术意识。

战略解释了 8 项技术目标以及如何实现这些目标。从当前、短期和长期的角度来看，还确定了 2018—2019 年重点关注的 3 个优先领域：网络安全；人工智能、大数据和机器学习；网络和跨设备追踪。

优先考虑有助于 ICO 在上述重要领域的认识和理解工作。每年审查和更新该战略，以反映技术环境的快速变化，体现技术对个人数据处理和保护的重要性。这将确保 ICO 能够应对新的挑战，主动识别问题，并在出现问题时及时发现问题。

战略不包括 ICO 使用自身数据和 IT 服务来支持其业务活动，这些细节在 ICO 的《资源和基础设施战略计划》中制定。

一、技术目标

（一）确保 ICO 员工在技术问题上获得有效的教育和认识

为 ICO 员工制订培训计划，培养其技术知识和理解能力，以符合其角色定位。培训旨在理解关键技术运作的核心知识以及进一步学习新兴技术。此外，培训还包括向ICO高级领导团队和部门负责人提交技术简报，并在适当时机寻求技术技能认证。提升从事技术相关工作员工的能力，并将这些能力添加至职位描述中。充实内部知识资源和简报，以确保ICO员工可以参考有关技术的关键信息。进一步发展内部技术咨询服务，确保ICO员工在需要时可以获得专业的技术知识。

（二）为组织提供处理由技术产生的数据保护风险的指导

除了制定技术优先领域的指南外，还更新现有的技术指南，以反映GDPR、《网络与信息安全指令》《电子隐私条例（ePrivacy Regulation）》中新条款的要求。

默认推进使用数据保护设计，并展示其对英国经济和发展的贡献。撰写GDPR中关于这些条款的新指南。ICO提供的指导和合规建议在技术上是可行的、恰当的。

继成功报告关于人工智能和机器学习的数据保护意义后，将对新兴技术问题发布更深入的报告。

每年发布一份报告，内容包括网络入侵的经验教训以及数据保护影响评估中出现的技术问题。

（三）确保公众接收由技术引发的数据保护风险的有效信息

在ICO网站更新内容，适当和及时地让公众了解由技术引发的新风险、带来的新机遇。

发展新的合作伙伴关系，向公众更广泛地传递由技术引发的数据保护风险、带来的机遇等信息。扩大与来自国家网络安全中心（NCSC）等可靠伙伴的合作。

确保GDPR消费者能定制所获得的信息项目，并提供有关GDPR与主流技术和新技术交互的信息。

（四）支持和促进对数据保护风险和数据保护设计解决方案的新研究

通过与技术优先领域相关的高质量的内部和外部的专家交流，全面了解上述技术。和相关开发人员建立联系，向其宣传ICO政策。

依据ICO的资助计划，形成技术研究和数据保护解决方案。

利用商业情报（包括年度跟踪调查）了解公众关注的新领域，并解决常见问题。

对新兴技术进行研究和调查，为未来的优先领域提供信息。

（五）招聘和留住具有技术专长的员工，以支持战略的实施

根据ICO的战略方针，使用外部组织的借调人员来补充和支援已建立的技术团队。与有关大学及其他教育机构合作，探索在 ICO 建立技术学徒制的可行性。建立司法调查员小组，以监督工作。

（六）建立新型伙伴关系，以支持与外部专家的知识交流

制定新的专注于技术的相关人员路线图。ICO 将寻求与专注于技术的专业机构、学术技术网络和大学院系、公共部门技术网络、行业机构等团体建立更牢固或新的合作关系。

与跨部门机构合作，将数据保护设计嵌入新标准。

为博士后建立技术奖金，以增加在技术优先领域的内部建议和专业知识。首个任命将是一个为期两年的博士后职位，负责调查和研究人工智能对数据隐私的影响。

设计新的职权范围，以改变和重组技术参考小组，获得有关新兴技术的专家建议和战略洞察力。

制定一个新的"证据征集"流程，以深入了解与优先领域相关的不同技术带来的数据保护风险和机遇。此外，还将就每个优先领域举行专家圆桌会议。

设立新的年度 ICO 数据保护和技术会议，展示最新的数据保护风险和数据保护设计解决方案研究成果（包括来自 ICO 的资助项目成果）。

（七）与其他监管机构、国际网络和标准机构就数据保护相关的技术问题进行交流

ICO 的国际战略为参与国际活动设定了明确目标，即 ICO 将优先关注新技术应用所带来的全球隐私风险问题。探索与国际机构和监管网络的新联系。

继续与第 29 条工作组技术小组和柏林电信数据保护国际工作组（International Working Group on Data Protection in Telecommunications "the Berlin Group"）交流。

（八）在安全和可控的环境中与组织接触交流，了解和探索创新技术

借鉴金融行为监管局制定的沙盒流程，建立一个"监管沙盒"。该沙盒将使组织能够开发创新的数字产品和服务，同时与监管机构合作，确保恰当的保护和保障。作为沙盒流程的一部分，ICO 将提供关于降低风险和数据保护的建议。

二、附录 A：2018—2019 年度的技术优先领域

实现上述目标的基础是定期确定技术优先领域的内容，把重点和资源放在

风险最大处。

ICO确定了2018—2019年的3个优先领域：网络安全；人工智能、大数据和机器学习；网络和跨设备追踪。同时，为每个优先领域制订行动计划，每年进行审查和更新。优先领域清单也将每年进行审查。

4.2 英国《国家网络安全战略（2016—2021）》

一、执行概要

英国未来的安全与繁荣取决于数字基础。如今面临的挑战是建立一个繁荣的数字社会，它既要能抵御网络威胁，又要具备将机会最大化和管理风险所需的知识和能力。

人们严重依赖互联网。然而，它本质上是不安全的，总有人试图发动网络攻击。这种威胁不能完全消除，但风险可以被大大降低到既允许社会继续繁荣，又可以从数字技术带来的巨大机遇中获益的程度。

《2011年国家网络安全战略》以英国政府8.6亿英镑（约人民币75.2亿元）的国家网络安全计划为基础，为英国网络安全带来了实质性的改进。它通过关注市场来推动网络行为安全，并取得了重要成果，但这种方法还没有达到英国领先于快速发展的威胁所需的变化速度和规模。

英国对2021年的愿景是：英国在应对网络威胁方面是安全的、有弹性的，在数字世界是繁荣的、自信的。

为实现上述愿景，英国将努力实现以下3个目标。

一是防御。即有能力保护英国免受不断演变的网络威胁，有效应对突发事件，使英国的网络、数据和系统得到保护且有弹性。公民、企业和公共部门有自我防御的知识和能力。

二是威慑。英国将成为网络空间中各种形式的攻击难以打击的目标。如果英国可以发现、理解、调查和破坏针对英国的敌对行动，追捕和起诉违法者，那么就有办法在网络空间采取进攻行动。

三是发展。英国的网络安全产业不断创新、增长；英国拥有可自给自足的人才渠道，以满足其公共和私营部门的需要；前沿分析和专业知识将使英国能够应对未来的威胁和挑战。

为实现这些目标，英国将采取国际行动，以推动经济利益和安全利益的方式塑造网络空间全球演变的伙伴关系，发挥影响力；深化与最亲密国际伙伴的现有联系，增强整体安全；与新的合作伙伴发展关系，以提高其网络安全水平，并保护英国的海外利益；通过双边和多边方式（包括通过欧盟、北约和联合国）实现合作；向有可能在网络空间中损害英国或盟友利益的对手明确发出承担有关后果的信息。

为了在未来 5 年取得成果，英国政府打算更积极地进行干预，增加投资，同时继续支持市场，以提高英国的网络安全标准。英国中央政府将与苏格兰、威尔士和北爱尔兰地方政府合作，与私营和公共部门合作，确保个人、企业和组织能在互联网上采用安全的做法。英国政府将（在必要时并在权力范围内）采取措施进行干预，以推动符合国家利益的改善措施。

英国政府将利用自身和业界的能力，制定和应用主动网络防御措施，以显著提高英国的网络安全水平。措施包括尽量减少最常见的钓鱼攻击形式、清除已知的错误 IP 地址以及积极阻止恶意的在线活动。基础网络安全的改善将提高英国应对最常见网络威胁的能力。

成立国家网络安全中心（NCSC），并将其作为英国网络安全环境的权威机构，NCSC 将分享知识，解决系统性漏洞，并在国家的关键网络安全问题上发挥领导作用。

确保武装部队具有弹性，且拥有保护其网络、平台的强大网络防御能力。军事网络安全行动中心（CSOC）将与 NCSC 密切合作，确保武装部队在发生重大国家网络攻击时能够提供协助。

采用与应对任何其他攻击相同的方式，使用最合适的能力（包括进攻性网络能力）应对网络攻击。

利用英国政府的权力和影响力进行投资，解决从小学到大学的相关人员网络安全技能短缺的问题。

启动两个新型网络创新中心，以推动尖端网络产品和充满活力的新网络安全企业的发展。政府还将从国防和网络创新基金中划拨 1.65 亿英镑（约合 14.4 亿元），用于支持国防和安全领域的创新采购。

在未来 5 年内投入 19 亿英镑（约合 166.2 亿元），以显著改变英国的网络安全。

二、导言

信息和通信技术在过去 20 年里不断发展，如今几乎融入了人们生活的方方面面。英国是一个数字化社会，人们的经济和日常生活因此变得更加丰富。

这种数字化带来的转变创造了新的依赖性。经济、政府管理和基本服务依赖于网络空间的完整性，以及支撑它的基础设施、系统和数据。失去对这种完整性的信任，将降低技术革命带来的收益，不利于开展技术革命。

许多硬件和软件最初是为了方便互联的数字环境而开发的，它们优先考虑用户的效率、成本和便利，并不是最初就考虑了安全性。恶意行为者（敌对国家、罪犯、恐怖组织和个人）可以利用便利与安全之间的间隙。缩小这一间隙是国家的优先事项之一。

随着互联网由计算机和移动电话扩展到其他信息物理系统或"智能"系统，系统遭受远程入侵的威胁越来越大。支撑人们日常生活的系统和技术（如电网、航空交通控制系统、卫星、医疗技术、工厂和交通灯）都与互联网相关，因此可能容易受到干扰。

《2015 年国家安全战略（NSS）》重申：网络威胁对于英国利益而言属于一级风险。NSS 阐述了政府应对网络威胁的决心。

政府以 2011 年发布的第一个 5 年《国家网络安全战略》的成就、目标和判断为基础，制定了新战略。政府在此期间投入了 8.6 亿英镑（约合 75.2 亿元）。

充足的资金投资、网络安全战略的制定以及实施的决心可以更好地保障网络安全，然而英国在防御网络风险和漏洞方面仍存在进步的空间，这意味着需要更加努力地跟上威胁的步伐。要有效保障网络利益，就需要全面采取措施。英国的决心基于以下几点评估。

一是网络威胁的规模性和动态性以及人们的脆弱性和依赖性意味着维持当前的方法不足以保证安全。

二是以市场为基础促进网络卫生的方法没有产生所需的变化速度和规模。因此，政府必须发挥带头作用，利用其影响力和资源来应对网络威胁，更直接地进行干预。

三是仅靠政府无法满足国家网络安全的所有方面，需要一种嵌入式、可持续的方法，使政府、公民、产业界和社会中的其他合作伙伴充分发挥作用，以确保网络、服务和数据安全。

四是英国需要一个充满活力的网络安全部门和配套的技能基础，以跟上并领先于不断变化的威胁。

本战略旨在塑造政府的政策，同时提供连贯一致且令人信服的愿景，以便与公共和私营部门、公民社会、学术界和广大人民分享。

本战略覆盖全英国。英国政府将努力确保该战略在英国各地得到实施，与权力下放的政府密切合作，将其应用到苏格兰、威尔士和北爱尔兰（鉴于英国存在的 3 个独立法律管辖区和 4 个教育系统）。如果战略中提出的提案涉及权力下放问题，将根据权力下放的解决办法酌情与这些政府商定其执行情况。

本战略提出了针对经济和社会各部门的行动建议，从中央政府部门到各行各业的领导人和公民个人。战略旨在提高各级组织的网络安全，以实现集体利益，并奠定英国在国际上促进良好互联网治理的基础。

在本战略中，网络安全指的是保护信息系统（硬件、软件和相关基础设施）、数据及其提供的服务，防止未经授权的访问、损害或滥用，这包括由系统操作员故意造成的伤害，或由于未遵守安全程序而意外造成的伤害。

根据对安全挑战的评估，并以 2011 年战略的成就为基础，本文件提出以下几点。

一是对战略背景的最新评估，包括当前和不断演变的威胁、对英国的利益构成最严重威胁的实体及其可以使用的工具。

二是评估漏洞及其过去的发展情况。

三是政府对 2021 年网络安全的愿景及实现该愿景的关键小目标，包括指导原则、角色和责任，以及政府如何干预和在何处发挥作用。

四是如何将政策付诸实践。确定政府将在哪些方面发挥领导作用，以及期望与他人合作的领域。

五是如何评估在实现目标方面取得的进展。

三、战略背景

在 2011 年《国家网络安全战略》发布时，技术变革的规模及其影响已很明显。从那以后，2011 年战略中描述的趋势和机遇不断发展。新的技术和应用已经出现，全世界尤其是发展中国家越来越多地采用以互联网为基础的技术，为经济和社会发展提供了越来越多的机会。这些发展已经或将要给互联的社会带来明显的优势。但随着英国对网络的依赖度增加，那些试图破坏英国的系统和数据的人的机会也在增加。同样，地缘政治格局也发生了变化，恶意网络活动没有国界。为了从英国公民、组织和机构那里获得更高价值回报，网络犯罪分子正在努力拓宽其战略手段。恐怖分子及其支持者正在进行低层次攻击，并渴望执行更多重大行动。对威胁的性质、存在的漏洞以及威胁继续演变的评估如下。

（一）威胁

1. 网络罪犯

一是依赖于网络的犯罪。即只能通过使用信息和通信技术（ICT）设备实施的犯罪，其中设备既是犯罪工具，也是犯罪目标（例如，为经济目的开发和传播恶意软件，进行黑客攻击，以窃取、破坏、篡改、销毁数据）。

二是网络使能的犯罪。通过使用计算机、计算机网络或其他形式的信息通信技术（如网络欺诈和数据盗窃），扩大传统犯罪的规模和覆盖范围。

即便查出了那些对严重损害英国的网络犯罪活动负有责任的关键人物，当其身处引渡安排有限或没有引渡安排的司法管辖区时，英国和国际执法机构也往往难以起诉他们。

这些有组织犯罪集团（OCGs）主要负责开发和部署越来越先进的恶意软件，感染英国公民、产业界和政府的电脑和网络。其影响分散在英国各地，但累积效应显著。这些攻击变得越来越具有攻击性和对抗性，如越来越多地使用勒索软件以及用分布式拒绝服务（DDoS）敲诈勒索。

虽然OCGs可能对集体繁荣和安全构成严重威胁，但同样令人担忧的是，针对个人或较小组织的不那么复杂但分布广泛的网络犯罪行为的持续威胁。

2015年，网上银行欺诈金额（包括使用网上银行渠道从客户的银行账户中获取的欺诈性付款）增加了64%，达到1.335亿英镑（约合11.7亿元）。案件数量以23%的速度增加，英国反金融欺诈行动委员会（Financial Fraud Action UK）表示，犯罪分子针对企业和高净值客户的趋势越来越明显。

2. 国家和国家支持的威胁

国家和国家支持的团体试图渗透英国网络（主要集中在政府、国防、金融、能源和电信部门），获取政治、外交、技术、商业和战略优势。

这些国家网络项目的能力和影响各不相同。最先进的国家将加密和匿名服务整合到工具中，以保持隐蔽。虽然其具备部署复杂攻击的技术能力，但因受害者的防御能力很差，他们通常可以使用基本工具和技术来对付易受攻击的目标。

只有少数几个国家具备对英国整体安全和繁荣构成严重威胁的技术能力。但许多国家正在开发复杂的网络项目，可能在不久的将来会对英国利益构成威胁。许多寻求发展网络间谍能力的国家可以购买现有的计算机网络开发工具，并将这些工具改造后用于从事间谍活动。

除间谍威胁外，少数国外敌对威胁者已经具备开发和部署进攻性网络的能力，包括破坏性的网络能力。这些能力威胁着英国国家关键基础设施和工业控制系统的安全。一些国家可能违反国际法使用这些能力，认为不会受到什么惩罚，从而鼓励其他国家效仿。虽然世界各地的破坏性攻击仍然很罕见，但它们的数量和影响正在增加。

3. 恐怖分子

恐怖组织始终追求对英国及其利益发起破坏性的网络活动。目前恐怖分子的技术能力差，但即便如此，针对英国的恐怖主义活动的影响也非常大，简单的网页涂改和人肉搜索（被攻击的个人数据在网络泄露）使恐怖组织及其支持者能够吸引媒体的注意，并恐吓受害者。

欧洲网络与信息安全局发布的《威胁环境 2015》提到：恐怖分子利用互联网达到其目的并不等于网络恐怖主义，然而，鉴于"网络犯罪作为一种服务"的可能性，假定恐怖分子能够发起网络攻击。

在不久的将来，恐怖组织的首要任务仍是物理的恐怖袭击，而非网络恐怖袭击。随着越来越多懂电脑的人从事极端主义活动，预计将有更多针对英国的低复杂性（网页涂改或 DDoS）的破坏性活动，一些技术娴熟的极端主义独行侠出现的可能性也将增加，恐怖组织招募知名内部人士的风险也将增加。恐怖分子可能会利用所有网络能力来尽可能地实现效果最大化。因此，即便是恐怖分子的能力稍有增强，也可能对英国及其利益构成严重威胁。

4. 黑客活动分子

黑客组织是分散的，以问题为导向的。他们根据感知到的不满选择目标，为许多行为引入了一种"义务警员"的品质。虽然大多数黑客活动分子的网络活动本质是破坏性的（网站涂改或 DDoS），但更有能力的黑客活动分子能够对受害者造成更大、更持久的伤害。

5. 内部威胁

在英国，内部威胁仍是组织面临的网络风险。恶意的内部人员是组织中受信赖的雇员，他们可以访问关键的系统和数据，这便成了最大的威胁。他们可能通过窃取敏感数据和知识产权，造成财务和声誉损害。如果他们使用自己的特权知识或访问权限来助力或发起攻击，以破坏或降低其组织网络上的关键服务，或从网络上删除数据，将会构成破坏性的网络威胁。

同样令人担忧的是那些无意中点击钓鱼邮件、将受感染的USB插入电脑、忽略安全程序及从互联网下载不安全内容而意外造成网络伤害的内部人士或雇员。尽管他们无意伤害组织，但其对系统和数据的特许访问意味着其行为可能造成与恶意内部人士同样大的损害。这些人往往是社会工程的受害者，他们可能在无意中对其组织网络进行访问，或善意地执行指令，而使欺诈者得益。

保护信息系统不受不适当访问、删除不同形式媒体上的敏感数据、控制专有信息的物理安全很重要。因此，作为综合性安全措施的一部分，好的职员安全文化有利于减少因职员心生怨恨和职场欺诈等行为给组织带来的威胁。

6. 脚本小子

"脚本小子"通常是指低技能地使用他人开发的脚本或程序进行网络攻击的个人，其并未对经济或社会构成实质性威胁。他们可以访问互联网上的黑客指南、资源和工具，而许多组织使用的面向互联网的系统往往存在漏洞，"脚本小子"的行为在某些情况下会对受影响的组织产生不成比例的破坏性影响。

下面介绍几个案例研究。

一是TalkTalk泄露事件。2015年10月21日，英国电信供应商TalkTalk报告了一次成功的网络攻击和可能的客户数据泄露。随后的调查发现，攻击者通过面向公众的互联网服务器访问了一个包含客户详细资料的数据库，约有15.7万名客户的记录处于危险之中，包括姓名、地址和银行账户详细资料。就在同一天，TalkTalk的几名员工收到了一封电子邮件，要求用比特币支付赎金。攻击者详细描述了数据库的结构，以证明它已被访问。TalkTalk关于此次泄密事件的报告帮助警方在国家犯罪署专家的支持下，于2015年10月和11月逮捕了驻扎在英国的主要犯罪嫌疑人。

这次攻击表明，即使在大型的具备网络意识的组织中，漏洞仍然存在。若漏洞被利用，可能在名誉损害和运营中断方面产生不成比例的影响。TalkTalk迅速报告了此次泄密事件，这使得执法部门能够及时做出反应，公众和政府都能够减少敏感数据的潜在损失。据估计，事件使TalkTalk损失6 000万英镑，失去 95 000 名客户，同时股价大幅下跌。

二是对环球银行金融电信协会（SWIFT）系统的攻击。SWIFT 提供了一个网络，使全球金融机构能够以安全的方式发送和接收金融交易信息。由于 SWIFT 发送的付款订单必须由相关机构之间的相应账户结算，这一过程长期以来一直被担心可能被网络犯罪分子或其他恶意行为者破坏，并试图将非法付款订单输入系统，或者在最坏的情况下，禁用或破坏 SWIFT 网络本身的功能。2016 年 2 月初，一名攻击者访问了孟加拉国银行的 SWIFT 支付系统，并指示纽约联邦储备银行将孟加拉国银行账户的资金转移到菲律宾的账户。这起未遂的欺诈案金额为 9.51 亿美元，银行系统阻止了总价值 8.5 亿美元的 30 宗交易，然而有 5 笔价值 1.01 亿美元的交易已通过，其中转移到斯里兰卡的 2 000 万美元已被追回，另外的 8 100 万美元被转移到菲律宾，经由赌场洗钱，其中一些资金随后被转到中国香港。

孟加拉国银行发起的事故调查发现，该行的系统被安装了恶意软件，用于收集有关该行国际支付和资金转移程序的情报。英国航空航天系统（BAE Systems）公司进一步分析了与此次攻击有关的恶意软件，发现该恶意软件与孟加拉国银行基础设施中运行的本地 SWIFT 系统之间的交互功能非常复杂。信息转接系统等基础设施因为交互的复杂性而存在风险漏洞。英国航空航天系统公司的结论是：犯罪分子正在对受害组织进行越来越复杂的攻击，尤其是在网络入侵方面。

三是对乌克兰电网的攻击。2015 年 12 月 23 日，乌克兰西部供电公司 PrykarpattyaOblenergo 和 Kyiv Oblenergo 遭受网络攻击，造成大规模停电，导致配电网络上的 50 多个变电站中断。在网络上识别出样本后，一些人认为恶意软件 BlackEnergy3 被用于进行此次攻击。在攻击发生前至少 6 个月，攻击者向乌克兰电力公司的分支机构发送了包含恶意微软 Office 文档的钓鱼邮件，但是恶意软件不太可能使导致断电的断路器被打开，很可能攻击者能够通过恶意软件收集凭证，从而获得对网络各个方面的直接远程控制，触发停机。

乌克兰事件是对电网进行破坏性网络攻击的首个确认实例。这样的例子进一步证明，所有关键国家基础设施都需要良好的网络安全能力，以防止类似事件的发生。

（二）漏洞

1. 设备范围扩大

在 2011 年《国家网络安全战略》发布时，多数人从保护台式电脑或笔记本电脑等设备的角度构思网络安全。互联网已经越来越多地融入人们的日常生活中，但人们却在很大程度上忽略了这一点。物联网创造了新的利用机会，并增加了攻击的潜在影响，这些攻击有可能造成物理性损坏、人身伤害，在最坏的情况下还可能导致死亡。

在能源、采矿、农业和航空等行业的关键系统中，工业控制过程迅速实现了互联互通，创造了工业物联网。同时，开发了设备并创建了流程，这些设备和流程过去从未受到这种干扰，而它们一旦被黑客入侵和篡改，就可能带来灾难性的后果。因此，对于社会、健康和福利至关重要的互联系统也可能面临威胁。

2. 网络卫生和合规性差

人们对软件和网络技术漏洞的认识，以及英国对网络卫生的需求都在增加。网络攻击不一定是复杂的或不可避免的，在多数情况下，决定网络攻击成败的因素仍然是受害者的脆弱性，而不是攻击者的水平有多高。企业和组织会根据成本进行收益评估，决定在何处以及如何投资网络安全，但其最终还是要对数据和系统的安全性负责。只有平衡来自网络攻击的关键系统和敏感数据的风险，并对人员、技术和治理进行充分投资，企业才能减少潜在网络损害的风险。

英国政府通信总部（GCHQ）主任夏兰·马丁（Ciaran Martin）于2015年6月提到：“没有一种可以想象得到的信息安全系统，可以阻止一百个人中有一个人打开钓鱼邮件，而这就是攻击者所需要的全部。”

3. 培训和技能不足

在企业中，很多员工没有网络安全意识，不了解自己在这方面的责任，部分原因是他们缺乏正式培训。公众也缺乏网络的意识。

《网络安全泄露调查（2016）》中提到：“在过去一年里，仅有不到五分之一的企业让员工参加了网络安全培训。”

此外，还需要培养专业技能和能力，使人们能够跟上快速发展的技术，并管理相关的网络风险。

4. 旧版和未修补的系统

英国的许多组织在下一次IT升级前，仍使用脆弱的旧版系统，这些系统上的软件通常依赖于较旧的未修补版本，这些旧版本常常有攻击者寻找和利用的漏洞。此外，一些组织根本就没有使用系统修复方案，打补丁更无从谈起。

《思科 2016 年年度安全报告》提到："我们最近在互联网上和客户环境中分析了 115 000 台思科设备，发现了基础设施老化以及缺乏漏洞修补而带来的安全风险……我们发现 115 000 台设备中有 106 000 台正在运行的软件包含已知漏洞。"

5. 黑客资源的可用性

网络上现成的黑客信息和容易使用的黑客工具使那些希望培养黑客能力的人能够进行攻击。黑客攻击受害者所需要的信息通常是公开的，可以快速获取。从起居室到会议室，每个人都需要了解其个人详细信息及其系统在互联网上的暴露程度，以及容易受到恶意网络攻击的概率。

威瑞森《2015 年数据泄露调查报告》提到："99.9% 被利用的漏洞是在漏洞发布一年多后遭到破坏的。"

（三）结论

英国奉行的政策和建立的制度加强了防御，减轻了网络空间面临的一些威胁。但是，防御能力尚未领先于威胁，恶意网络行为类型在增加，动机依旧复杂，数量也在增长。恶意软件的数量和此类恶意行为者的数量迅速增长，一定数量的国家和精英网络罪犯的能力正在增强。人们共同面临的挑战是，确保防御进化到足够敏捷的程度，以应对恶意行为者对英国的攻击，从根本上解决上述漏洞。

四、国家响应

（一）愿景

英国对 2021 年的愿景是：英国在应对网络威胁方面是安全的、有弹性的，在数字世界是繁荣的、自信的。

具体目标如下。

一是防御。有能力保护英国免受不断演变的网络威胁，有效应对突发事件，确保英国的网络、数据和系统是安全的、有弹性的。公民、企业和公共部门有自我防御的知识和能力。

二是威慑。英国将成为网络空间各种形式攻击难以打击的目标。

三是发展。网络安全产业不断创新、增长，拥有可自给自足的人才渠道，以满足我国公共和私营部门的需要。

（二）原则

为实现上述目标，政府将遵循以下原则。

一是相关的行动和政策将保护英国民众，促进英国繁荣。

二是严肃对待针对英国的网络攻击，并在必要时为自身辩护。

三是按照国内和国际法律行事。

四是严格保护和推广英国的核心价值观。

五是保护英国公民的隐私。

六是英国将与多方合作。只有与权力下放政府、公共部门、企业、机构和公民个人合作，才能在网络空间上成功地保障英国的安全。

七是政府将履行其职责，领导国家做出响应，但企业、组织和个人公民有责任采取合理做法，在网络上保护自己。他们具备自我恢复的能力，在事件发生时能够继续运转。

八是公共部门组织的安全，包括网络安全、在线数据和服务的保护，这些内容由各自的部长、常任秘书和管理委员会负责。

九是不接受由于企业和组织未能采取必要的措施管理网络威胁，而对公众和整个国家构成的严重风险。

十是将与那些与英国观点一致、安全存在重叠的国家密切合作。还将广泛地与国际合作伙伴开展工作，以影响更广泛的社区。

十一是将建立一套分析度量体系，以衡量整体网络安全状况以及在实现战略目标方面取得的成就。

（三）角色和职责

确保国家网络空间的安全需要共同努力，每个人都要发挥重要作用。

1. 个人

作为公民、雇员和消费者，人们采取实际措施保护在现实世界中所珍视的资产。这意味着人们要履行个人责任，采取一切合理措施，不仅要保护硬件（智能手机和其他设备），还要保护那些为私人和职业生活提供自由、灵活和便利的数据、软件和系统。

2. 企业和组织

企业、公共和私营部门组织以及其他机构持有个人数据，在数字领域提供服务及操作系统。这些信息的连通性彻底改变了其运作方式。随着技术转型，他们有责任保护其持有的资产，维护他们提供的服务，并在其销售的产品中加入适当的安全级别。公民、消费者以及整个社会都希望企业和组织采取一切合理措施来保护自己的个人数据，并将弹性（抵御和恢复的能力）构建到其所依赖的系统和结构中。企业和组织还必须明白，如果他们成为网络攻击的受害者，则需要其承担后果。

3. 政府

政府的主要职责是保护国家免受其他国家的攻击，保护公民和经济不受损害，并制定保护英国的利益、维护基本权利和将罪犯绳之以法的国内和国际框架。

作为重要数据的持有者和服务提供者，政府采取严格的措施为其信息资产提供保障。政府还负责向公民和组织提供建议和信息，让其知道保护自己的做法，如有必要，可以为企业和组织设置相关标准。

4. 推动变革：市场的作用

《2011 年战略和国家网络安全规划》旨在通过市场引导正确行为，推动公共和私营部门提高能力，取得成功。预期会有商业压力和政府激励措施，以确保适当的网络安全有足够的商业投资，刺激投资流入，并鼓励足够多的技术管道进入该行业。

过去 5 年来，在整个经济和更广泛的社会中，人们对网络风险以及减少网络风险所需采取的行动认识不断增强，但包括关键部门在内的多数网络仍然不安全。市场没有正确评估网络风险，因此也没能对其进行正确管理，多数组织甚至在最基本层面仍遭受破坏，较少的投资者愿意冒险支持该行业的企业家，在教育和培训体系的毕业生及其他人中具备适当技能的人过少。

从长远来看，市场仍能发挥作用，它将产生比政府更大的影响。然而，英国面临的威胁的即时性和数字化环境下不断扩大的脆弱性，要求政府在短期内采取更大的行动。

5. 推动变革：政府职责范围扩大

政府必须加快步伐，满足国家网络安全需求。只有政府才能动用所需的情报和其他资产来保卫国家免受最复杂的威胁。只有政府才能推动公私部门之间的合作，并确保两者之间共享信息。政府在与业界协商的过程中、在界定什么是好的网络安全以及确保其实施方面发挥着主导作用。

政府将在未来 5 年内显著改善国家网络安全，重点关注以下 4 个方面。

一是杠杆和激励。政府将进行投资，以最大限度地发挥一个真正创新的英国网络部门的潜力，政府将通过支持初创企业和投资创新来实现这一目标。政府还将努力在教育体系中更早地发现和引导人才，并为一些职业规划更清晰的道路。政府还将利用所有可用的杠杆，如《一般数据保护条例（GDPR）》，在整个经济领域提高网络安全标准（包括在必要时通过监管提高网络安全标准）。

二是扩大情报和执法部门对威胁的关注。情报机构、国防部、警察和国家犯罪署将与国际伙伴机构合作，努力地查明、预测和挫败外国行动者、网络罪犯和恐怖分子的敌对网络活动。这将提升其情报收集和渗透的能力，目的是获得有关对手的意图和能力的情报。

三是与产业界合作开发和部署技术（包括主动网络防御措施），以加深人们对威胁的理解。加强英国公共和私营部门系统和网络的安全以应对威胁，并挫败恶意活动。

四是国家网络安全中心（NCSC）。政府已经在国家层面成立了一个单一的中央网络安全机构。该机构负责管理国家网络事件，提供网络安全方面的权威声音和专业知识，并向各部门、地方政府、监管机构和企业提供量身定制的支持和建议。NCSC负责分析、检测和理解网络威胁，并提供其网络安全专业知识，以支持政府促进创新的努力，支持蓬勃发展的网络安全产业，促进网络安全技能的发展。公共机构的独特之处在于其母体是英国政府通信总部（GCHQ），因此它可以利用该组织的世界级专业知识和敏感能力，为更广泛的经济和社会提供支持。政府部门仍有责任确保他们有效实施此网络安全建议。

GCHQ负责人罗伯特·汉尼根（Robert Hannigan）于2016年3月表示："考虑到我们的企业和大学遭到工业规模的知识产权盗窃，以及大量浪费时间和金钱的网络钓鱼和恶意软件欺诈，NCSC表明，英国正致力于打击网络上存在的威胁。"

在《2015年战略防御与安全审查》中，政府为实现这些承诺和目标的5年战略拨款是19亿英镑（约合166.2亿元）。

国家网络安全中心于2016年10月1日启动。NCSC提供了一个在政府、行业和公众之间建立有效的网络安全伙伴关系，以确保英国的网络安全的独特机会。它将提供网络事件响应，并成为英国在网络安全方面的权威声音。关键部门将能够直接与NCSC的工作人员接触，以获得有关保护网络和系统免受网络威胁的最佳建议和支持。

NCSC是为政府的网络安全威胁情报和信息保障提供统一建议的来源；是政府应对网络威胁行动的强大代言人，其与产业界、学术界和国际合作伙伴携手，保护英国免受网络攻击；是一个面向公众的组织，可以利用必要的 GCHQ 秘密情报和世界级的技术专长。

在本战略的整个生命周期中，将采用分阶段的方法进行 NCSC 的能力建设。它汇集了由英国通信电子安全小组（GCHQ 信息安全部门）、国家基础设施保护中心（CPNI）、英国计算机应急响应小组（CERT-UK）和网络评估中心（CCA）开发的功能。其初期的重点如下。

一是世界级的事件管理能力，以应对和减少网络事件的危害（从影响单个组织的事件到全国性的大规模攻击）。

二是就公共和私营机构如何处理网络安全问题提供沟通，促进网络威胁信息的共享。

三是继续为政府和电信、能源和金融等关键行业提供行业的专家建议，并为全英国提供网络安全建议。

NCSC 为政府能够落实本战略的许多要素提供了一种有效的方法。随着 NCSC 的发展，其工作重点和能力需要适应新的挑战和经验教训。

（四）实施方案

要实现上述目标，必须坚持效果导向，保持决断能力，实现保卫网络空间、威慑对手、发展能力这 3 个主要目标，所有实施本战略的行动都可得到有效的国际行动（International Action）的支持。

五、防御

本战略的防御旨在确保英国公共、商业和私人领域的网络、数据和系统免受网络攻击，并能从攻击中恢复。

阻止每次网络攻击是不现实的，就像不可能阻止每一次犯罪一样。然而，与公民、教育提供者、学术界、企业和其他政府一道，英国可以构建多层防御体系，显著减少暴露于网络事件中的次数，保护最宝贵的资产，让所有人都能在网络空间中成功且繁荣地运作。采取行动促进国家间合作和良好的网络安全实践，也符合整体安全利益。政府将采取措施，确保公民、企业、公共和私营部门组织和机构能够获得正确的信息来保护自身。NCSC 为政府的网络安全威胁情报和信息保障提供统一的建议，为网络防御提供量身定制的指导，并对网络空间的重大事件做出快速有效的响应。政府将与产业界和国际合作伙伴一道，为公共和私营部门、最重要的系统和服务以及整个经济制定良好的网络安全的标准。在所有新的政府和关键系统中建立安全机制。执法机构将与产业界和国家网络安全中心密切合作，提供动态的犯罪威胁情报，使产业界能够更好地保护自己，并推广保护性安全建议和标准。

（一）主动网络防御

主动网络防御（ACD）指的是通过相关安全措施，打造拥有更强抵御攻击能力的网络和系统。在商业环境中，主动网络防御通常是指网络安全分析师了解其网络遭受的威胁，然后制定和实施措施，主动对抗或防御上述威胁。在本战略背景下，政府选择在更大范围内应用同样的原则，即政府将利用其独特的专业知识、能力和影响力，实现国家网络安全的转变，以应对网络威胁。

1. 目标

政府推行ACD的目标如下。

一是通过提高英国网络的弹性，使英国成为对于政府资助的行动者和网络犯罪分子而言更难对付的目标。

二是通过阻止黑客与其受害者之间的恶意软件通信，破坏英国网络上绝大多数高容量/低复杂性的恶意软件活动。

三是发展和提高政府破坏国家支持的威胁和网络罪犯威胁的能力。

四是确保互联网和电信流量免受恶意行为者的劫持。

五是加强英国关键基础设施和面向公民的服务，以应对网络威胁。

六是破坏所有类型的攻击者的商业模式，让攻击者失去动力，减少其攻击可能造成的伤害。

2. 方法

为实现上述目标，政府将采用以下方法。

一是加强与产业界尤其是通信服务提供商（CSP）的合作，使攻击英国互联网服务和用户的难度显著加大，并大大降低攻击对英国造成持续影响的可能性。相关措施将保护英国电信和互联网的路由基础设施。

二是扩大英国政府通信总部、国防部和国家打击犯罪调查局（NCA）的规模，并提高其发展能力，以挫败对英国最严重的网络威胁（包括娴熟的网络犯罪分子和外国敌对行为者的活动）。

三是更好地保护政府系统和网络，帮助行业在CNI供应链中建立更高的安全性，使英国的软件生态系统更加安全。

在可能的情况下，"主动网络防御计划"将通过产业界或与产业界合作来实施。对于许多人来说，产业界将设计和主导实施，政府的关键贡献是专家的支持、建议和思想领导。

政府还将采取具体行动来落实上述措施，具体如下。

一是与通信服务提供商合作，以阻止恶意软件攻击。可通过限制对已知恶意软件源的特定域或网站的访问来实现此目的，这就是所谓的域名系统（DNS）阻止/过滤。

二是将"在政府网络上部署电子邮件验证系统"作为标准，并鼓励行业也这样做，以阻止依赖"域名欺骗"的网络钓鱼活动（即电子邮件似乎来自特定发件人，如银行或政府部门，但实际上是欺诈）。

三是通过多利益主体互联网治理组织（互联网名称与数字地址分配机构（ICANN））、互联网工程任务组（IETF）、欧洲地区网络地址中心（RIPE）及参与联合国互联网治理论坛（IGF），促进安全最佳实践。

四是与执法渠道合作，以保护英国公民免遭海外无保护基础设施的网络攻击。

五是致力于实施控制措施，确保政府部门的互联网流量的路由不会被恶意人士非法利用。

六是投资国防部、NCA和GCHQ的项目，这些项目将增强这些组织的能力，以应对和破坏政府支持的针对英国网络的严重网络犯罪活动，确保英国公民和企业在大多数大规模商品网络攻击中受到默认保护。

3. 衡量成功

政府将通过评估是否取得如下进展，衡量其在建立ACD方面取得的成就。

一是更难在英国进行"网络钓鱼"。

二是与网络攻击和利用相关的恶意软件通信和技术产品被屏蔽的比例更高。

三是英国的互联网和电信流量不容易受到恶意行为者重启路由的影响。

四是GCHQ、武装部队和NCA应对国家支持的威胁和犯罪威胁的能力显著增强。

（二）建立一个更安全的互联网

通过确保未来使用的在线产品和服务"默认安全"，显著降低对手在英国进行网络犯罪的能力。这意味着要确保软硬件中内置的安全控件被制造商默认设置为激活，以便用户体验到提供给其的最大安全性。挑战在于以一种支持终端用户并提供商业上可行但安全的产品或服务的方式来实现变革，所有这些都是在保持互联网的自由和开放性质的前提下进行的。

赛门铁克《2016年互联网安全威胁报告》提出："联网的东西正在迅速增加。2015年，我们看到了许多概念验证和现实世界的攻击，发现了汽车、医疗设备等方面的严重漏洞。制造商需要优先考虑安全性，以降低严重的个人、经济和社会后果的风险。"

政府有能力在探索那些能够更好地保护自己的系统、帮助工业在供应链中建立更大的安全性、保护软件生态系统以及为在线访问政府服务的公民提供自动保护的新技术方面发挥主导作用。政府必须测试和实施为政府在线产品和服务提供自动保护的新技术。在可能的情况下，应向私营部门和公民提供类似的技术。

1. 目标

到2021年，大多数即将投入使用的在线产品和服务都将"默认安全"。消费者将有权选择将内置安全性作为默认设置的产品和服务。他们可以选择关闭这些设置，但那些希望以最安全的方式参与网络空间的消费者将自动受到保护。

2. 方法

一是政府将以身作则，在互联网上运行不依赖互联网本身安全的安全服务。

二是政府将探索与产业界的合作方式，以开发前沿的方法，使硬件和软件在默认情况下更加"安全"。

三是在政府中采用具有挑战性的新网络安全技术，并鼓励地方政府采取同样的做法，以减少已知风险。

为了做到这一点，需进行如下操作。

一是继续鼓励软硬件供应商销售默认激活安全设置的产品，需要用户主动禁用这些设置才能使其不安全。一些供应商已经在这样做了，但是有些还没有采取这些必要的措施。

二是继续开发互联网协议声誉服务，以保护政府数字服务（允许在线服务获取与之相连的IP地址的信息，帮助该服务实时做出更明智的风险管理决策）。

三是设法在政府网络上安装确保软件正常运行、不受恶意干扰的产品。

四是寻求将范围从GOV.UK扩展到其他数字服务的措施，通知正在运行旧版浏览器的用户。

五是投资可信平台模块（TPM）和新兴行业标准（如线上快速身份验证（FIDO））等技术，这些技术不依赖于密码进行用户身份验证，而是使用用户拥有的机器和其他设备进行身份验证。政府将测试创新的认证机制，以展示其在安全性和用户整体体验方面所能提供的内容。

政府还将探索如何为新产品提供安全评级，以便消费者可以清楚地了解哪些产品和服务为他们提供了最大的安全性，从而鼓励市场。政府还将探索如何将这些产品评级与新型及现有的监管机构挂钩，以及如何在消费者准备在网上采取可能危及其安全的行动时发出警告。

3. 衡量成功

政府将通过评估是否取得以下成果，来衡量其在建立安全互联网方面的成就。

一是到 2021 年英国提供的大多数商品和服务将使英国更加安全，因为它们启用默认安全设置或将安全性集成到其设计中。

二是英国公众信任国家、地方和权力下放政府层面提供的所有政府服务，因为这些服务都相对安全，欺诈水平在可接受的风险范围内。

（三）保护政府

英国政府、权力下放机构和更广泛的公共部门持有大量敏感数据。他们为公众提供基本服务，并运营对国家安全和弹性至关重要的网络。政府的制度是社会运作的基础。公共部门服务的现代化仍旧是英国数字战略的基石，政府的数字化的雄心是让英国成为全球领先的数字国家。为保持公民对在线公共部门服务和系统的信任，必须保护政府持有的数据，面对敌对行为者试图访问政府和公共部门的网络和数据的持续努力的行为，所有政府部门都必须实现适当级别的网络安全。

1. 目标

一是公民放心地使用政府在线服务。他们相信自身敏感信息的安全性，并且理解其有责任以安全的方式在网上提交敏感信息。

二是政府将制定并遵守最适当的网络安全标准，以确保所有政府部门了解并履行保护其网络、数据和服务的义务。

三是政府的关键资产，包括最高级别的资产，可以免受网络攻击。

2. 方法

英国政府将继续把更多的服务转移到网上，以便英国能够真正实现"默认数字化"。政府数码服务（GDS）、皇家商业服务委员会（CCS）和NCSC将确保所有由政府创造或采购的新数码服务都"默认安全"。

政府网络非常复杂，在许多情况下仍然包括旧系统，以及一些不再受供应商支持的商业软件，要确保旧系统和不受支持的软件没有无法管理的风险。

提高政府和更广泛的公共部门应对网络攻击的弹性。这意味着要提升所有拥有系统、数据以及有权访问这些数据的人的准确的网络安全认识。通过实施NCSC规定的最佳实践，可以最大限度地减少网络事件发生的可能性和影响。政府还将通过事件演习计划和政府网络的定期测试，确保能有效回应网络事故。酌情邀请权力下放机构和地方政府参与这些活动。通过自动扫描，更好地了解政府的在线安全状况。

网络安全不仅与技术有关，几乎所有成功的网络攻击都有人为因素。因此，要继续对员工进行投资，以确保在政府工作的每位雇员都有良好的网络风险意识。在风险加剧的领域发展专门的网络专业知识，并确保按照正确的流程有效地管理风险。

NCSC将开发世界领先的网络安全指南，以跟上新技术的威胁和发展。会采取措施，确保政府机构能够轻易获取威胁信息，让其了解自身的网络风险，并采取适当的行动。

英国会继续改善最高密级的网络，以保障政府最敏感的通信。

在网络安全的背景下，卫生保健系统面临独特的挑战。该行业有4万多个组织，约160万名雇员，每个组织的信息安全资源和能力都大相径庭。英国国家健康与医疗数据守护者（National Data Guardian for Health and Care）为英国的健康与社会保健系统制定了新的数据安全标准，并为患者制定了新的数据同意/选择退出模式。

国防部长迈克尔·法伦爵士（Michael Fallon）于2016年4月提出："英国是网络安全领域的全球领导者，随着威胁的增加，新的网络安全行动中心将确保我们的武装力量继续安全运作。我们不断增加的国防预算意味着，我们可以在网络空间领先对手，同时也投资于传统的能力建设。"

网络安全对于国防至关重要。无论是在英国还是在世界各地的行动，军队都依赖于信息和通信系统。国防部（MoD）的基础设施和人员是重要的目标。国防系统经常成为犯罪分子、外国情报机构和其他恶意行为者的目标，这些人试图利用人员破坏业务和运营，并窃取信息或使信息出错。通过建立网络安全行动中心（CSOC）可以提升网络威胁意识，应对网络威胁。该中心使用最先进的网络防御能力来保护国防部的网络空间。CSOC 将与 NCSC 密切合作，以应对国防部的网络安全挑战，为更大范围的国家网络安全做出贡献。

3. 衡量成功

政府将通过评估是否实现以下成果，来衡量其在保护政府网络、系统和数据方面的成就。

一是政府对各政府部门和更广泛公共部门的网络安全风险水平有深入了解。

二是各政府部门和其他机构按照其风险水平和商定的政府最低标准进行自我保护。

三是政府部门和更广泛的公共部门具有弹性，能够有效应对网络事件，维系职能并使其迅速恢复。

四是政府部署的新技术和数字服务默认为网络安全。

五是了解并积极减轻政府系统和服务中所有已知的面向互联网的漏洞。

六是政府的所有供应商都符合适当的网络安全标准。

（四）保护国家关键基础设施和其他优先部门

1. 背景

某些英国组织的网络安全特别重要，因为对其进行一次成功的网络攻击将对英国的国家安全产生十分严重的影响。这可能会影响英国公民的生活、英国经济的稳定和实力、英国的国际地位和声誉。公共和私营部门内的这些优质企业和组织包括向国家提供基本服务的关键国家基础设施（CNI）。确保 CNI 安全并具有抵御网络攻击的能力，将是政府考虑的优先事项。除了 CNI 之外，还包括其他需要更多支持的企业和组织，具体如下。

一是英国最成功的企业，以及那些拥有研究成果和知识产权、对英国未来的经济实力具有重要影响的企业。

二是数据持有者，不仅包括持有大量个人数据的组织，还包括那些持有国内外弱势公民数据的组织，如慈善机构。

三是高威胁目标，比如媒体组织，对这些组织的攻击可能会损害英国声誉，损害公众对政府的信心，或危及言论自由。

四是数字经济的试金石——数字服务提供商，他们令电子商务和数字经济成为可能，并依赖于消费者对其服务的信任。

五是通过市场力量和权威，能够对整个经济施加影响，以改善网络安全的组织，如保险公司、投资者、监管机构和专业顾问。

私营和公共部门的CNI仍然是攻击的目标。在这些领域和许多其他优先领域，威胁仍在继续多样化和增加，网络风险仍未得到正确理解或管理。

2. 目标

英国政府将在适当的情况下，与权力下放机构和其他负责部门合作，确保包括CNI在内的英国最重要的组织和企业在面对网络攻击时具有足够的安全性和弹性。无论是政府还是其他公共机构，都不会为私营部门承担管理这一风险的责任。董事会、所有者和运营商将对此负责。政府将为这些企业和组织面临的威胁以及遭受攻击的后果提供支持和保证。

《2015年全球信息安全调查》中提到："网络安全是开启创新和扩张的关键，通过采用量身定制的组织和以风险为中心的网络安全方法，组织可以重新关注机遇和探索。建立对物联网（IoT）中成功运营的业务和完全支持和保护个人及其个人移动设备（从简单的电话到医疗保健设备，从智能电器到智能汽车）的业务的信任，是一个关键的竞争优势，必须优先考虑。"

3. 方法

组织及公司董事会负责确保其网络安全。他们必须识别关键系统，并定期评估这些系统在不断变化的技术环境和威胁面前的脆弱性。他们必须对技术和员工进行投资，以减少当前和未来系统以及供应链的漏洞，从而维持与风险相称的网络安全水平。他们还必须通过网络攻击测试，以便在遭到攻击时做出响应。CNI必须与政府机构和监管机构合作，确信网络风险得到了妥善管理，否则会侵害国家安全利益。

因此，政府将了解CNI的网络安全水平，并在必要时采取措施进行干预，以推动提高国家利益。

政府将与产业界共享威胁信息，让其了解必须防范的内容；就如何管理网络风险提供建议和指导，并与产业界和学术界合作，定义良好的网络安全是什么样的；鼓励引入保障CNI所需的高端保护措施，如培训设施、测试实验室、安全标准和咨询服务；与CNI企业开展演习，帮助他们管理网络风险和漏洞。

NCSC将为包括CNI在内的英国最重要的企业和组织提供上述服务。将与各部门和监管机构合作，确保其部门对网络风险的管理达到国家利益的要求。

政府还将确保建立适当的网络安全监管框架，其中包括：确保行业采取行动，保护自身免受威胁；注重结果导向，并保持一定灵活性，令安全不会落后于威胁，风险管理措施不会为了合规而合规；促进增长、增强创新；与其他司法管辖区的制度保持一致，以便英国公司不会受到碎片化和烦琐的管理方式的影响；将英国的竞争优势与政府的有效支持结合起来。

英国的诸多行业已得到网络安全方面的监管。尽管如此，也必须确保包括CNI在内的整个经济体采取正确的措施来管理网络安全风险。

4. 衡量成功

政府将通过评估以下方面的进展，来衡量其在保护CNI和其他优先部门方面的成就。

一是了解CNI的网络安全水平，并在必要时采取措施进行干预，以推动提高国家利益。

二是最重要的企业和组织了解威胁水平，并实施相应的网络安全措施。

（五）改变公众和企业行为

英国数字经济的成功依赖于企业和公众对在线服务的信心。英国政府与产业界和公共部门的其他部门合作，增强了人们对威胁的认识和理解。政府还向公众和企业提供了保护自身所需的一些工具。虽然有许多组织在保护自身和在网上为他人提供服务方面做得很出色，甚至在某些地方处于世界领先地位，但大多数企业和个人仍然未能恰当地管理网络风险。

《2016年政府网络健康检查和网络安全泄露调查》显示："2015年，发生泄露事件的大型企业的平均损失为36 500英镑（约合319 126.8元）。小公司的平均损失为3 100英镑（约合27 103.92元）。65%的大型机构报告称，它们在过去一年中遭遇了信息安全泄露，其中25%的机构至少每月遭受一次网络攻击。而近七成涉及病毒、间谍软件或恶意软件的网络攻击本可以使用政府的网络基础方案阻止。"

1. 目标

目标是确保个人和组织（无论规模或部门）都采取适当措施保护自己及客户免遭网络攻击的伤害。

2. 方法

政府将提供经济自我保护所需的建议，改进建议传达方式，最大限度地发挥其作用。对于公众而言，政府将利用"可信的声音"来增加信息覆盖面、可信度和相关性，提供易于操作且与个人相关的建议，并适时地让权力下放政府和其他部门参与。

对于企业，我们将通过保险公司、监管机构和投资者等组织开展工作，这些组织可以对公司施加影响，以保证其管理网络风险。在此过程中，将强调明确的商业利益和市场影响者对网络风险的定价；寻找相关组织未能保护好自身的原因，并与专业机构合作，共同提升相关组织的安全意识；确保有适当的监管框架来管理市场未能应对的网络风险。作为其中一部分，将使用诸如GDPR等手段来提高网络安全标准，保护公民。

政府将确保所有在英国的个人和组织都能够获得所需要的信息、教育和工具来保护自身。为了提高公众安全意识和行为，我们将集合政府及其合作伙伴的力量，持续提供网络安全指南。NCSC将提供技术建议，以支持本指南。相关技术建议将反映商业和公共优先事项和实践，并与应对网络威胁的需求同步。执法部门将与产业界和NCSC密切合作，分享最新的犯罪威胁情报，支持产业界抵御威胁，并减轻攻击对英国受害者的影响。

3. 衡量成功

政府将通过评估以下方面取得的进展，来衡量其在保护CNI和其他优先部门的成就。

一是英国经济的网络安全水平与较先进经济体一样或更高。

二是由于网络卫生标准的提高，英国企业遭受网络攻击的次数、严重程度和影响都有所减少。

三是英国各地的网络安全文化有所改善，因为组织和公众了解其网络风险水平和其需要采取的"网络卫生措施（Cyber Hygiene Steps）"，才能管控相关风险。

4. 网络意识

"网络意识运动"前身是"网络街头智慧"，向公众提供其需要的建议，以保护自己免受网络犯罪的侵害。政府将通过社交媒体、广告以及与企业合作的方式宣传以下安全措施：创建密码时使用3个随机单词；及时进行软件版本更新。

专家们一致认为，采取这些举措将为小企业和个人提供防范网络犯罪的保护。"网络意识"目前得到128个跨部门合作伙伴（包括警察、零售、休闲、旅游和专业服务行业的企业）的支持。2015—2016年，约有1 000万名成年人和

100万个小企业表示，由于"网络意识"运动，他们更有可能采取关键的网络安全行为。

5. 网络要素

"网络要素"计划旨在向组织展示如何保护自己免受低级别的"商品威胁"，该计划列出了组织应具备的5种技术控制（访问控制、边界防火墙和Internet网关、恶意软件防护、补丁管理、安全配置）。绝大多数网络攻击使用相对简单的方法，即利用软件和计算机系统中的基本漏洞。互联网上有公开可用的工具和技术，使得即使是低技能的参与者也可以利用这些漏洞。正确实施"网络要素"计划可以抵御绝大多数常见的互联网威胁。

（六）事件管理和威胁认识

影响公共和私营部门组织的网络事件数量和严重程度可能会增加。因此，需要明确在网络事件中私营部门和公众如何与政府打交道。使英国政府对每个部门的支持（考虑到其网络成熟度）得到明确界定和理解。政府收集和传播有关威胁的信息必须以适合所有类型组织的方式和速度提供。目前，私营部门、政府和公众可以从多个来源获取关于网络安全的信息、指导和协助。相关指导和建议必须简洁易懂。

必须确保政府在响应事件和提供指导时，不是孤立存在的，而是与私营部门合作的。事件管理流程应反映对事故的整体处理方法，借此向合作伙伴学习并分享缓冲技术。为了有效整合事件综合性管理，将继续深化与其他计算机应急响应小组和盟友的关系。

目前政府部门的事件管理仍然有些分散，本战略将创造一种统一方法。NCSC将提供精简和有效的政府主导事件响应功能。在发生严重网络事件时，将确保武装部队能提供援助。尽管政府会提供一切可能的帮助，但还是要强调行业、社会和公众自我保护网络安全的重要性。

1. 目标

一是政府将在充分认识和发现网络威胁的基础上，提供单一、成熟的事件管理方法。英国国家网络安全中心将与私营部门、执法部门和其他政府部门有序开展相关工作。

二是NCSC根据受害者的情况定制清晰的事件报告流程。

三是防止最常见的网络事件，并建立有效的信息共享结构，为"事件前"规划提供信息。

2. 方法

公共和私营部门的组织和公司管理层都有责任确保其网络安全，并制定事件响应计划。在重大事件发生时，政府事件管理流程将反映网络事件的 3 个不同要素：前兆原因、事件本身和事后响应。

为了对政府和私营部门都进行有效的事件管理，我们将紧密合作，评估和界定政府的响应范围。在国家网络演习计划的基础上，通过对威胁的理解和认识，改善对公共和私营部门伙伴的支持。

创建一个可信赖的政府身份以开展事件处置、援助和保障工作。提高英国数字社区的网络安全意识，使我们能够更好地识别趋势并采取主动措施，最终防止事故发生。

在迈向自动化信息共享（即网络安全系统自动向对方发出事件或攻击警报）的过程中，我们将提供更有效的服务，允许组织迅速对相关威胁信息采取行动。

3. 衡量成功

政府将通过评估以下成果取得的进展，来衡量其在管理事件方面的成就。

一是向政府报告的事件比例更高，从而更好地了解威胁的大小和规模。

二是 NCSC 作为事件报告和响应机制的综合性平台，对网络事件的管理更加有效、高效和全面。

三是运用国家力量发现网络被攻击的原因，减少各部门被网络渗透的事件。

六、威慑

国家安全战略指出，防御和保护始于威慑。网络空间和其他任何领域都是如此。为了实现"免于网络威胁安全、有弹性，并在数字世界中繁荣和自信"这个国家愿景，英国必须劝阻和威慑那些会伤害英国利益的人。为了实现这一目标，需要继续提高网络安全水平，使得对手在网络空间攻击的成本增加。英国将继续构建全球联盟，推动国际法在网络空间的应用，更加积极地在网络空间及其赖以生存的基础设施上，扰乱所有威胁活动。实现这一目标需要世界一流的主权能力。

（一）网络在威慑中的作用

适用于实体领域的威慑原则，同样适用于网络空间。英国明确表示，其全部能力将用于威慑对手，并剥夺其攻击英国的机会。然而，网络安全和弹性本身就是一种威慑。

英国将在网络安全和威慑方面采取全面的国家措施，使英国成为更难对付的目标，增加对手的成本并减少其收益（无论是政治、外交、经济还是战略）并使潜在对手了解英国做出反应的能力和意图，以便影响其决策。英国拥有的工具和能力，可以剥夺对手轻易破坏网络和系统的机会，了解其意图和能力，大规模打击商品恶意软件威胁，并在网络空间响应和保护国家。

（二）减少网络犯罪

加强英国对抗网络攻击的能力，并减少漏洞，追捕那些继续以英国为目标的犯罪分子。

执法机构将集中力量追捕那些持续攻击英国公民和企业的罪犯，还将与NCSC合作，继续帮助提高网络安全意识和标准。

本战略是对 2013 年《严重和有组织犯罪战略》的补充，该战略提出了英国政府应对网络犯罪以及其他类型的严重和有组织犯罪的规划。国家网络犯罪小组（NCCU）隶属于国家犯罪局（NCA），负责领导和协调国家对网络犯罪的响应。国家欺诈投诉中心（Action Fraud）为欺诈和网络犯罪提供报告。在区域层面，负责打击网络犯罪的团队需要提升网络专业能力，同时也需要支撑国家网络犯罪小组和当地实战化部队。

1. 目标

通过威慑针对英国的网络犯罪分子和不懈追缉持续攻击英国的黑客，减少网络犯罪对英国及其利益的影响。

2. 方法

提高英国在国家、地区和地方层面的执法能力和技能，以识别、追查、起诉和威慑国内外网络犯罪分子；更好地理解网络犯罪商业模式，从而知道在哪里进行干预，以便对犯罪活动产生最具破坏性的影响。瞄准英国犯罪网络，削弱犯罪分子的网络攻击能力，把英国打造成为一个犯罪成本较高的国家；破坏犯罪链条的上游，摧毁犯罪分子赖以行动的基础设施和金融网络，并将犯罪分子绳之以法。具体方法如下。

一是建立国际伙伴关系，通过将海外司法管辖区的犯罪分子绳之以法，减少针对英国的网络犯罪分子逍遥法外的现象。

二是依靠早期干预措施，阻止个人被网络犯罪吸引或参与其中。

三是加强与产业界合作，为其提供关于威胁的前瞻性情报，并获得他们所拥有的上游情报，以协助英国政府进行上游干预工作。

四是在国家欺诈投诉中心设立新的 7×24 小时报告和分级响应机制，与 NCSC、NCA 等国家网络犯罪处理小组和更广泛的执法部门开展合作，共同提高对网络犯罪受害者的支持能力，更快地响应被举报的犯罪，并提供更强的安全保护建议。建立新的上报制度，以便在执法部门之间实时共享关于网络犯罪和威胁的信息。

五是与 NCSC 和私营部门合作，减少英国基础设施中可能被网络罪犯大规模利用的漏洞。

六是与金融部门合作，阻止那些试图将被窃取的证书货币化的行为。

3. 衡量成功

政府将通过评估是否取得以下成果，来衡量其在减少网络犯罪方面的成就。

一是由于执法干预，更多罪犯被逮捕和定罪，更多的犯罪网络被摧毁，从而对攻击英国的网络罪犯造成更大的破坏性影响。

二是提高执法能力，包括提高专职人员和主流官员的能力和技能，以及提高海外合作伙伴的执法能力。

三是增加早期干预，改善干预效果，劝阻更多准备犯罪的人。

四是由于网络犯罪服务难以获取且效率更低，低层次的网络犯罪变少。

（三）打击外国敌对势力

充分发挥政府力量，应对日益威胁英国政治、经济和军事安全的敌对外国行为者所构成的威胁。与国际伙伴合作，以应对威胁。对主权能力的投资以及与产业界和私营部门的伙伴关系，将继续巩固英国检测、观察和识别针对其活动的能力。

1. 目标

针对对手制定战略、政策和优先事项，以确保采取积极、准确、有效的措施应对威胁，并在未来减少网络事件的数量和严重性。

2. 方法

一是加强国际法在网络空间的应用，推动制定自愿的、不具约束力的、负责任的国家行为准则，构建互信基础。

二是增强与国际伙伴合作，特别是通过北约成员国身份，加强集体防御、合作安全，增强威慑效果。

三是识别对手网络活动的特点。

四是利用政府的全部能力，制定和探索所有可用的方案，从而遏制和应对这一威胁。

五是利用现有的网络和与主要国际合作伙伴的关系，共享当前和新兴威胁的信息，增加现有的思想和专业技能的价值。

六是在出于国家利益的考虑而做出判断时，公开网络身份的归属。

3. 衡量成功

政府将通过评估以下成果取得的进展，来衡量其在打击敌对国外行为者行动方面的成就。

一是与国际伙伴合作建立的更强大的信息共享网络，以及支持各国合法和负责任行为的更广泛的多边协议，极大地增强了理解和应对威胁的能力，使英国得到更好的保护。

二是防御和威慑措施以及国家战略，正使英国成为外国敌对势力更难对付的目标。

（四）防范恐怖主义

目前，恐怖分子的技术能力仍然有限，但他们继续渴望对英国进行破坏性的计算机网络操作，宣传和破坏是其网络活动的主要目标。政府将查明并打击利用和打算利用网络实现这一目标的恐怖分子。

1. 目标

通过识别和破坏目前拥有并渴望建立可能威胁到英国国家安全能力的恐怖主义网络，减轻恐怖分子使用网络的威胁。

2. 方法

一是检测网络恐怖主义威胁，识别试图对英国和其盟友进行破坏性网络行动的行为者。

二是调查并干扰这些网络恐怖主义行为者，防止其利用网络威胁英国及其盟国。

三是与国际伙伴密切合作，以更好地应对网络恐怖主义威胁。

3. 衡量成功

政府将通过评估以下成果取得的进展，来衡量其在防止恐怖主义方面的成就。

一是通过识别和调查威胁英国的网络恐怖主义行为，全面了解网络恐怖主义带来的风险。

二是尽早密切监测和破坏恐怖分子网络能力，以从长远角度防止此类恐怖分子能力的增长。

（五）增强主权能力——进攻性网络

进攻性网络能力包括蓄意入侵对手的系统或网络，意图造成破坏的能力。进攻性网络的目的是威慑敌人，并剥夺其在网络空间和物理领域攻击英国的机会。通过国家网络进攻计划（NOCP），英国已经具备了网络空间行动能力，且将继续投入资源来提升相关能力。

1. 目标

根据国际法，在选择的时间和地点部署适当的进攻性网络能力，用于威慑和作战。

2. 方法

一是投资 NOCP（国防部和 GCHQ 之间的合作伙伴关系），利用两个组织的技能和人才，提供所需的工具、方法和技术。

二是培养英国使用进攻性网络工具的能力。

三是发展武装力量的网络攻击能力，增强军事行动的整体影响力。

3. 衡量成功

政府将通过评估以下成果取得的进展，来衡量英国在建立进攻性网络能力方面的成就。

一是英国是进攻性网络能力的世界领导者。

二是建立技能和专业知识的管道，以开发和部署英国的主权进攻性网络能力。

（六）增强主权能力——加密

加密对于保护英国最敏感的信息以及部署武装部队和国家安全至关重要。为了保持该能力，需要 GCHQ 与私营部门在技能和技术方面的合作。国防部和 GCHQ 正在根据当前的市场状况，与目前能够提供此类解决方案的公司合作，寻求获取国家级的密码能力。

1. 目标

英国始终对国家安全至关重要的加密能力（保护英国机密的手段）拥有政治控制权。

2. 方法

选择合适的方法使英国与盟友有效共享信息，并在需要的时间和地点有可信的信息和信息系统。GCHQ 和国防部将与其他政府部门和机构密切合作，共同制定主权要求，促使英国国内供应商合规。政府将制定便于操作和行动的框架来进一步细化相关要求。

3. 衡量成功

政府将通过评估"英国的主权加密能力有效地保护其机密和敏感信息免遭未经授权的泄露"结果的进展，来衡量加密方面的进展。

4. 加密

加密是对数据或信息进行编码以防止未经授权的访问的过程。

政府支持加密。它是强大的、以互联网为基础的经济的基石，保障个人数据和知识产权的安全，并保证安全的在线商务。

随着科技的不断发展，我们必须使恐怖分子和犯罪分子没有在法律范围之外活动的"安全空间"。

随着技术的发展，政府希望与产业界合作，使警方和情报机构在健全的法律框架和明确的监督下，能够访问恐怖分子和犯罪分子的通信内容。现行立法允许在有搜查令的情况下拦截犯罪分子和恐怖分子的通信。法律规定，公司必须采取合理的步骤来执行搜查令，任何对合理性的评估都将包括对公司移除加密所需采取的步骤的评估。

七、发展

本战略的"发展"部分阐述了如何获取和加强英国保护自身免遭网络威胁所需的工具和能力。

英国需要更多有才华、有能力的网络安全专业人士。政府将立即采取行动，填补日益扩大的关键网络安全角色供需缺口，并为该领域的教育和培训注入新的活力。这是一个长期的、具有变革性的目标，本战略将启动这项重要的工作，2021年后这项工作也必须继续开展。熟练的劳动力是重要且世界领先的网络安全商业生态系统的生命线。该生态系统将确保网络初创企业繁荣发展，并获得它们所需的投资和支持。这种创新和活力只能由私营部门提供，但政府将采取行动支持其发展，并积极推动更广泛的网络安全部门进入世界市场。一个充满活力和蓬勃发展的科学研究部门需要支持高技能人才的发展，并确保新想法转化为尖端产品。

（一）提升网络安全技能

网络技能短缺是英国需要解决的系统性核心问题，具体包括：缺乏年轻人进入该行业；缺少网络安全专家；计算机课程对网络和信息安全概念诠释不充分；缺乏合格教师；缺乏进入行业的成熟的职业和培训途径。

这要求政府迅速干预，以帮助解决目前的短缺问题，并在这些干预措施的基础上制定连贯一致的长期战略，以缩小技能差距。若要产生深远的影响，就必须通力合作，必须有来自权力下放政府、公共部门、教育机构、学术机构和产业界的各种参与者和影响者的投入。

1. 目标

政府的目标是持续提供尽可能好的本土网络安全人才，同时在短期内为特定的干预提供资金，以帮助弥补已知的技能缺口。在全体人民和劳动力中定义和发展所需的网络安全技能，以使在线运营安全可靠。

在未来20年内采取行动，确定政府、业界、教育机构和学术界采取的长期、协调一致的行动，以持续提供合格的网络安全专业人员，满足必要的标准和认证，能自信和安全地实践。

缩小防御方面的差距，为政府吸引受过有效的培训且准备好维护国家安全的网络专家，相关专家还必须对网络空间军事行动有着良好的理解。

2. 方法

在现有工作的基础上制定并实施一项独立的技能战略，将网络安全融入教育体系。每个学习计算机科学、技术或数字技能的人都将学习网络安全的基础知识，并能够将这些技能运用到工作中。解决以网络为中心的职业性别失衡问题，并接触来自不同背景的人，以确保从最广泛的人才库中挖掘人才。与权力下放政府密切合作，鼓励在全英国采取统一的做法。

更清楚地阐明政府和产业界各自的角色，包括这些角色如何随着时间的推移而演变。英国政府和权力下放政府在为发展网络安全技能创造合适的环境、更新教育体系，以反映产业界和政府不断变化的需求方面，发挥着关键作用。但雇主也有明确表达自己需求的重大责任，同时还要培训和发展进入该行业的员工和年轻人。产业界在与学术界、专业团体和行业协会合作，建立多样化和有吸引力的职业和培训方面，发挥着重要作用。

成立一个由政府、雇主、专业团体、技能团体、教育机构及学术界组成的技能咨询小组，并增强相关团体的凝聚力。该小组将支持制定一项长期战略，该战略将考虑发展广泛的数字技能，确保网络安全被纳入数字技能的发展过程中。该小组将与全英国的类似机构合作。

除了上述工作外，政府还将投资一系列举措，以实现最终成果，并为制定长期技能战略提供信息。具体如下。

一是创建校园项目，改善面向 14 ～ 18 岁的天才学生的网络安全教育和培训（包括课堂活动、课后与专家导师的交流、具有挑战性的项目和暑期学校）。

二是在能源、金融和交通部门创建更高层次和学位级别的学徒计划，以解决关键领域的技能缺口。

三是成立基金，对已经在工作岗位上表现出网络安全职业潜力的候选人进行再培训。

四是识别和支持高质量的网络毕业生和研究生教育，识别和消除专业技能差距，认识到大学在技能发展中发挥的关键作用。

五是支持网络安全教师专业发展认证，这将帮助教师和其他支持学习的人理解网络安全教育，并为其提供一种外部认证方法。

六是发展网络安全专业，包括到 2020 年获得皇家特许的地位，加强业界公认的网络安全卓越机构的建设，聚焦国家政策的咨询、形成和宣贯。

七是建立国防网络学院，将其作为国防部和更广泛政府的网络培训和演习的机构，解决专业技能和更广泛的教育问题。

八是为政府、军队、产业界和学术界之间的培训和教育合作提供机会，并提供维持和锻炼技能的设施。

九是与产业界合作，扩大"网络优先（CyberFirst）"项目，以识别和培养多样化的年轻人才，保卫国家安全。

3. 衡量成功

政府将通过评估是否取得以下成果，来衡量我们在加强网络安全技能方面的成就。

一是建立有效和明确的进入网络安全行业的途径，吸引不同的人加入该行业。

二是到 2021 年，网络安全作为小学到研究生阶段相关课程的一部分。

三是网络安全被广泛认为是具有明确职业道路的已建制的专业，并获得了皇家特许地位。

四是适当的网络安全知识是整个经济体内相关非网络安全专业人员持续专业发展的重要组成部分。

五是政府和武装部队可以接触到能够维护英国安全与弹性的网络专家。

（二）刺激网络安全领域的增长

蓬勃发展和创新的网络安全部门是现代数字经济的必需品。英国网络安全公司向业界和政府提供世界领先的技术、培训和建议。英国要想保持目前的领先地位，将面临激烈的竞争，还需要政府解决一些障碍。英国企业和学术界开发尖端技术，其中有些人需要得到支持，才能发展商业和创业技能。资金缺口阻碍了中小企业的发展和向新的市场和地区扩展的步伐。最具开创性的产品和服务提供了使英国领先于威胁的潜力，却很难找到愿意充当早期使用者的客户。为了克服这些挑战，需要政府、产业界和学术界共同有效地开展工作。

1. 目标

政府将支持在英国建立一个不断发展、创新和茁壮成长的网络安全部门，以创建生态系统，具体如下。

一是安全公司蓬勃发展，并获得增长所需的投资。

二是来自政府、学术界和私营部门的最优秀人才紧密合作，以促进创新。

三是政府和行业的客户有足够的信心，并准备好了采用前沿服务。

2. 方法

一是将学术界的创新商业化，为学者提供培训和指导。

二是建立两个创新中心，以推动尖端网络产品和充满活力的新网络安全公司的发展。这些创新中心将成为项目核心，为初创企业提供获得首批客户、吸引更多投资所需的支持。

三是从 1.65 亿英镑（约合 14.422 8 亿元）的国防和网络创新基金中拨出一部分，用于支持国防和安全领域的创新采购。

四是为公司开发产品提供测试设施，并在下一代网络安全产品和服务出现时提供快速评估形式，使客户有信心使用它们。

五是利用政企间"网络增长伙伴"计划带来的专业知识，推动行业进一步的增长和创新。

六是帮助各种规模的公司扩大规模，并进入国际市场。

七是促进达成一致的国际标准，以支持进入英国市场。

政府在网络安全方面面临着最严峻的挑战和最大的威胁，必须为这些问题寻求最有效的解决方案。这意味着让小公司更容易与政府做生意，政府在测试和使用新产品时必须做好风险规避。这是一个双赢的解决方案，政府将得到最好的服务，创新的技术将得到早期应用，从而更容易吸引投资和更大的客户群。

英国数字、文化、媒体和体育部大臣马特·汉考克（Matt Hancock）提到："我们希望创建一个网络生态系统，使网络初创企业大量涌现，让它们获得所需的投资和支持，并在世界各地赢得业务，在私营部门、政府和学术界之间提供传播思路的创新管道。"

3. 衡量成功

政府将通过评估以下成果取得的进展，来衡量其在刺激网络安全部门增长方面的成就。

一是英国网络行业规模同比增长超过全球平均水平。

二是早期公司投资显著增加。

三是在政府中采用更创新、更有效的网络安全技术。

（三）网络安全科技推广

英国蓬勃发展的科技行业及尖端研究，巩固了其在网络安全方面的地位。为保持和提高英国作为尖端研究领域的全球领导者声誉，需要学术研究机构继续吸引网络安全领域的人才。这就需要建立卓越中心，以吸引最有能力和最有活力的科学家和研究人员，并深化学术界、政府和产业界之间的伙伴关系。政府应发挥配置作用，鼓励合作。

1. 目标

到 2021 年，英国将巩固其在网络科学和技术领域的领导者地位。大学和产业界之间灵活的合作关系将把研究转化为成功的商业产品和服务。英国将在金融等具有特殊国家实力的领域保持其创新创优声誉。

2. 方法

为了实现这一目标，政府将鼓励形成合作、创新、灵活的科研资助模式，推动科研商业化。政府将确保网络空间中"人"的因素得到充分重视，并确保除技术之外的其他因素（如商业流程和组织架构）也一并被纳入网络科学和技术的研究。

政府将支持创建"默认安全"的产品、系统和服务，即从最初就考虑适当的安全性。在这种情况下，用户可以选择是否取消安全性功能。在与合作伙伴和利益攸关方进行全面磋商后，公布详细的《网络科技战略》，包括确定政府、产业界和学术界认为重要的科学和技术领域，找出目前英国解决上述问题的能力差距。

政府将继续为学术卓越中心、研究所和博士培训中心提供资金和支持。此外，在具有重要战略意义的学科领域建立新研究所，资助即将出版的《网络科技战略》中所涉及的领域，开展进一步研究工作。需要考虑的重要领域包括大数据分析、自主系统、可靠的工业控制系统、网络物理系统和物联网、智慧城市、自动化系统验证、网络安全科学。

政府将继续资助英国学术卓越中心的博士研究生，以增加拥有网络专业知识的英国国民的数量。

政府将与包括创新英国（Innovate UK）和研究理事会在内的机构合作，鼓励产业界、政府和学术界之间合作。为支持这种合作，政府将审查关于保密分类的最佳实践，并确定身份安全的专家及学者，这将保证涉密与非涉密人员尽可能开展合作。

政府将资助一项"重大挑战"，为网络安全中最紧迫的问题提供创新解决方案。CyberInvest 是产业界和政府合作的新兴领域，旨在支持尖端网络安全研究，并在网络空间保护英国，这也是构建学术—政府—产业界伙伴关系的一部分。

3. 衡量成功

政府将通过评估是否实现以下成果，来衡量其在促进网络安全科学和技术方面的成就。

一是学术网络研究商业化的英国企业数量显著增加，公认的英国网络安全研究能力的差距减少，并采取了有效行动弥补不足。

二是英国被认为是网络安全研究和创新的全球领导者。

（四）有效的基线扫描

政府必须确保政策制定考虑了不断变化的网络、地缘政治和技术环境。为此，需要有效利用广阔的基线扫描和评估工作。需要投资防范未来威胁，并预测可能在 5~10 年内影响网络弹性的市场变化。通过基线扫描计划，为现在和未来的政府政策和项目计划提出建议。

1. 目标

政府将确保基线扫描计划（包括对网络风险的严格评估、所有来源评估和其他现有证据），并将其纳入网络安全和其他技术政策制定领域。使国家安全与其他政策领域的基线扫描连接起来，确保对新出现的挑战和机遇进行全面评估。

2. 方法

一是识别当前工作中的差距，协调跨学科界限的工作，以制定全面的网络安全基线扫描方法。

二是促进网络安全技术与行为科学进行更好的整合。

三是对网络犯罪市场进行严格监控，以发现可能使技术转移到敌对国家、恐怖分子或犯罪分子手中的新工具和服务。

四是分析新兴的联网过程控制技术。

五是预测与数字货币相关的漏洞。

六是监控电信技术的市场趋势，开展针对未来攻击的早期防御研究。

基线扫描超越了技术层面，它还涉及政治、经济、立法、社会和环境层面。因此，在确保对其他政策领域进行基线扫描的同时，也要考虑对网络安全的影响。

确保网络决策都有明确的依据，并考虑各方面的因素，例如：物联网或面向未来的高级材料等具体的技术依据；国际战略性、社会性的趋势及其对网络的影响。

确保网络安全被归为跨政府新兴技术和创新分析小组（ETIAC）的职权范围内，该小组将识别与国家安全相关的技术威胁和机会，并确保现有的基线扫描结构（包括政府期货集团（GFG）和内阁秘书的基线扫描咨询小组（CSAG））考虑了网络。

3. 衡量成功

政府将通过评估实现以下成果的进展，来衡量其在建立有效的基线扫描能力方面的成就。

一是跨政府基线扫描和全源评估被整合到网络政策制定中。

二是所有跨政府基线扫描均考虑对网络安全的影响。

八、国际行动

经济繁荣和社会福祉越来越依赖于网络的开放性和安全性。英国必须与国际伙伴密切合作，确保网络空间保持自由、开放、和平和安全，从而带来利益。随着全球下一波 10 亿用户上网，这将变得更加重要。

有关网络问题的国际合作已成为更广泛的全球经济和安全辩论的重要组成部分。在这个迅速发展的政策领域，缺乏一致的国际愿景。英国及其盟国各方一致同意：国际法适用于网络空间；在线上和线下同样使用人权；达成广泛共识，即多利益攸关者的方法是管理互联网复杂性的最佳方式。然而，当前对于如何解决"协调国家安全与个人权利及自由"这一共同挑战的分歧越来越大，任何全球共识都是脆弱的。

英国外交大臣鲍里斯·约翰逊（Boris Johnson）提出："我们必须在国际上努力达成一致的道路规则，以确保英国未来在网络空间的安全和繁荣。"

1. 目标

英国致力于维护自由、开放、和平、安全的网络空间的长远发展，推动经济增长，支撑英国国家安全。在此基础上，英国将继续支持建立互联网治理的多方利益攸关者模式，反对数据本地化，并努力建设合作伙伴框架，以改善其自身的网络安全。为了减少来自海外的针对英国利益的威胁，政府将寻求影响那些从事网络犯罪、网络间谍活动和破坏性网络活动的人的决策，并继续构建支持国际合作的框架。

2. 方法

一是增进网络空间负责任国家行为的共识。

二是以适用于网络空间的国际法协议为基础。

三是持续推进制定自愿的、无约束力的、负责任的国家行为规范。

四是支持制定和实施建立信任的措施。

五是提高挫败和起诉海外网络罪犯的能力，特别是在鞭长莫及的司法管辖区。

六是帮助营造一个执法机关可以协同工作的环境，压缩网络犯罪分子免受调查或起诉的空间。

七是通过制定管理新兴技术（包括加密）的国际技术标准，提高网络空间的弹性，推广"安全设计"理念和相关最佳实践。

八是努力在志同道合的国家之间加强共同的、有跨境影响的能力，如强加密。

九是建立其他应对能力，以解决针对英国和英国海外利益的威胁。

十是继续帮助合作伙伴发展网络安全。

十一是确保北约为21世纪冲突做好准备，这些冲突将在网络空间和战场上演。

十二是与盟友合作，使北约能够在海、陆、空和网络空间有效地开展行动。

十三是确保全球网络空间会议的"伦敦进程（London Process）"，继续促进对自由、开放、和平和安全的网络空间的全球共识。

英国将持续维护合作关系，开发有用工具，实现英国的国际网络目标。相关行动具体如下。

一是与传统盟友和新伙伴合作，建立并维护强大、积极的政治和协作关系，为建立强大的全球联盟创造政治条件。

二是利用英国在联合国、G20、欧盟、北约、欧洲安全与合作组织、欧洲理事会、英联邦等多边组织和全球发展共同体中的影响力。

三是与非政府行为体（产业界、公民社会、学术界和技术界）建立更牢固的关系，这些行为体对于制定国际政策（特别是广泛的网络议题）具有重要的作用。英国通过世界级的学术交流为国际合作伙伴提供中立的合作平台。

3. 衡量成功

政府将通过评估是否取得以下成果，来衡量其在推动网络国际利益方面的成就。

一是加强国际合作，减少对英国及其海外利益的网络威胁。

二是就国家网络空间负责行为达成共识。

三是提高国际合作伙伴的网络安全能力。

四是加强关于自由、开放、和平和安全的网络空间利益的国际共识。

九、衡量指标

涉及结果和影响的测量通常被称为度量时，网络安全仍然是相对不成熟的领域。夸大其词和缺乏校准的数据干扰了现有的网络安全科学发展，这让决策者和企业都感到沮丧，他们一直在努力用结果来衡量投资。政府评估指标的有效使用对于实施这一战略和集中支持它的资源来说至关重要。

除了作为战略本身的主要可交付成果之外，NCSC将帮助政府、产业界和社会的其他部门实现相关战略目标，发挥关键作用。

目前英国政府的主要战略目标如下。

一是英国有能力有效地检测、调查和应对来自对手的网络活动威胁。

二是网络犯罪对英国及其利益的影响明显减少，网络犯罪分子受到威慑，不再瞄准英国。

三是英国有能力有效管理和应对网络事件，以减少它们对英国造成的伤害，并对抗网络对手。

四是政府与产业界在积极网络防御方面的合作，意味着大规模网络钓鱼和恶意软件攻击不再有效。

五是由于技术产品和服务中包含默认激活的网络安全设计，英国变得更加安全。

六是政府的网络和服务从实施之日起，就尽可能安全。公众能够充满信心地使用政府数字服务，并相信其信息的安全性。

七是英国机构不论大小，都在有效管理其网络风险，并得到了NCSC高质量建议的支持。

八是英国有合适的生态系统来发展和维持能够满足国家安全需求的网络安全部门。

九是在公共和私营部门以及国防领域，英国拥有可持续的本土网络技术专业人员，以满足日益数字化的经济增长需求。

十是由于英国产业界和学术界拥有高水平专业知识，英国被公认为是全球网络安全研究和发展的领导者。

十一是英国政府将在未来的技术和威胁到来前实施政策，相关政策将由"未来实践"导向。

十二是在自由、开放、和平、安全的网络空间中，国际社会对负责任国家行为的共识不断增强，减少英国及其海外利益受到的威胁。

十三是英国政府的政策、组织和结构得到简化，以最大限度地提高英国应对网络威胁的一致性和有效性。

实现本战略的目标可能需要5年以上的时间，为了使2021年以后对网络的任何投资都能够产生最大的变革效应，2021年以后的长期目标将由产业界、监管机构、保险公司以及公共和私营部门等共同实现，因为网络安全风险会涉及以上所有机构的管理活动。

十、2021 年后的网络安全

本战略旨在提供一系列政策、工具和能力，以确保英国能够快速灵活地应对新挑战。

如果不能有效地采取行动，对手的安全威胁能力将超过英国自身的保护能力，安全威胁将在各个层面爆发。

相反，如果这些目标被实现，英国政府、企业和社会的所有部门都将在实现英国整体网络安全方面发挥其作用。如果能确保安全被默认设计和内置在商品技术中，消费者和企业就不会担心网络安全。如果英国巩固其安全环境声誉，会有更多的全球公司和投资者选择在这里扎根，关键国家基础设施网络和重点部门的安全将会更加有效。如果潜在的攻击者想要开发新工具来攻击持有关键功能和数据的系统，那么他们将不得不付出更大代价，这将改变网络罪犯和恶意行为者原有的风险与回报预期，他们将面临与传统犯罪一样的国际起诉。如果能够成功地将网络安全在社会各方面主流化，政府可能从重要的角色中抽身，让市场和技术推动网络安全在经济和社会领域的演变。

即使在最乐观的情况下，英国在网络领域面临的一些挑战（无论是规模还是复杂度）可能都需要 5 年以上的时间才能解决。尽管如此，本战略还是提供了在数字时代改变未来安全、保障繁荣的手段。

4.3　国家网络安全战略——加拿大对数字时代安全与繁荣的愿景

一、摘要

（一）加拿大在数字世界中的地位

数字技术已成为人们日常生活中不可分割的一部分，每天都有新的发展。从经营企业、获取政府服务，到与家人相处、朋友互动，数字技术可以帮助加拿大民众连接到一个充满活力的全球网络。

这仅仅是一个开端，革命性的新思想蕴含着无尽的潜力，数字创新继续被推向新的高度：造福于社区、社会和人类共同的地球。

（二）网络安全的重要性

人们拥抱数字技术带来的巨大便利的同时，也面临着数字技术带来的威胁。

许多在境外活动的犯罪分子和其他网络威胁分子，利用安全漏洞以及民众薄弱的网络安全意识，通过不断发展的网络攻击手段，试图破坏网络系统。他们窃取个人信息和财务信息、知识产权和商业秘密，干扰甚至破坏了人们享受基本服务所依赖的基础设施。

2010 年，加拿大政府推出了第一个"网络安全战略"，旨在全国范围内防范这些威胁。在 2010 年网络安全战略指导下取得的进展和成果成为今后行动的基础。

新版战略反映了数字技术对于人们生活的重要程度。在这个时代，网络安全是创新的伙伴，是繁荣的守护者。

（三）国家网络安全战略愿景：数字时代的安全与繁荣

网络安全是加拿大创新和繁荣的基本要素。个人、企业和政府都希望对支撑他们日常生活的网络系统充满信心。加拿大政府设想，在未来，所有加拿大民众都将在塑造和维持国家网络弹性方面发挥积极作用。

为了实现该愿景，加拿大政府及其盟友将在以下 3 个方面共同努力。

一是安全和弹性。通过加强网络安全能力和与盟友的共同行动，将更好地保护加拿大民众免受网络犯罪的影响，应对不断演变的威胁，保护政府和私营部门的关键系统。

二是网络创新。支持先进技术研究，促进数字创新，发展网络技能和知识。

三是领导与协作。联邦政府将与加拿大各省、地区和私营部门密切合作，发挥领导作用，促进加拿大的网络安全，并将与盟国协调，努力营造有利于加拿大的国际网络安全环境。

在动态网络安全环境中，加拿大政府的做法将基于对以下方面的承诺。

一是保障加拿大民众和关键基础设施的安全。

二是保护和促进线上的权利和自由。

三是以网络安全来保障和促进商业、经济的增长和繁荣。

四是合作并支持跨区域、跨部门协调，以增强加拿大的网络弹性。

五是主动适应网络安全格局的变化和新技术的出现。

（四）战略范围

这项战略的范围始于加拿大政府已经开展的工作，包括目前正在进行的和未来将要进行的保护加拿大政府系统的努力。扩展盟友关系网，以帮助保护关键基础设施，并确保加拿大民众的上网安全。在愈加多样化和充满活力的全球网络安全格局中，加拿大的新战略将更加广泛和包容。这份文件概述了全球网络安全环境的关键要素，并阐述了加拿大政府应对网络空间一系列新挑战和机遇的方式。

（五）实施战略

变革的步伐将继续加快，新战略是政府持续加强加拿大网络安全的行动的支柱。政府的行动将随着突破性的技术发展和由此产生的普遍存在的范式而不断演变。

网络安全行动计划将补充这一战略。网络安全行动计划文件将详细说明联邦政府未来一段时间内采取的具体举措，其中将有明确的业绩衡量标准、成果承诺等。网络安全行动计划文件还将概述政府与内外部盟友合作实现其愿景的计划。

该战略的实施将与加拿大其他与网络有关的政府举措的实施保持一致。具体包括：保护选举进程不受网络威胁的要求；加拿大国际议程中的网络外交政策；加拿大军方对网络的使用以及"创新和技术计划"等。

加拿大政府的首个网络安全战略在 10 年内拨款 4.315 亿美元，有三大行动支柱，并取得了广泛成就，具体如下。

一是确保政府系统的安全。加拿大政府提高了预防、发现、应对和从网络攻击中恢复的能力。自 2010 年以来，尽管针对政府网络的恶意网络活动的数量和复杂程度有所增加，但数据泄露的数量正在稳步下降。

二是建立伙伴关系，确保外部重要网络系统的安全。联邦政府与加拿大关键基础设施的所有者和经营者、省和地区政府及部分私营部门建立了伙伴关系。加拿大网络事件响应中心（CCIRC）扩大了业务范围，有 1 300 多个组织将定期收到网络威胁警报和通告。

三是帮助加拿大民众安全上网。通过"安全上网"活动，加拿大政府通过外联和有针对性地开发资源，进一步提高民众网络安全意识。根据 2010 年网络安全战略，政府加大了对网络犯罪情报、调查和培训的投资，从而进一步提升了皇家骑警和执法机构打击网络犯罪的能力。

二、引言

（一）什么是网络安全

网络安全是对数字信息和相关基础设施的保护。网络安全曾经只是技术专家的领域，而如今在数字世界中，人们都可以在个人和集体网络安全中发挥作用。

（二）从边缘到主流

如今，数字技术融入人们日常生活的程度，在几年前是无法想象的。从社交媒体、智能手机应用程序，到在线购物、网络设备、云等，人们不止因为个人享受而依赖数字技术，数字技术已经成为支撑经济和生活方式的系统的组成部分。这些相互依赖的系统包括：连接全国各地乃至全世界的通信网络；为家庭供暖并为工业生产以及飞机、火车和汽车等交通工具提供动力的能源系统。

人们往往认为互联互通是理所当然的，而缺乏对其影响的思考。网络安全不能被视为理所当然，在网络技术带来利益和机会的同时，网络技术的安全保障也不容忽视。

（三）评估变化中的网络世界

2016年，加拿大政府迈出了制定新的网络安全战略的第一步，即发起网络评估。这一举动旨在了解作为一个联网国家的网络安全影响，同时建议加拿大政府建立一种新举措，以反映面临的机遇和挑战。

网络评估力求对网络空间中不断演变的威胁进行鉴定和评价，了解和探索网络安全推动经济繁荣的方式，并在这个数字时代确定加拿大的定位。同时，网络评估包括深入参与联邦政府网络安全社区、对2010年颁布《网络安全战略》后的表现进行评估，以及首次面向公众就网络安全征求意见。加拿大政府部门获得了来自专家、主要利益相关者和民众的宝贵意见和建议。

网络安全快照：备份的好处

杰奎琳是一个小企业主，通过网店销售工艺品。有一天，杰奎琳收到一封客户的电子邮件，抱怨物品破碎。顾客附上了产品的图片，但是当杰奎琳打开附件时，她发现无法访问自己的电脑。一条信息显示，只有在向犯罪者支付1 000美元赎金后，她的电脑才会解锁。幸运的是，杰奎琳定期备份她的电脑。她清理了硬盘，删掉了通过邮件附件发送的恶意软件，并恢复了备份，这样她就可以访问所有文档了。

（四）加拿大的反应

新版《网络安全战略》反映了网络评估中的观点。《网络安全战略》承认网络威胁的复杂性和规模在不断增长，不过，加拿大有数字创新潜力和网络安全专业知识。《网络安全战略》期望能有较强的适应性，并对不断变化的网络环境做出解释。

为应对不断变化的网络安全威胁、新萌发的机遇以及协作的需要，新版《网络安全战略》确立了3个目标：安全和有弹性的加拿大系统；一个兼具创新性和适应性的网络生态系统；有效的领导力和协作。

当网络安全不仅只是必需品，还能为加拿大带来竞争优势的时候，联邦政府将领导实现上述3个目标。

> **网络安全快照：密码智慧**
>
> 　克莉丝汀喜欢云的便利。她在网上创建了一个中央账户，来管理她的电脑、智能手机、健身追踪器甚至家庭安全系统。通过云，她的电子邮件和社交媒体账户被连接起来，她的照片和视频会自动上传，她日历上的任何更新都出现在所有设备上。克莉丝汀总是使用相同的密码，便于记忆。当她听说有数据泄露影响了她的电子邮件账户时，她意识到有人可以使用她的电子邮件密码来访问她的云账户。为了保护自己的隐私和个人信息，克莉丝汀创建了一个新的强密码，并对其他在线服务的密码做了微调。

　　通过网络评估得到来自联邦政府网络团队、网络安全专家、商界领袖、政府官员、执法人员、学者和参与公民的诸多意见。

　　网络评估反映出 3 个主要趋势。

　　一是支持执法部门在保护网络空间隐私的同时，解决网络犯罪问题。人们认识到，网络安全是为了保护个人的信息和隐私，加拿大民众支持保护其线上隐私的行为。加拿大民众承认执法机关面临着解决网络犯罪的挑战，并对个人、私营或公共部门组织及政府面临的网络犯罪日益加剧的情况感到担忧。

　　二是对改进的网络安全知识和技能存在广泛的需求。从未成年人到耄耋老人，从中小企业业主到执法机构和企业高管，都需要更好的网络安全知识和技能。不过，网络安全人才的匮乏使得包括联邦政府在内的组织难以吸引和留住那些改善网络安全或挫败网络威胁所需的人员。

　　三是呼吁加强联邦政府在网络安全方面的领导力。外部合作伙伴期盼加拿大联邦政府在领导网络安全方面成为一股强有力的"中坚力量"。合作伙伴希望得到来自加拿大政府的持续的信息传送、建议和指导。行业组织期盼联邦部门提供网络安全标准或法规，以明确对其改善网络安全的要求和期望。利益相关者期盼联邦政府在网络安全领域提升领导能力，以推动国家合作、促进投资、方便信息共享，并保障权利和自由。

三、安全和弹性

（一）战略背景：网络威胁的演变

　　人们在网络空间面临的威胁是复杂且迅速演变的，因此政府、企业、组织和加拿大民众都是脆弱的。随着经济和基本服务每年迁移到网络上的程度不断提高，风险也达到了前所未有的高度。

（二）网络犯罪和高级网络威胁

恶意网络活动的肇事者极其多样化，技术种类繁多，目标也各不相同。恶意网络行为者包括个人黑客、内部威胁、犯罪网络、恐怖组织等。复杂的网络攻击通常在技术上难以理解，需要具备丰富的专业知识。

任何组织或个人都可能成为恶意网络活动的受害者。随着加拿大民众放到网上的信息越来越多，他们作为恶意网络行为者攻击目标的吸引力也越来越大。加拿大执法机构保护国民免受这些无处不在的恶意网络行为者侵害的能力，面临日益严峻的挑战。

恶意网络活动通常是为了获取金钱而进行的。例如，伪装金融机构发出的网络钓鱼电子邮件可能会欺骗人们提供他们的银行信息。黑客可以部署勒索软件来加密设备或系统上的文件，并要求用户付款以恢复访问。数据泄露可能导致个人和财务信息（如社会保险号、信用卡信息）从组织的在线数据库中被窃取，随后在犯罪市场上出售，用于欺诈、身份盗窃或勒索等活动。

恶意网络行为者（有时被称为"黑客"）也可能受到特定原因的驱使，比如曝光不法行为、抗议或引发舆论关注事件。他们也可能是网络爱好者，试图展示他们的黑客技能以求"出名"。

同时，一些先进网络工具层出不穷。如果这些工具威胁到支撑政府系统、关键基础设施和民主机构的计算机系统，那么加拿大的国家安全和公共安全将面临风险，恐怖组织也乐于获得先进的网络工具来进行攻击。

（三）不断增长的影响

随着恶意网络工具越来越容易获取，以及网络犯罪率的不断上升，加拿大的经济福祉面临着真正的威胁。此外，由于可以远程控制加拿大的关键基础设施，并在线管理基本服务，网络事件甚至有可能危及国家安全和公共安全。

从财务角度来看，网络攻击的受害者面临着恢复系统的直接成本，还面临更换或升级网络系统的长期成本以及无法估计的声誉成本。虽然初创企业尤其容易受到影响，但知识产权的丧失将给所有规模的企业造成经济损失。

网络事件还将对稳定造成深远的影响。它们可能削弱民众对电子商务和政府机构的信任，如果民众认为自身的安全或隐私受到威胁，他们可能会对持续使用数字技术产生怀疑。

物联网（IoT）是指连接到互联网以彼此沟通，并提供更有效的定制服务的物体和设备。物联网发展迅速，预计到 2020 年将有超过 250 亿台联网的设备。

将设备连接到互联网为新的网络安全风险敞开了大门。网络安全漏洞使分布式拒绝服务（DDoS）活动可以破坏计算机系统服务，或者令入侵者入侵更广泛的系统或私人数据。2016 年 10 月，数以百万计的不安全设备被用来攻击互联网基础设施公司 Dyn 的服务器，该公司随后在世界范围内下线了许多热门网站和在线服务。

随着数字创新向纵深推进和新技术的发展，网络威胁的本质将不断变化。例如，联网的科技越来越受欢迎，如果没有足够的网络安全性，联网设备很容易受到规模空前的黑客攻击。再如，许多加拿大民众依靠加密技术保护其在线通信和数据，而量子计算的到来将削弱传统加密技术的安全性，这就要求加拿大民众准备好具有量子抗性的解决方案。为了适应这些变化，网络安全态势必须具有前瞻性和灵活性。

网络安全快照：电子邮件诈骗

报税季节到了，穆赫辛在网上填写了相关文件。几天后，他收到一封来自自称是税务官员的电子邮件，通知其文件中缺少信息。该官员要求紧急提供额外的个人信息以完善其文件，包括地址和社会保险号码。邮件指出，若未能提供此信息，可能会受到严厉的处罚甚至是监禁。穆赫辛对这封电子邮件感到怀疑，因此在提供信息之前，他到加拿大税务局（CRA）的网站上进行核查。他读到，CRA 绝不会发送要求透露个人或财务信息的电子邮件。于是他遵循 CRA 的建议，忽略了该电子邮件。

（四）网络安全公众咨询

下面介绍一些来自公众的声音。

"越来越多的事件对经济和社会造成损害，包括泄露、犯罪、基本服务中断以及对企业和国家资产的破坏等，已成为加拿大面临的首要网络威胁。"

"隐私和安全不是零和游戏，可以兼得。没有隐私就没有安全。自由既需要安全，也需要隐私。"

"加拿大执法部门应该集中他们的网络犯罪资源……一个单独的窗口中心，将使企业更容易知道在他们的系统遭到入侵时应该给谁打电话，也将为执法部门进行调查提供帮助，并应对跨司法管辖区的网络犯罪。"

（五）加拿大系统

通过与合作伙伴的协作行动和网络安全能力的提升，加拿大政府将更好地保护加拿大民众免受网络犯罪的影响，应对不断变化的威胁，保卫关键的政府和私营部门系统。

加拿大政府将维护和改善所有联邦部门和机构的网络安全，以保护联邦政府持有的国民信息的隐私，以及加拿大关键服务的机密性、完整性和可用性。

加拿大政府将加强执法能力，以应对网络犯罪，支持执法机构之间与联邦、省、地区和国际合作伙伴之间的协调，加强网络犯罪调查能力，并使加拿大民众举报网络犯罪的方式更加便捷。

中小型组织实施网络安全制度会获得竞争优势，但他们往往缺乏实施网络安全制度的知识和资源。加拿大政府将通过使网络安全更容易实现，帮助和支持这些组织。

为了应对日益复杂的网络威胁，加拿大政府将考虑如何应用其先进的网络能力来保护加拿大的关键网络，并威慑国外网络威胁者。

一些网络系统（例如电网、通信网络、金融机构）至关重要，任何中断都可能对公共安全和国家安全造成严重后果。联邦政府将与各省、地区和私营部门合作，帮助定义保护此数字基础设施的需求。

四、网络创新

（一）战略背景

数字创新已成为推动 21 世纪经济增长的引擎。网络安全不仅对保护加拿大数字创新的资源至关重要，其本身也已成为创新的源泉。

（二）技术与商业发展的新视野

网络安全正日益推动加拿大的创新和经济活动，已为加拿大国内生产总值（GDP）贡献了 17 亿美元和 1.1 万个高薪工作岗位。加拿大 IDC 公司 2015 年 12 月发布的《2016 年加拿大信息和通信技术预测》及加拿大信息和通信技术委员会 2016 年 8 月发布的《超连通经济中的关键基础设施》报告显示：预计到 2021 年全球网络安全行业将增长 66%，未来几年将为加拿大民众创造数千个新的就业岗位。Research and Markets 公司 2016 年 8 月发布的《2021 全球网络安全市场预测》报告显示：政府、学术界及私营部门成员可携起手来，创造新机会、推动投资、培育尖端研发等。

当前，加拿大已成为网络安全研发的领导者。网络安全研究领域的突破不仅使加拿大网络安全公司受益，也有利于加拿大整体经济发展。政府可发挥作用以支持尖端技术研发，帮助创新公司扩大规模，为全球市场提供网络安全技术和服务。

网络安全快照：数字时代的技能

马克正在为女儿们寻找夏令营，他希望孩子们能通过尝试不同的事物掌握新技能。在搜索过程中，马克发现有一个暑期项目，能帮助孩子学习基本的编码技能，为孩子们提供构建网站及开发程序所需的工具。在马克的鼓励下，他的女儿们报名参加了夏令营，打开了培养新爱好、掌握新技能之门。

（三）利用数字技术

参与数字生活为加拿大带来了巨大的繁荣和益处，并打开了通往世界的新门户。政府部门、工商企业及其他组织通过为其在线平台、产品和服务建立强有力的安全机制，在保护其利益时发挥着核心作用。

网络安全的强度取决于其最薄弱的一环。实际上，中小型企业及加拿大的许多组织在维护系统与网络方面与其强大的对手面临着相似的挑战，但可用的专业知识及资源却很少。政府可通过提供建议和指导，以及改善他们获得网络安全信息和工具的情况来帮助纠正上述不对称情况。这将有助于加拿大公共及私营部门成功使用数字技术。

个体知识对网络安全的建设大有裨益。加拿大的社区、学校及大中专院校均采取举措，帮助培养加拿大民众掌握数字时代所需的技能。加拿大政府正在利用长期投资，帮助各种背景的加拿大民众获得参与数字经济所需的教育和工作经验。

量子科技使信息能够得到更迅速、更安全的处理和保护。量子设备也能给许多领域带来革命性的好处，如诊断疾病发展状况或优化医疗手段等。虽然量子能保护信息并将技术推向新极限，但对量子的使用也可能威胁到用于保护加拿大及世界各地的系统和应用的多种加密技术。

加拿大民众已认识到量子计算的机会与挑战，正努力在相关领域建立专业知识和领导力，就像人们在加拿大滑铁卢大学量子计算研究所看到的那样。

> **网络安全快照：优化服务交付**
>
> 　　当斯图亚特发现可以不用再记住另一个密码就能登录加拿大养老金计划（CPP）账户时，他松了一口气。他所要做的就是进入CPP登录页面，点击银行的图标，输入其个人信息。斯图亚特使用的用户名和密码与其网上银行相同，因为他所使用的银行是加拿大政府在线服务的签约伙伴。斯图亚特对这种便利赞不绝口，而且因为他相信银行的安全措施，他知道自己的个人信息是受到保护的。儿子大卫一直告诉斯图亚特，连接安全的Wi-Fi，将确保其银行信息安全，比如家中的密码保护网络。显然，黑客可以通过不安全的Wi-Fi（如在咖啡店或机场）阻断通信。

（四）推进21世纪的技能和知识

　　当前，对合格的网络安全人才的需求不断激增。目前全球人才的匮乏正是加拿大受过高等教育的人才的机遇，政府可以鼓励更多的学生进入科学、技术、工程及数学（STEM）领域学习，鼓励STEM领域和其他学科（如心理学、社会学或管理学）的毕业生专攻网络安全工作所需的技能。对于加拿大政府和企业来说，从国内外引进跨学科人才至关重要。随着数字技术使用的扩大，还将有助于加拿大公司安全地成长与创新。

　　随着网络安全环境的持续改善，人们对可靠、即时的信息需求也在不断增加。加拿大在网络安全领域的统计和研究将为本国在全球范围内解决网络问题提供更准确的视角。这些信息可供学者、研究人员和决策者使用，以便于他们了解发展趋势、管理防范风险、决策未来投资、及时调整进程。

（五）网络安全公众咨询

　　下面介绍一些来自公众的声音。

　　"我们必须努力确保在加拿大注册的初创企业和业界发明留在本国。"

　　"联邦政府可发挥独特作用，确保企业将加拿大的网络环境视作可茁壮成长的安全净土。"

　　"很少有人能认识到网络安全情报的战略意义。如果你不能衡量它，那么你就不能管理它。"

（六）网络生态系统

　　加拿大政府将支持尖端研究，促进数字创新，培养网络技能与知识。

　　加拿大政府将与伙伴合作推动投资，促进网络研发。政府还将专注于本国英才频出的新兴领域，如量子计算和区块链技术等。目前，联邦政府已经在这方面取得了进展，2017年的财政预算曾详细介绍了一份5年计划——《泛加拿大人工智能战略（Pan-Canadian Artificial Intelligence Strategy）》，计划拨款1.25亿加元支持AI研究及人才培养。

加拿大政府将多措并举，以确保加拿大公司能将其产品推向全球市场。政府也将不断探索，推动国内市场加大对网络安全技术和服务的需求。

加拿大政府也将为制造类企业及各个年龄段、各种背景的加拿大民众探索更多网络安全的新思路。联邦政府已经承诺将投资，用于改善民众的数字技能，如为孩子提供编写代码的教育。

当前，政府、学术界及私营部门应当通力合作，解决人才缺口。现在的行动旨在建设未来的劳动力队伍，这将有助于支撑加拿大网络安全，并将有利于加拿大未来的繁荣。

掌握的信息质量决定了对网络趋势的理解力。联邦政府将支持加拿大的研究和统计工作，以改善对网络威胁和机遇的共同理解。

五、领导与协作

（一）战略背景：合作实现数字生活的好处

技术进步使社区和社会受益，提高了人们的生活质量，并将有助于人们迎接明天的挑战，人们有责任确保这些技术的安全。依据网络安全战略，加拿大政府将通过多种方式共同努力，以达成目标。

（二）提高加拿大的网络安全基准线

加拿大的大部分数字系统为联邦政府以外的个人和组织所有。从很少使用网络技术的个人到牢牢扎根于网络世界的高科技企业，许多人都没有意识到自己可能成为网络威胁的目标，因此，他们缺乏保护自己以及从网络事件中恢复的措施。而那些意识到信息安全重要性的人可能也会发现，他们很难找到能负担得起并且能有效保护自己的措施。

加拿大政府正在网络安全领域发挥领导作用，帮助各组织机构和加拿大公民认识到网络安全的价值，并支持提高加拿大网络安全基准线的行为。加拿大政府将通过与国际伙伴和盟国合作来补充国内措施，从而减少来自可能会伤害加拿大的网络犯罪分子、国家行为者及其代理人对加拿大的威胁。

此外，联邦政府的目标是提高国家网络安全水平。实现这一目标需要增强政府和产业的网络安全防御能力，这要求联邦政府支持加拿大的前沿研究和开发，支持一系列缺乏强有力的网络安全措施的组织和企业。私营部门领导人将发挥核心作用，因为确保所有加拿大民众都尽可能地具备防范和应对网络威胁的能力，需要通力合作。

使用区块链技术可以在线创建总账或记录。区块链技术可用于公共服务，如签发护照、创建合同或法律文件记录，以及为提供的服务支付款项。由于没有任何一方可以修改、删除或添加任何记录，因此该技术可以通过减少活动的处理时间、减少欺诈和泄露的风险来提高效率。

加拿大政府认识到了区块链在提供安全服务和更广泛的经济和社会利益方面的潜力。确保区块链技术被用于加拿大的智能应用，需要各方团结协作。

（三）动态环境中联邦政府在网络安全领域的领导地位

加拿大政府处于独特的地位，可以在网络安全方面发挥领导作用。这源于与私人和公共部门的广泛联系，与各省、领土和国际官员在一系列网络安全问题上合作的历史，以及先进的网络安全专业知识和能力。

联邦政府在网络安全领域的领导地位是通过 2010 年的战略和其提出的全国性的倡议建立起来的。然而，在今天的网络安全环境中，联邦政府必须继续深化与合作伙伴的协作，以加强加拿大的网络安全。为了在加拿大构建网络弹性，需要各方采取协调一致的综合行动。

在联邦政府内部建立一个清晰的网络安全焦点，是政府展示领导力以及增强与合作伙伴的协作能力的方式之一。政府将确保合作伙伴获得关于网络安全的一致的建议和指导，并确保他们知道去哪里寻求帮助。

智慧城市利用数字技术提高城市居民的服务效率、成本效益和响应速度，从而提高居民生活质量。例如，"智能"交通灯将测量和调整时间设置，以改善交通流量，联网的下水道系统将检测泄漏，并监测实时水流量。

为了加快加拿大智慧城市的发展，联邦政府在 2017 年预算中宣布了"智慧城市挑战计划"。

联邦政府将在网络安全方面做出明智的投资，同时也鼓励私营部门和其他司法管辖区的合作伙伴采取类似行动。加拿大的私营部门组织拥有很好的网络安全能力，可以造福于加拿大的所有经济部门。中小学和高等教育机构也有值得借鉴的想法和强大的领导力，这将有助于塑造加拿大网络安全的未来。

政府将努力在整个加拿大架起沟通的桥梁，发展网络技能，推进新的解决方案，加强网络安全。

> **网络安全快照：协作解决网络安全问题**
>
> 奥古斯丁收到了加拿大网络事件应急响应中心（CCIRC）年度极客周的邀请。他 2017 年参加了会议，与来自加拿大和其他国家的网络专业人士和学者一起解决网络安全问题。奥古斯丁发现，他在极客周期间获得的技能和职业关系，在重返工作岗位后对其帮助很大。在 2017 年的活动中，他的团队利用 CCIRC 的原型工具做实验，对基于移动设备的恶意软件和赎金软件进行了自动分析，并研究了攻击者如何利用这些设备上的加密工具。他喜欢他们所做的工作能够带来的真实利益，同时在活动结束后，团队能够将他们研究的工具带回他们自己的组织进行进一步开发。

（四）网络安全公众咨询

下面介绍一些来自公众的声音。

"（我们）需要更集中的治理和战略规划……用于现代立法和法规，并在识别、确定优先次序，认可和传播最新的网络安全技术国际标准方面发挥领导作用。"

"总体而言，我们需要创建一个有效的网络安全治理框架，其中涵盖政府内部以及公共和私营部门的原则、角色和责任。"

（五）有效的领导、治理和协作

联邦政府将与各省、地区和私营部门密切合作，发挥领导作用，推进加拿大的网络安全，并将与盟友合作，努力塑造对加拿大有益的国际网络安全环境。

加拿大政府将通过为权威建议、指导和网络事件响应，建立一个清晰的焦点，精简与外部伙伴和利益相关方合作的方式，回应民众要求联邦政府进行决定性领导的呼声。这种方法将改进信息共享，使私营部门更容易获得其需要的支持。

加拿大政府将重振公众意识，鼓励公众参与，并建立新的合作论坛。联邦政府将与加拿大各利益相关方协商，以加强加拿大的网络安全。

联邦政府将与各省、地区和私营部门合作，牵头制订一项全国性计划，以预防、缓解和应对网络事件，确保有效协调和有效行动。

加拿大政府将与其国际伙伴合作，促进加拿大的利益最大化，包括倡导开放、自由和安全的互联网，加强打击网络犯罪的国际合作力度。

4.4 丹麦《网络与信息安全战略》

一、前言

丹麦的网络技术与世界上其他地区一样正在快速进步。当前，丹麦已经实现数字化，越来越多的政府单位、企业和公民正享受互联网带来的大好机遇。

丹麦当属全球数字化程度较高的国家之一，它一直致力于寻求合适的数字化解决方案，这也是公共部门运营和私营企业生存、保持竞争力的关键所在。

一直以来，人们习惯通过数字化方式与企业和公共机构进行互动，并且始终相信能够以安全的方式进行数据和信息的交流，认为政府部门能够最大化地保护个人隐私。

确保数字安全对于丹麦数字化持续发展至关重要，因此要保护个人数据，以免受外部威胁。

丹麦政府正加大网络和信息安全的工作力度，并将在未来几年内投资 15 亿丹麦克朗（DKK 1.5 Billion）用于保障网络和信息安全。

根据丹麦《2018—2023 年防务协议》，政府和各组成单位采取更多措施保护丹麦免受网络威胁。如今，新版国家《网络与信息安全战略》的发布将进一步细化各方对网络遭受攻击的应对措施。

丹麦政府将推出 25 项举措，并发布 6 项有针对性的战略，以应对关键部门所涉及的网络和信息安全的挑战，提高数字基础设施的恢复能力，提升公民、企业和政府机构的知识和技能，加强协调与合作。该战略重视丹麦的网络和信息安全，并确保在未来 4 年内采取系统性和协调性的行动。

一直以来，忽视网络恶意攻击带来的威胁是不明智的。此次发布的新版《网络与信息安全战略》，将帮助政府使社会持续从网络技术中受益，并增强公民对数字发展的信心。

二、数字机遇和脆弱性

丹麦是全球数字化程度较高的国家之一。公共部门与民众沟通的大部分任务已经实现数字化，私营企业已经能够广泛利用数字化实现较好的营收业绩。数字化俨然已覆盖丹麦整个国家，为公民、企业和整个社会提供巨大的利益以及崭新的视角。除此之外，数字化具有吸引国外资本，并使社会保持竞争力的优势。

未来几年，将继续推进公共和私营部门的数字化转型。新技术将加速发展，数字化的范围将继续拓展。政府将继续利用数字化为公民提供更好、更有效的服务，企业将利用数字化实现营收，并促进就业。

然而，数字化转型越来越依赖于数字解决方案，这可能导致信息及通信技术（ICT）系统的失灵，从而对访问和保密性甚至是信息数据完整度造成影响。网络攻击或个人无意破坏信息安全的行为均会导致系统失灵。面对数字发展所带来的挑战和问题，公共机构和企业有确保安全的基本责任。

此版新战略囊括了为特定部门设计的安全分项战略，为未来几年确保丹麦数字安全的工作制订了一项雄心勃勃的计划。丹麦政府和涉及能源、运输、电信、金融、医疗和海事等领域的重要组成部门必须加大努力，确保在整个过程中保持网络和信息安全。这项工作必须建立在近年来帮助提高网络和信息安全水平的国家努力的基础上，政府现在计划加快这一进程，积极应对如暴风雨般袭来的威胁和挑战。

信息安全是信息保护的一个广义术语，意为保护信息及信息系统免受未经授权的进入、使用、披露、破坏、修改、检视、记录及销毁。涉及机密性、完整性（数据变更）和可访问性。数据安全包括安全措施的组织和影响、行为影响模式、数据处理程序、供应商管理和技术安全措施等。

网络安全包含网络设备安全、网络信息安全、网络软件安全，主要是指保护联网系统的数据免受攻击。因此，网络安全涉及因互联网连接而不时造成网络安全漏洞这一层面的内容。

（一）不断增长的依赖性与脆弱性

随着社会日益开启数字化进程，以数字化方式传输的信息和数据也同比例上升，然而，这也极大提高了系统失灵或遭受攻击的频率。与此同时，公民、企业和政府机构也越来越多地成为恶意窃取数据的目标。

随着系统和基础设施日益集成化，当多项设备与互联网连接时，安全挑战和风险就变得日益复杂。一个孤立且相对较小的安全事件可能迅速演变成传播范围广、危害影响突出并严重影响公共部门和企业的大事件。

此外，众多公共部门同样面临着严峻且复杂的挑战，信息及通信技术系统的挑战使得仅仅维持必要的安全水平同样需要付出高昂的代价。此外，许多位于金融、运输和卫生部门等企业部门的关键信息系统及通信技术基础设施由私营企业维护和保养，这些企业如今已经成为丹麦商业结构的支柱。如果私营企业缺乏足够的安全保障措施，可能使公共部门成为数据泄漏的攻击目标，并导致大规模攻击事件的产生。

确保社会的恢复能力和安全已成为一项复杂的挑战。因此，不仅要保护自己免受各种类型的攻击，还要防止系统失灵，警惕有意和无意违反网络和信息安全的行为以及个人数据泄露的风险。

（二）不断进化的网络威胁

近年来，数字技术成为本国和国外的反对派、异议分子和犯罪分子对国家、企业和公民进行网络攻击的手段。这应当是全球范围内数字化社会面临的最大挑战，未来几年网络攻击的频率将更高。

网络攻击可采取多种形式（包括第三方试图破坏或未经授权访问数据、系统、数字网络等）对公共机构或商业网站进行攻击，或者企图从企业和公共组织获取机密信息和数据，情节恶劣的将导致系统中断甚至是崩溃。

网络攻击造成的影响是盘根错节的，小到损失财物，大到丢失对个人业务极其重要的信息和数据。此类攻击可能对中央政府的安全与稳定产生影响，如盗窃重大的物质材料或窃取资金，在极端情况下甚至剥夺生命。对于丹麦政府来说，不断加强努力应对愈演愈烈的网络威胁的重要性和必要性凸显。

丹麦曾经发布首个《国家网络与信息安全战略（2015—2016）》，目标是加强丹麦政府的网络和信息安全工作，提高公民和企业对网络和信息安全的认识。该战略包括要求实施 ISO 27001 国际安全标准，以及要求中央政府对网络信息安全进行系统化和专业性的监控。

该战略包含一些旨在提高公民、企业和政府对网络和信息安全认识的举措。丹麦网络安全中心建立了网络威胁评估部门和信息及通信系统安全咨询中心。此外，数字化相关机构还在该战略发布期间向民众开展征求意见活动。丹麦警方在信息安全方面的调查能力得到了提高。

最后，丹麦商业政府部门为诸多中小型企业开发了数字安全检查模式，并建立了商业顾问董事会，以促进和强化企业信息安全框架的持续对话。2017年3月，商业顾问董事会提交了《如何在中小型企业中加强信息及通信技术的安全性建议》，鼓励中小企业在处理数据方面保持责任感。

该战略确定了：教育机构和雇用毕业生的用人单位将开展沟通，并在此基础上，建立两者良好的合作关系，"强强联合"以加强在研究和商业社区网络安全方面的竞争力。另外，双方合作促成了信息及通信技术的安全领域本科阶段课程的开发和设计。

三、系统性和持续性的努力

（一）丹麦政府对网络和信息安全工作的展望

为继续利用数字化促进社会发展，公民、企业和政府机构必须熟悉且能够有效应对数字风险。

数字解决方案在社会和经济方面的作用日益增强，对信息安全提出了全新的要求。然而，缺乏一种结构化的安全方法的影响可能是深远的。目前，系统性研究和统筹协调的需求正在上升，因此，丹麦政府着重加强了对数字化解决方案在信息安全领域应用的关注。

丹麦能够以安全和有效的方式开展运作，这对数字基础设施抵御网络威胁提出要求，同时也要求公民、企业和政府机构甚至是安全专家也需不断提高自身数字技能，对丹麦的高水平信息安全提供支持。

（二）共同责任

提高国家网络和信息安全水平是一项共同责任。中央政府应当保障国家安全，企业和政府机构也有责任维护自身安全。此外，所有公民也应当清楚自我行为对他人的数字安全的影响。

随着《网络与信息安全战略》的出炉，丹麦正朝着更加安全的数字化方向发展。该战略侧重于3个领域：提升技术装备水平；提高公民、企业和政府部门对网络和信息安全的认知；加强主管部门之间的合作与协调。此外，关键部门的网络和信息安全分项战略有助于各个部门精准实施战略，部署行动。

私营企业需要维护重要职能部门的大部分基础设施。因此，公共部门和私营部门，以及社会团体、警察和武装部队之间需要密切合作。战略举措尤其侧重于能源、运输、电信、金融、医疗和海事部门以及中央政府组织内的网络和信息安全。

丹麦政府将推出 25 项具体举措，以保障丹麦的网络和信息安全。其中部分举措需要跨部门协调，以建立强大的关系网络。部分举措已陆续开始实施，其他举措后期陆续跟进。

目前丹麦正在实施欧盟《网络与信息安全指令》（NIS 指令），其中一项就是要求运营商承担关键设施的维护，并采取措施，以保障提供服务的网络和信息系统的安全。该指令同时要求成员国制定相应的国家网络和信息系统安全战略，这正是丹麦《网络与信息安全战略》考虑的问题。

欧盟《一般数据保护条例》于 2018 年 5 月 25 日生效。该条例新增了《数据保护法》的内容，并将为丹麦个人数据提供额外保护。

（三）部分行动目标

丹麦《网络与信息安全战略》列出了更多的行动目标和战略规划。政府机构非常重视网络安全。《2018—2023 年防务协议》规定，将在 6 年内注入 14 亿克朗（DKK 1.4 Billion）筑牢丹麦网络防御工程。其中包括通过扩建网络安全中心，为政府和企业提供传感器网络（Sensor Network），以便更好防范网络攻击。此外，将建立一个全天候运转的国家网络情况中心，关注国家安全形势的最新变化，并执行对丹麦重要数字网络威胁的监测任务。作为国家信息通信技术安全机构的网络安全中心，也将显著加强其为私营企业和公共机构提供咨询和支持的能力。

丹麦国防情报局（Danish Defence Intelligence Service）必须加强执行力和分析能力。另外，丹麦网络武装部队还需要拓展网络武装行动的能力。

《2018—2023 年防务协议》的缔约方已划拨部分资金用于加强措施（包括研究和培训），这将有利于丹麦应对未来的网络挑战。

丹麦安全情报局（Danish Security and Intelligence Service）作为国家安全机构，计划与有关政府部门和私营企业加强合作，以确保丹麦以最佳方式应对安全威胁。

最后，在 2018 年 1 月，丹麦政府提出《数字增长战略》，旨在确保丹麦成为数字领域领跑者。《数字增长战略》包含一系列旨在提高企业信息通信技术安全性和安全处理数据的举措，以增强对使用新技术的信心。

同时，作为公共部门《2016—2020 年数字战略》的一部分，已商定必须进一步巩固市政和区域信息安全。丹麦政府将根据该战略与市政当局和地区就该领域的进一步举措开展磋商。

四、着力点一：公民和企业日常安全

目标：中央政府及其重要部门正加强其技术装备水平，以应对愈演愈烈的网络威胁，以免受网络攻击或防止其他重大信息安全事件的发生。

为保障社会基本功能的正常运作，并保护重要的信息及通信技术的系统和数据，丹麦政府将采取以下措施。

一是建立强有力的威胁评估，对重要系统和数据的威胁做好监测。

二是提高政府机构的网络和信息安全水平。

三是加强国家咨询工作。

丹麦政府期盼通过强化威胁意识、识别漏洞风险评估等方式，增强并巩固网络攻击的抵御能力。各个企业和各级政府机构需要维护自身网络和信息安全，并在风险评估和漏洞分析的基础上审时度势开展具体工作。每个组织应实施必要的安全措施，以充分保护ICT系统和数据。

因此，需要扩大和加强丹麦识别、管理国家和关键部门的基于互联网的威胁的能力。

（一）提升综合评估能力和预警监测能力

为保护信息及通信技术系统和数据，中央政府必须全面掌握和监测具体系统和数据，向权力部门和企业通报未发现但已存在的威胁，提升自我保护能力。

为强化持续监控能力，丹麦将在网络安全中心基础上建立一个全天候运转的国家网络情况中心。该中心将不断更新国家安全形势概况，识别对丹麦数字网络的当前威胁和潜在威胁，以便政府部门在危机管理系统中全面掌握国家概况。

网络权力部门和企业需要向相关公共机构通报网络情况。当局和企业提交的报告有助于多方共享，同时也便于清楚了解ICT安全事件数量、事件类型及其影响等内容概述。为了便于报告并发布有关事故预防和处理的信息，丹麦政府将为ICT安全事件建立单一的数字化报告流程。单一数字解决方案一方面可以支持企业和当局尽可能报告相关的安全事件；另一方面，可以为获取影响丹麦政府和企业的ICT安全事件提供更细致的洞察力。

（二）加强国家在网络和信息安全方面的努力

2016年以来，丹麦政府一直奉行被称为"信息安全管理的最佳实践"的国际安全标准（ISO 27001）。中央政府借助《网络与信息安全战略》，要求所有政府部门机构至少达到信息及通信技术最低的安全水平。

将来，所有政府机构都将达到网络和信息安全业务的最低要求，这些最低要求涉及技术和组织方面，并拥有一套提供高水平的防护措施的协调持续的工作方法。通过 ISO 27001 国际标准开展基于风险的信息安全管理，制订管理和开发ICT组合的行动计划（包括信息安全管理），积极制定有关该地区的决策与响应，并实施测试技术，以防止攻击。

为确保在中央政府层面全面实施 ISO 27001 国际标准，丹麦将每 6 个月实施一次检查活动。同时，丹麦政府为确保标准的全面实施，将要求尚未实施该标准的部门提交行动计划，具体说明措施的落脚点。

（三）加强国家咨询工作

国家网络安全中心是负责与公共和私营部门沟通网络安全的国家信息通信技术安全机构，承担处理特定网络事件的责任。

《2018—2023 年防务协议》将通过加强针对网络安全中心关键部门的咨询和指导，大大加强该中心的防御能力。

同时，该中心将加强识别具体事件的能力。该能力与咨询服务能力相结合，将支持网络机构和企业加强在网络攻击后恢复安全的能力。

有关部门和企业在信息安全方面的工作必须以风险评估为基础，这包括评估在发生潜在的安全事件（包括网络攻击）时，控制业务目标所涉及的商业和金融风险，并采取适当安全措施将风险降低到可接受的水平。

该评估预先假定了组织系统的情况，包括其技术设计和漏洞。根据风险评估确定的优先次序，将推出适当的措施，以应对已识别的漏洞。

（四）相关举措

一是建立 24 小时运转的国家网络情况中心。丹麦网络安全中心将建立一个 24 小时运转的国家网络情况中心，并提供国家数字安全状况评估。该中心将对网络进行技术监测，并在媒体和论坛扫描情报来源，以获取网络攻击的持续潜在威胁。此外，该中心将作为跨境网络安全事件的国家联络点。

二是在网络和信息安全方面设定最低要求。政府机构内部处理网络和信息安全应满足最低要求。所有政府部门都必须遵守 ISO 27001 信息安全标准，并评估认证的必要性。尚未完全实施该标准的主管部门必须向政府提交行动计划，以确保全面实施。该计划将制定方向标准，此外，政府必须积极就其使用网络和信息安全指令做出书面决定，评估是否需要经过测试实施技术以防范恶意网络和信息安全事件，评估是否符合中央政府信息的要求及通信技术管理战略中规定的要求。

三是网络领域的监管举措。网络威胁的快速演变使得各界开始呼吁立法也应与时俱进地加以应对，技术性变革也需同步跟进。网络安全中心必须未雨绸缪，应对关键基础设施的网络攻击。因此，丹麦国防部提出完善网络立法，以做好识别和预防网络攻击的分析工作。

四是加强中央政府的关键ICT监控系统。由于威胁不断变化，需要主动加强监控工作，以保护中央政府的关键ICT系统安全。因此，将在政府ICT服务机构设立监测中心，该机构将日夜配备人员，对政府ICT服务机构运营的系统进行24小时监控。该计划将逐步分阶段实施，监测中心将在2020年全面运作。根据风险评估规划，政府ICT服务机构必须采取措施确保全天候监测。

五是报告日常事件的通用数字门户管理。报告网络安全事件对于企业和权力部门来说是一项日常任务。基于这样的原因，政府将建立一个用于报告安全事件的共享数字解决方案，企业只需在一个位置报告一次事件即可。此外，解决方案必须能传达面向行动预防和处理的相关信息事件。Virk.dk已经成为企业和权力部门向公共机构报告的数字门户。

六是设立处理有关ICT犯罪案件的国家中心。为了协同打击网络犯罪，丹麦警方将主持建立一个国家中心，该中心专门负责处理ICT犯罪的接收工作和初步处理业务，同时支持警方采取数据驱动的方式开展打击和预防犯罪的工作。

七是加强协作，防止对ICT攻击。鉴于网络攻击通常不分区域和位置，并时常破解权力部门经过测试的对抗技术解决方案，有关政府部门必须拥有所需的工具和能力，以有效应对攻击的发生或者对抗升级。负有共同责任的政府部门的现有合作必须始终强调打击与ICT有关的攻击。为此，将与国防部和司法部建立一个工作组加强协作。

八是提高身份识别安全性。必须对当局创建和发布的身份和身份证件充满信心。这适用于身份和数字身份证件，如护照、驾驶执照和NemID（"Easy ID"数字签名）。为此，需要努力加强实体身份证件登记与数字身份证件签发之间的衔接，保证公共部门各系统之间的凝聚力。

九是重视国家ICT基础设施的优先次序。为具有数字基础设施的权力部门（尤其是对于社会至关重要的职能部门）和企业制定一份综合清单。清单将描述关键业务、主管部门，以及对丹麦的网络和信息安全工作特别重要的服务。该清单与威胁评估结合，将得出网络安全中心监控活动的优先次序，这将成为权力部门和企业防范网络攻击的基础。

十是确保政府安全通信。有必要扩大政府机构间安全通信的渠道，因此，政府应使用具有高度安全性的网络通信媒介，通过移动电话、互联网进行安全通信。

五、着力点二：与日俱进

目标：公民、企业和政府需要获得必要的知识和技能，应对日益严重的网络和信息安全威胁。

为了提高公民、企业和政府的能力，丹麦政府将采取以下措施。

一是提高未成年人和青年人的数字判断力和技能。

二是提高公民、企业和公共机构对网络和信息安全的认知。

三是不断增强网络领域专业知识。

四是支持商业社区的网络和信息安全工作。

网络和信息安全威胁层出不穷，提高数字化程度并有效应对不断变化的威胁，对个人、企业和组织提出了更高的要求，尤其是在数字安全意识和数字技能方面。

新技术的日新月异和犯罪分子利用新技术能力的不断提升，对网络与信息安全提出了新挑战。因此，有必要提高公民对网络和信息安全挑战的认知，并确保公民和企业数字行为的安全。

（一）通过教育系统获得的数字判断和能力

许多年轻人对于如何在互联网上保护自己和他人，或者对于警惕第三方的威胁行为缺乏防备心理。在这种情况下，教育系统在引导所有未成年人和青年人在使用信息通信技术和社交媒体时具备安全、负责和道德的意识方面，发挥着重要作用。

因此，丹麦政府将从初低年级到高年级教授数字安全技能，为未成年人和青年人提供接受数字化的最佳机会，使其成为数字社会的成员。培养和加强未成年人和青年人群体对互联网内容进行批判性思考的能力，以便使未成年人对假新闻、偏激的观点、网络欺凌、在线欺诈等威胁信息保持警惕，确保这一群体利用数字化机会安全地浏览互联网，并以安全可靠的方式开展行为。这将拓展青少年和儿童的数字能力，培养他们对数字事务的强烈批判能力，并了解数字化技术的道德困境。

（二）对网络和信息安全的认识

所有公民、政府机构和企业都需要了解网络威胁。同时，必须不断提高对这些威胁的认知，并研究如何以安全的方式解决这些威胁。此外，他们还需要意识到暴露自己和他人的风险。

为此，政府将建立一个针对公民、企业和政府机构的信息平台，为其提供相关和实用的工具，使他们能够以最佳方式保护自己，进而帮助其提高对威胁的认识。同时信息门户网站也将提示公民采取必要预防措施，加强对威胁信息的了解。

随着技术的发展和进步，维护政府机构的网络和信息安全变得日益复杂，重视专家能力正当其时。与此同时，私营部门对熟练劳动力的需求也不断增长，因此，政府将邀请所有相关方参与该地区能力的建设，进而形成伙伴关系。

为提高中央政府网络安全能力，丹麦政府还将针对中央政府管理人员、员工和专家推出一系列举措，以便能够持续发展并提升政府部门数字化能力。丹麦数字学院举办的一些课程将侧重于网络安全行为以及网络和信息安全。

（三）新技术与知识

除更多的知识外，还需更多的安全专家来指导企业和公共机构的安全数字转换。相关专业技能在数字时代尤为重要，将有助于确保丹麦维护网络和信息安全的能力。

新技术将克服数字安全的薄弱环节。丹麦政府将制定和实施最佳措施：通过构建数字模型和工具，开展网络和信息安全研究，通过战略研究基金获得资金支持，来对数字薄弱环节和劣势方面"对症下药"，以拓展新技术和知识。

研究还将为教育机构提供更多的网络安全认证培训，从而确保未来的劳动力能够满足企业所需的必要技能和专业知识。

（四）商业社区的网络和信息安全工作

政府将支持商业社区中网络和信息安全的整合情况。与其他领域一样，企业将进行数字化转型，实现工作流程自动化、纸质档案和账簿数字化，并将数据输入ICT系统，销售和营销活动越来越多地通过互联网开展业务，这促进了企业成长，并使企业保持竞争力，但对数字系统的依赖也使得这些企业遭受网络攻击的频率不断提升。

丹麦企业正越来越多地成为网络攻击的受害者。网络攻击将对个人和业务造成恶劣影响，越来越多的中小型企业遭遇网络攻击，生成的漏洞和数据泄露也可能成为病毒传播的潜在途径。

政府将重点加强网络商业社区的信息安全。这项工作将与企业利益相关者共同开展，并建立协作性伙伴关系，重点关注信息与通信技术的安全性和对企业界数据的责任性。

这种协作性伙伴关系将促成共同框架的诞生，将有助于跨部门之间制定联合解决方案，确保信息与通信技术的安全。同时，该伙伴关系还将有利于制定预防性安全措施，促进企业使用国际安全标准。该伙伴关系将侧重于提高企业顾问对 ICT 安全的洞察力，促进丹麦中小企业的 ICT 安全。

通过《丹麦数字增长战略》，政府决定更新信息通信技术安全业务咨询委员会框架，该委员会将定期向政府和企业界提出关于加强框架企业的 ICT 安全和数据处理责任的建议。

目前，丹麦企业严重缺乏具有数字和技术技能的员工。随着先进技术和数字解决方案的日益普及，企业对工程师、计算机科学家、生物统计学家、电工和其他具有数字和技术技能的人员的需求也在不断增长。为此，丹麦政府发起了一项技术协定，以增加对数字和技术领域感兴趣并希望在该领域进行培训和工作的年轻人的人数。

通过技术协议，政府设定了一个目标，确保在未来 10 年中，StEm 学科（技术、信息通信技术、自然科学和数学）中有 20% 以上的年轻人完成职业或高等教育项目。

（五）相关举措

一是通过教育获得数字判断和能力。未来将在整个教育系统中开展定向教育，重点提高儿童、青年和教师对网络与信息安全的认识。政府将制订进一步的教育和培训计划，拓展和增加教师与学生所使用的教材中关于网络和信息安全的知识和技能。

二是建立信息门户渠道。为了加强公民、企业和政府机构信息安全，将建立一个信息门户网站渠道，以便公民和群体获取信息和建议，了解数据保护的具体情况，遵守现行立法的要求。门户网站的内容将处于滚动状态，并定期更新知识。

三是拓展新技术研究。丹麦政府将分配更多资金用于技术研究，包括"研究2025"团队（Research 2025）项目的资金。这些研究工作将侧重于形成有关评估威胁的新模型和新工具，增强基础设施抵御攻击的能力，提高权力部门和企业识别攻击的能力。

四是通过企业合作增强丹麦商业社区的ICT安全性。政府希望改善丹麦商业界的ICT安全性，增强对数据处理的责任性，并使其成为丹麦优势。为了实现这一目标，需要公共和私营部门共同努力。此外，需要各个参与者之间的密切对话和沟通，每个参与者能够支持企业在ICT安全性和数据处理的责任性方面的工作。因此，政府将增强拥有ICT安全性和数据处理责任性的企业合作伙伴关系，主动建立公共部门与私营部门之间的合作。ICT安全业务顾问委员会将继续担任企业合作伙伴关系的顾问委员会。

五是在政府层面培养安全文化的合作能力。重视依靠专家解决网络与信息安全的能力。因此，丹麦政府将邀请所有相关方参与该领域能力发展的合作伙伴关系。此外，还将采取一系列举措来加强政府雇员的安全能力，以达到满足政府部门发展和数字化转型所需的安全水平。

六是提升公民和企业的网络驱动意识。有必要提升公民和企业网络驱动意识，加强互联网上的安全行为，并定期提高对此问题的认识。针对在数字通信交流方面面临特殊挑战的公民和企业集团，政府应联合当地企业或公共部门特定的雇员群体，开展咨询活动，并邀请私营和公共利益相关方参与进来。

六、着力点三：协同性

目标：中央政府和重要组成部门还需基于风险安全强化管理，明确界定责任，为重要政府部门和企业提供安全保障。

为保证网络和信息安全的协同性努力，丹麦政府将采取如下措施。

一是制定措施支持关键部门的网络和信息安全工作。

二是权力部门对社会至关重要的供应商管理提出更高要求。

三是加强国家层面的战略协调。

四是提高丹麦参与国际网络领域合作的水平。

不同的机构在执行网络和信息安全任务时承担不同的角色。数字化转型及对日益增长的数字依赖，使政府机构之间加强协调与合作成为现实，这要求中央政府进行更高程度的战略整合，并加强战略协调能力。

无论在公共部门还是私营部门，安全挑战均已成为所有管理者在网络和信息安全方面的关注焦点。丹麦的网络和信息安全不仅取决于中央政府的努力，还取决于各组成部门的投入。因此，应通过经验交流支持中央政府、私营部门以及公民的网络和信息安全，这将有助于提高丹麦的网络与信息安全水平。与其简单地将其视为运营挑战，不如重视和强化网络战略机遇，以实现更大的增长和繁荣。

（一）关键部门

为了维护丹麦网络和信息安全，必须时刻关注社会关键部门的网络和信息安全。因此，政府有必要启动旨在加强关键部门网络和信息安全的举措。

各个部门的网络水平成熟度大相径庭，因此各部门需要"量身定做"自身的措施。建立专门的网络和信息安全单位，以评估部门层面的威胁，加强监测，建立安全系统和发展能力，并为在这些部门内运作的政府机构和企业提供咨询和指导。

（二）具体部门

对丹麦网络和信息安全至关重要的部门必须实施明确的计划。这些部门必须根据适用于该部门的特定条件制定具体的部门战略，在制定这些分项战略时，各部门必须囊括相关的利益相关者。

一是能源。能源供应是实现社会稳定的基础，能源部门缺乏安全将威胁整个社会稳定。随着数字化规模的不断扩大，能源部门应对网络威胁的脆弱性不断提高。

未来，数字设备、软件或监控设备的供应商将在能源供应中发挥重要的作用。针对依赖于与邻国交换能源的装置的数字控制以及用于调节来自太阳能和风能的能量装置设备，政府制订了有关电力和天然气部门应急计划，包括具体的信息和通信技术应急计划，以便在早期阶段识别和管理新的威胁、弱点和风险。能源部门的分项战略必须以现有框架内已经执行的工作为基础。

丹麦能源、公用事业和气候部门负责制定能源部门的网络和信息安全分项战略。

二是医疗。医疗行业的特点是登记大量与医疗及护理有关的个人资料，包括医疗纪录的保存、文件要求、登记册报告，以及使用的数码及医疗仪器等。这使得医疗行业成为网络犯罪的潜在目标，极易发生第三方侵入系统并盗取个人数据的事件。医疗行业在共享病人数据的过程中，除非所有利益相关者都充分遵守必要和统一的安全要求，否则也将导致潜在的网络罪犯攻击"最薄弱环节"的风险。在此基础上，分项战略旨在加强和协调整个医疗行业的网络和信息安全工作，以预测、识别和应对网络攻击，并继续开展"数字健康战略2018—2022"工作。

卫生部负责制定医疗保健领域的网络和信息安全分项战略。

三是交通。运输部门的关键基础设施越来越多地得到信息和通信技术系统的支持，实现集中监控和远程或自动控制。随着数字化的普及，针对功能和系统的攻击威胁也在增加，这些功能和系统对于确保交通部门拥有高度的流动性和安全的交通流至关重要，该网络和信息安全分项战略将覆盖整个运输部门。由于电子控制系统使用频率的增加和自动数据交换次数的增加，该分项战略将详细说明运输部门面临的挑战。因此，这一分项战略将成为运输部门网络和信息安全工作的基础，一部分侧重于维护运输安全，一部分侧重于保障乘客安全。

运输、建筑和住房部负责制定运输部门的网络和信息安全子战略。

四是电信。电信网络是关键基础设施中的重要方面之一。因此，在起草《网络和信息系统安全法》时，丹麦政府将重点要求电信运营商保持高度的信息安全。

此外，电信运营商必须确保其电信网络的可访问性、完整性和机密性，并制订应急计划，以确保电信网络在遭受灾难或网络攻击的情况下更快地恢复。

国防部负责制定电信部门的网络和信息安全子战略。

五是金融部门。金融部门已经建立了一个部门论坛，即关注金融部门中运营稳健性的论坛（FSOR）。该论坛的目标之一是确保在网络和信息安全方面保持联合协调。

该分项战略是对NIS指令的补充，并通过具体举措进一步充实论坛的内容。根据该部门网络安全的挑战和当前的成熟度，这些举措将有助于提高对网络攻击的抵御能力，有助于提升金融部门的网络安全。

工业、商业和金融事务部负责制定金融部门网络和信息安全分项战略。

六是海事部门。海事部门的部门责任包括与丹麦水域航行有关的安全以及在丹麦国旗下注册的船舶及其船员的安全。船舶的网络安全涉及交通监控、警告和导航信息（AIS、NAVTEX）、船舶使用的系统和船舶操作软件（包括推进和导航）等方面。该战略将通过具体举措使得NIS指令更具有完整性和可操作性。根据航运业的脆弱性和目前的成熟度，这些举措将有助于提高抵御网络攻击的能力，从而改善航运业的网络安全。

海事部门负责制定海事部门的网络和信息安全子战略。

七是饮用水供应。所有公用事业单位都应该出具操作手册，饮用水的供应也依赖于网络和信息系统，不过饮用水供应部门尚未制定单独的子战略保障饮用水的安全，因此市政当局有义务制订应急计划，以保障饮用水的供应。

随着时间的推移，公用事业单位在饮用水供应的运营过程中对信息及通信技术将更加依赖。环境和食品部将定期评估是否需要为饮用水供应部门制定子战略。

欧盟委员会提出了一套全面的网络安全方案，其总体目标是实现弹性、威慑和防御，以保护欧洲免受网络威胁，同时增强欧洲公民对数字解决方案的信心。网络安全"一揽子"计划延续了2013年欧盟网络安全战略取得的进展，其中欧盟《网络与信息安全指令》（NIS指令）是一个关键要素。

欧盟委员会的网络安全"一揽子"计划包含一系列广泛的举措，其中包括一项旨在加强欧盟网络安全机构（EniSa）授权的拟议法规，以及欧洲网络安全认证的共同框架。

八是域名系统（DNS）和数字服务。NIS指令强制要求DNS运营商、顶层域名管理员和部分数字服务者（包括云计算服务）提供商业管理及与其服务安全相关的风险，并报告重大安全事件。此外，还要求通过工业、商业和金融事务部关于域名系统和某些数字服务的网络和信息系统安全新法案。

（三）关键ICT服务供应商

丹麦关键ICT系统主要部分由私营部门提供商维持运营。这对政府提出了较高的要求，以确保提供者保持适当的安全水平，使信息和数据按照法律处理，确保个人数据的权利得到保护。

因此，政府将在未来对所有公共政府部门提出更严格的要求，包括适当的安全和用于关键的ICT系统的安全，以及政府对私营部门供应商的监督和管理。如有必要，中央政府将通过授权的形式接管部分政府机构运作的关键ICT系统。

（四）合作和国家协调

部门责任原则意味着，在发生严重事故时，权力部门仍需负责日常特定安全，这一责任还包括规划如何在发生特殊事件时继续提供职能。因此，网络和信息安全的责任，以及保护关键基础设施的任务，将由负责关键部门的主管部门负责，即由运输部门、医疗部门和金融部门承担。《2018—2023 年防务协议》将显著提高网络安全中心协助中央政府主管各个部门的能力。

部门之间的职责划分需要确保有关措施考虑到个别部门在网络和信息安全方面的特点和成熟度，或将在一定程度上实现跨部门联动。中央政府应制定网络和信息安全的整体战略框架，支持重点领域的网络信息安全工作。为了支持和协助各个部门开展适当的网络和信息安全工作，将成立一个临时工作小组，组成人员由数字化机构网络安全中心和丹麦安全情报局组成。

为了使网络和信息安全工作快速适应威胁形势持续变化的需要，应加强该领域的国家层面的跨部门协调工作。因此，政府将成立一个关于网络和信息安全的国家指导委员会，通过发挥在该领域更高程度的协调和知识共享的作用，增强各业务部门行动举措与《网络与信息安全战略》之间的凝聚力。

此外，丹麦政府打算继续与来自公共和私营部门的专家合作，因此将举办信息安全对话论坛的权力移交至专家咨询委员会，该委员会的职责是为网络战略及行动乃至后续行动的实施提供支持。

（五）国际合作

未来几年，欧盟计划重点关注网络领域，欧盟委员会提出了一个全面的网络"一揽子"计划。网络安全主要涉及多个部门和领域，包括行业政策，能源安全和供应链安全，电信、国防、法律以及公共和私营部门的数字化。因此，丹麦政府希望提高参与国际合作的力度，在欧盟、北约和联合国层面更好地探讨网络话题，尤其是涉及网络安全、互联网监督和管理，以及直接影响丹麦公民、企业和公共机构的事件等方面，以便在国际论坛中发挥影响力和加强话语权。

丹麦政府期盼在网络领域谋求提升，以进一步加强与大型跨国科技公司和科技行业在网络和信息安全方面的对话，包括数据道德和数据保护等。此外，政府将通过在外交部设立网络协调员来增强网络外交的弹性，该协调员也将促进丹麦参与网络安全国际合作的进程。

同时，还将发起一项加强对网络监测设备出口管制的倡议。其重点是确保政府更明确的监管和有力的指导，使丹麦企业"走出去"，从而发展强大的丹麦网络产业，同时反哺丹麦的网络防御。

（六）相关举措

一是部门一级的分项战略和不同的网络安全部门。为了在网络和信息安全领域发展更强大的部门能力，不同关键组成部门都应建立一个具有自身特色的网络单位，在部门层级开展威胁评估、预警监测、应急演习、建立安全系统、知识共享、发布指示与指令等工作。此外，在紧扣国家战略的前提下，为每个关键部门制定针对性的部门战略。

二是强化对网络和信息安全的跨部门努力。网络安全中心、数字化机构部门和丹麦安全和情报局的专家将共同建立一个跨部门协调小组。在过渡阶段，协调小组将通过指导和联合行动协助关键部门制定部门战略，建立不同的网络安全单位，并开展经验交流，为该部门在信息安全领域制定涉及应急计划的工作守则。

三是对外包ICT服务供应商的管理。为提高政府机构关键信息及通信技术系统安全性和供应安全性，将对所有公共部门提出更严格的要求，即要求在未来的合同中规定使用必要的安全措施、重要的管理规定、私营部门供应商的监管要求举措。

四是加强国家协调。加强网络和信息安全领域的战略协调。为此，将成立一个国家网络和信息安全指导委员会。

该委员会的任务是落实《网络与信息安全战略》，制定举措，并定期讨论丹麦的国家信息安全政策。该委员会的成员将主要由信息安全对话论坛的专家组成，其职责是为网络战略及其实施和后续行动提供意见。

五是加强参与国际合作的力度。丹麦政府将通过向欧盟派遣两名丹麦网络观察员来提升丹麦在国际上的参与度，这将有助于保护丹麦跨领域利益。政府还将同美国硅谷一样，与一位致力于网络和信息安全的顾问一起加强丹麦的科技实力。在丹麦外交部任命一名国际网络协调员，以推动网络外交活动。丹麦将参与爱沙尼亚塔林的北约网络合作防御卓越中心，以应对威胁。此外，丹麦还将巩固网络监控技术出口，防止恶意第三方利用丹麦开发的技术来监视国家。

六是评估网络和信息安全的现状。需要定期对网络和信息安全情况进行宏观和微观分析，以便评估所实施的举措是否达到预期效果，并考虑是否将威胁情境的变化纳入其中。需要定期分析检查网络和信息安全情况，从广泛和深入的角度对丹麦整个境况进行评价。该分析还将研究威胁、风险、保护、实施的举措、组织和协调以及部门之间的联系等。

七是整体评价值得保护的信息。为保护对国家安全具有重要意义的信息并洞察信息安全风险，将采取措施对被认为值得保护的信息进行必要的整体评估。评估将用于确定在具体的政府层面和社会层面的分类和安全水平。

八是构建信息安全架构。为支持权力部门开发ICT解决方案，以实现其系统和服务的机密性、完整性、可访问性和弹性的能力，将建立一个跨部门的信息安全架构，其中包括原则、标准、共享应对措施和指南。

九是为保护数据所做的努力。丹麦政府将在国家层面和国际层面完善数据处理规则。在国家层面，将成立一个专家组，其中包括丹麦商业界的代表，其任务是对数据道德与使用提出一般性建议。政府还将发起一项单独的战略，保护丹麦公民的个人数据。在国际层面，政府将数据道德和数据保护作为重点关注领域，改善与主要跨国科技公司的对话与沟通，从而促进对丹麦本国的数据保护的完善，实现信息安全。

七、附录——政府在网络和信息安全方面的责任和作用

网络和信息安全工作是根据部门责任和使命安排的，这意味着政府需要应对严重的网络事故。

政府需要及时做好事前预警、事中应急以及事后总结和反思。

丹麦国家危机管理系统的一般原则如下。

责任归属原则：日常责任的政府部门在发生重大事故或自然灾害时也承担责任。

相似性原则：日常运作中适用的程序和责任也适用于危机管理系统。

补充性原则：应尽可能在现场接近受影响公民的情况下，执行应急响应任务，并在适当和相关组织层面进行处理。

合作性原则：政府部门有责任与其他部门和组织就应急响应规划和危机管理展开协调。

预防性原则：在信息不清楚或不完整的情况下，应急准备的水平应该从严。此外，应便于迅速降低应急水平，以防止浪费资源。

部门责任原则意味着：所有部长必须确保在自己的职权范围内做出适当的应急响应规划；相关部门的职责包括法律、政治或行政方面规定的所有关键职能和服务；当局的应急响应计划必须基于持续和系统的风险评估过程，管理层应对此负全部责任；公共部门必须定期监测自己部门的风险情况。

（一）与网络和信息安全重大事件有关的责任和角色

一是部门内部事件。实体单位（政府部门、企业和组织）在发生网络事件时，对特定服务承担责任。在这方面，必须确保该实体单位能够获得所有运营供应商的协助。同时，该实体单位可以请求其他网络安全单位提供协助。此外，根据事件发生的规模，该实体单位有责任向主管部门或丹麦网络安全中心报告此事件。

二是跨部门重大事件。对于被界定为影响若干部门的重大网络事件，国家行动小组（包括丹麦国家警察、丹麦安全和情报局以及丹麦国防情报局/网络中心）可能会展开行动。

但是，在这些情况下，部门责任原则继续适用，意味着负责相关部门的政府部门必须确保对事件范围进行全面综合评估，并将其报告给相关部门，包括向网络安全中心报告该事件及其后果。根据事件的范围和性质，网络安全中心还应协助受此事件影响的实体单位做出响应。

例如，网络安全中心可以对网络攻击进行技术调查，以便制止特定事件的进一步发生，并查明任何攻击方法或漏洞，从而可以预防并改善类似情况的发生。在调查过程中，网络安全中心将与受该事件影响的实体单位密切合作。

与诸多的重大网络攻击相关，信息与通信技术安全调查都需要经过一般技术调查。为此，警方（包括丹麦安全和情报局）与网络安全中心之间建立了密切合作关系。这种合作需要在发生重大网络事件（包括故意攻击）时进行相互通报。

三是通信。一般来说，没有影响到多个部门的一般性事件由其主要责任部门负责处理。丹麦网络安全中心负责报告网络威胁情况，并在网络事件中与其他相关部门开展合作。重大的跨部门事件的协调沟通由中央业务通信人员（DCOK）负责。DCOK负责向公众（包括媒体）快速披露和协调相关信息，并负责建立临时机构，以便公众可以从中获得有关具体事件的进一步信息。

四是网络事件后恢复能力。事件发生后，需要及时加强事后响应能力。受影响的实体（机构、企业、组织）应根据事件响应计划，承担恢复商业运营以及ICT运营的责任。可获得公共或私人供应商，或来自各个部门的分散网络安全部门的支持。

（二）定期协调

正在进行的网络和信息安全工作必须与有关部门密切协调。为此，将启动一系列举措以支持各部门以及政府和企业的工作。这些举措还将确保在该领域进行更密切的国家协调，特别是在通信技术安全的预防工作方面的协调。

该战略强调针对社会至关重要的部门建立专门的网络和信息安全部门，以便为特定部门进行威胁评估、漏洞评估、应急响应演练、知识共享、指南规则等。国家网络和信息战略协调后续行动指导委员会的架构如图 1 所示。

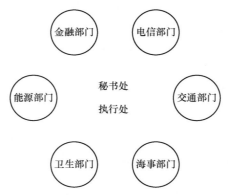

图 1　国家网络和信息战略协调后续行动指导委员会架构

政府机构提供有关网络和信息安全问题的信息、建议和指导，具体如下。

网络安全中心：网络安全中心是信息与通信技术安全的国家权威机构。该中心负责预防和应急处理，同时也涵盖咨询服务。网络安全中心的基础设施和互联网安全服务可以帮助检测甚至警告对其服务的机构和企业进行的高级网络攻击。网络安全中心还可以向有关当局和企业发出有关特定网络威胁的警告，并向国家和部门进行特定情况报告和威胁评估。

警察局：警察局的任务是预防和调查犯罪，并制止此类犯罪的发生。在发生跨部门重大事件时，警方也可以发挥协调与监督作用。

丹麦安全和情报局：丹麦安全和情报局是丹麦的国家安全机构，为公共当局和私营企业提供安全方面（包括信息安全中的人为因素以及人身安全）的咨询和协助。

数字化机构：数字化机构支持公共部门的信息安全，并负责多项以市民为中心的信息工作。该机构还负责与国防部协调战略的实施。

丹麦企业管理局：丹麦商业机构负责信息、指南和工具的搜集工作，以加强商业社区的信息与通信技术安全性和数据处理工作。

为加强丹麦战略协调和战略实施，政府将建立网络和信息安全委员会，以协调和平衡各个部门的工作，并确保网络信息安全操作的可行性。

针对特定部门战略和专用网络的要求，各个部门的信息安全单位将确保部门内部以及各部门和国家举措之间实现更好的跨领域协调。与此同时，丹麦政府将成立一个由丹麦数字化局、网络安全中心和丹麦安全情报局的代表组成的工作队。通过咨询服务和跨部门的联合行动，工作队将协助各部门建立网络信息安全单位，制定针对具体部门的战略。

（三）对网络和信息安全负有跨部门责任的政府机构

公共部门在网络与信息安全方面的工作将得到政府机构的协助，特别是涉及信息、指导和建议的支持，这些机构具有跨部门和协调的职能。另一方面，公共部门必须对权力部门给予的帮助予以积极响应。

1. 网络安全中心

丹麦网络安全中心成立于 2012 年，旨在更好地防范网络攻击等事项。根据丹麦《国防情报局法案》，丹麦国防情报局是国家信息通信技术安全机构，通过丹麦网络安全中心履行其网络安全职责。

网络安全中心向政府部门提供有关网络安全的建议，比如采购新的信息及通信技术系统。该中心还发布了有关如何管理网络安全带来的挑战的指南。网络安全中心的威胁评估小组负责编写国家和部门的网络安全态势和威胁评估报告。

在应急性工作方面，政府可以选择订购该中心的基础设施和互联网安全服务，确保持续监控部门的互联网通信，以获取有害流量。如果发现可疑的网络攻击，政府可以选择现场应急反应团队服务。

政府已决定让所有政府部门将自己的 ICT 系统中发生的主要 ICT 安全事件以及漏洞情况报告给网络安全中心，例如可以将基础设施和互联网安全服务全面报告给权力部门。

网络安全中心将定期发布情况报告和威胁评估，并可通过网络安全中心网站访问未分类的情况报告和威胁评估。有关网络特定安全事件的分类威胁评估和警告，将直接被发送给受影响的部门，以便后者做好预警和提示工作。

《2018—2023 年防务协议》将大大提高网络安全中心协助相关部门的能力，加强网络安全中心建设有助于提升该中心的咨询和预防作用，强化面向关键部门的事件预警能力。上述职能将通过建立一个新的国家网络情况中心予以实现，该中心将实行 7×24 小时工作机制，并编写《关于当前关键数字网络安全状况的国家情况报告》。

2. 丹麦安全和情报局

根据《丹麦安全和情报局法案》，丹麦安全和情报局的任务是预防、调查和打击构成或可能构成危险的威胁和行为。丹麦安全和情报局的职责包括打击危害国家安全和国家独立、违反丹麦宪法、污蔑国家政府、恐怖主义等罪行。此外，还包括涉及信息和通信系统的犯罪，或涉及滥用信息和通信技术等行为的犯罪。

通过相关活动，丹麦安全和情报局应尽早和尽可能有效地查明和管理上述类型的威胁，确保丹麦享有干净的网络安全环境。

此外，丹麦安全和情报局作为国家安全机构，承担提供有关敏感信息的建议的职责。这包括提供有关物理访问信息和信息系统员工的安全管理建议，以及执行安全评估和安全授权的任务。最后，丹麦安全和情报局还将充当丹麦司法部的信息和通信技术安全机构。

3. 警察局

根据丹麦颁布的《警察法案》，警方的任务是预防和调查刑事犯罪，制止所涉及的网络犯罪活动（包括与信息技术有关的犯罪案件），并毫不留情地进行从严打击。

为了巩固与信息通信技术相关的犯罪管理，丹麦国家警察局于2014年建立了国家网络犯罪中心。除丹麦安全和情报局管理的任务外，网络犯罪中心全面负责确定警方努力打击的针对信息通信技术系统的犯罪方向。

警方的管辖权涉及丹麦可处罚的所有刑事犯罪的行为，其中包括发生在丹麦境外的危害丹麦独立、国家安全、暴力反抗丹麦宪法或政府机构的犯罪行为，以及计划对丹麦境内造成影响的犯罪行为。

此外，根据丹麦《紧急管理法》规定，警察对包括需要发出警报等在内的重大损害情况下的紧急反应负有全面协调责任。

4.5　荷兰：国家网络安全议程

一、摘要

荷兰在把握数字化带来的经济和社会机遇方面卓有成效。数字领域中的漏洞和威胁正在增加。职业罪犯的威胁越来越大，而且还在继续发展。国家行为者专注于数字经济和政治间谍活动，并准备进行数字破坏。拥有数字攻击能力的国家越来越多，攻击也越来越复杂。这对经济利益和国家安全构成直接威胁。

国家网络安全议程（NCSA）为网络安全所需的下一步计划制定了框架，确定了大方向，综合考虑了各种措施。国家网络安全议程包括以下原则。

一是网络安全与国家安全密不可分。由于数字化，国家安全利益易受数字攻击的影响。

二是数字领域的安全只有与商界合作，甚至一定程度上只有通过这种方式才能保证安全。因此，公私合作是荷兰网络安全策略的基础。

三是政府代表着公共利益。通过认识到重要利益面临的威胁，增强恢复力，打造一个数字安全的荷兰。鼓励商界和公民形成自己的责任和安全意识。此外，作为一个公共机构，政府有义务保障自身程序的网络安全，树立良好榜样。

四是知识对网络安全至关重要。要全面加强网络安全，就必须共享现有知识，并促进公共和私营部门的信息共享。此外，有必要继续加强对网络安全的基础研究和应用研究，以提高荷兰的网络安全知识站位。

五是目标是网络安全的主流化。数字安全必须融入每个机构日常的流程中。

六是数字领域无国界。荷兰的网络安全策略必须在国际层面考虑数据、连接、互联网治理以及实施数字手段的行为者。因此，打造更安全的数字领域是荷兰等国家的首要任务。

七是网络安全发展通常会导致自由、安全和经济增长之间的紧张关系。因此，应该更明确地权衡网络安全领域的各方利益，并在透明和有事实依据的决策基础上确定发展路线。

NCSA 包含 7 个有助于实现以下目标的决心，荷兰有能力安全地利用数字化带来的经济和社会机遇，并在数字领域保护国家安全。具体如下。

决心 1：荷兰拥有足够的数字化能力来察觉、缓解和果断地应对网络威胁。

决心 2：荷兰致力于维护数字领域的国际和平与安全。

决心 3：荷兰处于数字安全软硬件的最前沿。

决心 4：荷兰拥有灵活的数字化能力建设流程和强大的基础设施。

决心 5：荷兰成功地对网络犯罪设置了障碍。

决心 6：荷兰在网络安全知识发展领域处于领先地位。

决心 7：荷兰以综合且强有力的公私合作方式保障网络安全。

这 7 个决心详细阐述了将在密切的公私合作中执行的目标和措施。为了确保这一点，政府机构和企业将结成一个网络安全联盟，共同加强荷兰的网络安全。

二、网络安全是数字领域经济机遇和社会价值的基础

荷兰是世界上数字化程度较高的国家之一，这为荷兰安全、自由、迅速地采用新科技并成为国际领先者提供了优越的条件。这些新技术在人们的日常生活中发挥着越来越重要的作用。例如：电子商务，医院、学校和公共机构的数字通信。此外，护理（电子保健）和移动性（电子汽车）的深度数字化，联网设备（物联网）的增长，以及大数据、5G、量子计算机和 AI 等关键技术的发展，使得数字领域和物理领域交织得越来越紧密。这些发展也引发了关于隐私和数据处理的道德问题。保护数字领域的价值观和基本权利也是网络安全的重要组成部分。必须使公民能够相信，他们的基本权利在线上和线下都有保障，他们的隐私在数字领域能够得到保证。

这些技术和社会发展也导致了数字领域漏洞的增加，这一趋势预计将在未来几年继续。正是因为社会的各个方面（社会和经济）越来越依赖于数字化进程，数字攻击才能够直接损害荷兰的经济，威胁国家安全。毕竟，社会进程更容易遭受大规模破坏。从荷兰网络安全评估中可以明显看出漏洞的增加，国家安全与反恐协调员（NCTV）、国家网络安全中心（NCSC）和警察等情报和安全机构都表示，数字威胁的增加令人担忧。此外，数字领域恢复力也落后于威胁的发展。这种情况需要政府当局、商界和公民做出更多努力，以保护荷兰的利益，并为了国家安全而加强网络安全手段。

与此同时，网络安全作为一个业务部门也提供了经济机遇和社会机遇。强大的荷兰网络安全部门促进了知识、劳动力市场和就业机会的发展，并有利于荷兰在经济、军事和安全领域的国际形象。此外，荷兰的网络安全部门有助于实现数字自治。公共机构和商界可以依靠自己的数字安全解决方案，并通过购买网络安全服务培育数字安全。这种激励还促进了荷兰价值观（如开放、自由和安全的互联网）的出口。荷兰作为知名的、公认的合作伙伴的网络安全权威的国际地位也得到了提升。

网络安全的定义：网络安全是防止因干扰、故障或误用信息通信技术而造

成的损害，并在损害发生后及时复原。

（一）网络安全的范围：一个网络安全的荷兰

司法和安全部长是负责网络安全的统筹部长，负责协调国家网络安全议程（NCSA）的实施。在这个框架内，各方都有自己的任务和责任。然而，在数字领域，100%的安全性是不现实的。这种广泛的网络安全方法是作为保护国家安全的一部分实施的，由国家安全和反恐协调员（NCTV）协调。

（二）数字领域中的政策责任

网络安全政策领域的重点是防止因信息通信技术的中断、失败和误用而造成损害。各种政策问题都与此有关，解决这些问题的责任在于其他部长，涉及负责数字政府的内政和王国关系部（BZK）、与数字化有关的一般情报和安全局（AIVD）、经济事务和气候政策部（EZK）、负责在国际和平与安全方面发挥协调作用的外交部（BZ），以及与武装部队在数字领域的宪法职责有关的国防部（Def）。NCSA与以下战略文件密切相关：《数字化战略》《数字政府广泛议程》《国防备忘录》《综合外交与安全战略》和《国际网络战略与防御战略》。

从2011年的《国家网络安全战略》到2018年的国家网络安全议程（NCSA）：NCSA在2011年和2013年的《国家网络安全战略》的效果的基础上进一步发展。这些战略的愿景仍在发挥主导作用："荷兰与她的国际合作伙伴一道，致力于打造安全和开放的网络领域，数字化为我们的社会提供的机会将得到充分利用，威胁将得到缓解，基本权利和价值观将受到保护。"议程指出了一条共同的道路，阐明了政府机构和私人团体可以将其（联合）活动集中在哪些方面。NCSA将联合审查各种措施，将它们与指导目标联系起来，并在此过程中加强其影响。

三、间谍活动、破坏活动和职业犯罪：数字领域的威胁

数字领域的破坏或干扰活动将直接损害国家安全，数字领域最大的威胁来自犯罪分子和国家级行动。数字化已经渗透到荷兰经济和社会的各个层面，整个社会已经十分依赖数字资源。确保这些资源运作不受干扰对于企业和政府的正常运转、公司的盈利能力和公民的日常生活至关重要。近年来的网络安全事件表明，数字攻击可以对社会产生重大影响，也可能给公民和国家安全造成损害。职业罪犯的威胁愈演愈烈，勒索软件等成功的网络犯罪收入模式持续发展壮大。数字攻击零成本的可扩展性助长了犯罪分子的行为。

作为一种"服务"的网络犯罪，勒索软件并不是在攻击中实施所有犯罪的步骤。他们经常购买服务和专业知识。如勒索软件是一种控制系统能否访问其所含信息的恶意软件，系统用户只能在支付赎金后访问这些信息。如果犯罪分子想要分发勒索软件，他们就会雇人开发，而被雇用的技术人员则通过电子邮件将勒索软件发送给数百万的收件人。整个流程（从技术资源到基础设施再到服务台功能）非常专业和完整。

数字攻击的受害者不仅仅是消费者，企业和金融机构也是罪犯的攻击目标。网络犯罪作为一种服务获得不断发展，更加复杂的攻击方式变得越来越普遍。因此，越来越多的行动者仅凭有限的知识和资源即可发动网络攻击，在某些情况下，这种攻击具有直接的社会影响力。

国家层面数字间谍行动则将荷兰政府机构和荷兰企业作为攻击目标。如荷兰能源高科技和化工行业的跨国公司及研究机构一直是数字间谍活动的受害者。在这些数字入侵中，拥有巨大经济价值的数万亿条机密信息被盗。国家级数字行动关注数字经济和政治间谍活动，并防范外部数字破坏行动。发展数字攻击能力的国家越来越多，进行的攻击也越来越复杂。另外，2017年国家级数字攻击行动还利用数字技术影响民主进程，以获得地缘政治利益。为此，各国正加紧投资民用和军用网络能力。

网络攻击同样将影响荷兰的社会。如公民必须承担身份信息失窃及因勒索软件感染而丢失个人照片的后果。这种攻击有可能破坏人们对数字社会的信任。数字犯罪分子或国家级网络攻击可以通过窃取敏感或有价值的信息来破坏荷兰经济，从而损害人们对经济活动的信心。

新型勒索病毒NotPetya案例是数字攻击的一个例子，病毒对荷兰企业产生了相当大的影响。2017年6月，全球多地机构成为该勒索病毒攻击的受害者。在荷兰，这种勒索病毒影响了APM集装箱码头的业务运营和TNT的包裹运输等，导致APM集装箱处理暂停数天，TNT的交付也因此延迟。虽然乌克兰似乎是这次袭击的主要目标，但荷兰企业也受到了很大影响。

四、战略原则

有效的网络安全法要考虑数字领域特有的状态，需要明确决心和措施的战略原则。

（一）网络安全是国家安全的重要组成部分

国家安全及社会的正常运转与网络安全密不可分。数字化发展带来的影响是社会容易受到来自数字攻击的干扰。由于数字社会的连通性，简单的数字攻击可以迅速破坏数字流程，因此需要建设基本的网络安全防御能力来提高抵御这种攻击的水平。公民、企业和公共机构必须努力提高其数字安全性，政府也必须有能力和资源来应对数字安全威胁，履行其在数字领域的保护职责。

最后，国家安全和网络安全是政府进一步推进数字化进程的基本考虑因素。政府应制定网络安全要求，以获取ICT资源。这些要求还应包括经济安全因素，以提高对国家级数字攻击行为的抵御能力。

（二）公私合作是基础

数字领域的安全要与商界合作，并在很大程度上由商界塑造。因此，公私合作构成了荷兰网络安全的基础。当前公私合作的做法需要在数字领域明确划分责任。责任划分部分基于现有的安全、供应保证和市场机构相关法律法规。但如果必须划分（或重新划分）政府公共机构、商界和公民之间的责任，将会出现新的问题，因此本议案主张采取综合措施来实现网络安全，这需要商界、社会组织和政府机构的共同努力。

（三）政府代表公众利益并承担相应责任

政府的一项重要任务是认识到数字攻击对荷兰重要利益的威胁，并增强重要利益遭遇攻击后的恢复能力，引领社会建设一个安全稳定的荷兰。数字领域不可能实现100%的安全，因此政府要有相关预案，有能力对威胁社会连续性的数字危机和事件采取适当的应对方法。目前，荷兰约80%的关键基础设施掌握在私人手中。因此，政府鼓励商界和公民以最好的方式承担自己的责任。如有必要，将出台激励措施或建立原则框架，为数字领域的安全行为创造先决条件。互联网的开放性可能产生广泛的安全漏洞。如果滥用产品、服务或流程将危及社会的连续性，政府就会对生产者、购买者、消费者和服务提供者提出特殊要求。最后，作为一个公共机构和网络安全责任人，政府有义务确保网络安全秩序井然有序，树立一个良好的榜样。

（四）知识开发和信息共享至关重要

知识对于网络安全建设至关重要，要共享现有知识并促进公共和私营部门的信息共享，以加强网络安全防御和网络恢复能力。此外，有必要继续加强网络安全基础研究和应用研究，提升荷兰网络安全知识的地位。

拥有高质量的自主科学知识和应用将有助于荷兰及欧洲的数字领域管理。

（五）网络安全的主流化是前提

数字化已经渗透到社会的方方面面。政府机构和企业要进一步提升数字安全能力，使数字安全融入日常工作程序、网络安全主流化产品和服务之中。公民和数字服务用户也有责任维护各自的数字安全，具备网络安全基本能力应成为日常生活中安全行为的一部分。

（六）数字领域无国界

数字领域没有国界。荷兰的网络安全战略必须考虑国际层面的数据管理、网络连接、互联网治理和数字攻击等内容。在欧盟和北约层面上，荷兰的当务之急就是建设更安全的数字领域。在联盟层面上履行数字领域集体防御职责，对盟国的国家数字安全做出直接而重要的贡献。此外，只有在全欧洲及全球范围内推进国际立法、建立联盟或设定国际发展规范和标准，才能实现NCSA的目标。数字威胁的无边界性需要各国坚定地推进国际合作。

荷兰国家网络安全议程、整体外交和安全战略及国防备忘录等国家战略，为荷兰在国际上推动数字领域合作发展提供了指导。一方面，数字领域的部分政策只有通过国际合作才能达到一定的执行效果；另一方面，荷兰数字政策的出台也必须考虑国际层面的因素，如欧洲在数字认证领域、数字标准制定和发展欧洲数字单一市场等方面，网络安全就是其中的一部分。在开源软件的脆弱性等问题上，荷兰将继续扮演互联网先驱的角色。

（七）慎重平衡各方利益

数字化的深入发展通常会给安全、自由和经济增长等核心价值之间的平衡带来压力，荷兰政府在出台相关政策时将照顾各方利益，并努力做到操作透明。在关于数字化的更广泛的社会和政治辩论中，不能孤立地处理网络安全问题，而必须明确地将其与基本权利和价值观以及社会发展等主题结合起来统筹考虑。

公开透明地考虑各群体之间的利益将有助于政府出台更好的决策。

五、国家网络安全议程

荷兰的《网络安全战略》应实现以下目标：在数字化给经济和社会发展带来机遇的同时，为了保护荷兰数字领域的国家安全，国家应以安全的方式利用数字化能力。

一是确保荷兰拥有足够的数字化能力来察觉、缓解和果断地应对网络威胁。

二是确保荷兰致力于维护数字领域的国际和平与安全。

三是确保荷兰处于数字安全硬件和软件的最前沿。

四是确保荷兰拥有灵活的数字化能力建设流程和强大的基础设施。

五是确保荷兰成功地对网络犯罪设置了障碍。

六是确保荷兰在网络安全知识发展领域中处于领先地位。

七是确保荷兰以综合且强有力的公私合作方式保障网络安全。

正如技术和社会发展要求具备一套灵活的网络安全体系一样，应对数字威胁也需长期的网络安全举措。许多安全措施需要由政府制定，额外的一些措施也要由市场各方制定。这需要国家的机构间密切合作，形成良性互动。不过，相关的措施也应随着威胁的不断演变而改变。

（一）荷兰有足够的数字化能力来发现、缓解和应对网络威胁

为了能够有效应对不断增长的数字威胁，荷兰的政府机构和私营组织必须开展合作，且拥有适当的能力和资源予以应对。因为许多机构组织的网络成熟度不同，其中一些组织仍需付出努力。

虽然一些较大的企业和组织正筹备自己的安全运营中心或计算机应急响应团队，但其他规模较小的企业或组织对数字风险的了解程度不够，把控不准。这些公共和私人团体对自己所属的数字系统保护力度不强，信息的保护措施尚未开始，同时，基本安全法规尚未开始实施。

诚然，足够的数字化能力也包括安全组织能力。为确保国家网络安全，这些组织部门必须在数字和物理领域中执行任务。

迫切需要建立更好的获取有关数字威胁信息的能力。政府机构和私营组织可以更迅速地获取信息，并采取行动来减轻这些威胁带来的影响。近年来，由于各方相互了解并在信任的基础上开始合作，荷兰各组织和企业之间的信息沟通得到了很大的改善。这是朝着正确方向迈出的扎实一步，但它仍然无法为现在和将来解决数字威胁提供足够的保证。下一步是在保证信息交流和维持现有合作的基础上扩大合作和交流范围，例如促进跨部门分析的通道，提高政府组织和关键服务提供者的察觉和响应能力，以此来提高整体的数字能力。建立满足所有利益相关者（从商业社区到公共机构，从公民个人到网络安全专业人员）的一套共享信息的网络生态系统。

1. 目标

一是公共机构和企业能够适当地响应数字威胁和攻击，必须未雨绸缪，实施必要的预防性措施。

二是政府部门必须以防患于未然的态度应对构成国家安全威胁的大规模网络事件。

三是对国家安全至关重要的行业组织必须了解数字威胁和攻击，并能够察觉、检测出威胁自身和国家安全的攻击形式。

四是将建立一个具备网络安全伙伴关系的全国性网络。这个网络的目标在于加强公共和私人团体的能力，公共和私人部门之间可以广泛、有效地共享有关网络安全的信息。

五是在数字领域采取有效法律手段，相关法律也需依据网络威胁和技术的发展与时俱进。

2. 措施

一是加强诸如荷兰国防计算机应急响应小组（CERT）、国家网络安全中心（NCSC）和公共工程和水管理总局（Rijkswaterstaat）等情报和安全服务单位的事件响应能力，以应对威胁国家信息及通信技术（ICT）的违规行为。此外，还必须鼓励建立更多私营部门的计算机应急响应小组，如Z-CERT（针对护理部门）和I-CERT（针对保险部门）。

二是关键过程需额外的保护，并在发生故障或损坏时提升恢复能力。这些组织应确保他们具有适当的响应能力或者与第三方就此达成协议。必要时可以和私营部门共同为网络安全服务提供商开发认证系统。

三是荷兰必须针对威胁国家安全的大规模网络事件做好应急准备。更新《国家信息通信与技术应急计划（National Crisis Plan ICT）》。此外，还将制订国家信息通信与技术应急演习计划，包括政府机构和私营组织之间关于联合行动议程的安排以及有关各方的协调安排。

四是情报和安全服务单位能深入了解威胁和数字攻击，发现、破坏它们并增强恢复能力，这些功能将在结构上得到改善。为了确保这一点，政府将下拨额外经费进一步增强国家网络监测能力，以求创建一个坚不可摧的网络体系。

五是通过建立合作平台加强国家层面的情境意识，目标是在法律框架内为相关组织提供更多信息和更快捷的行动视角。与此同时，还应注意网络安全要求。信息接收者需具有一定的成熟度方能实现信息共享。

六是建立在现有公共和私人网络安全伙伴关系的经验基础之上，在国家安全和反恐协调员（NCTV）协调下组织圆桌讨论会，以讨论开发全国范围的网络安全伙伴关系网。

七是国家网络安全中心（NCSC）和数字信托中心（DTC）将鼓励为公共机构、企业界和民间社会组织创建和进一步发展网络安全伙伴关系，并在必要时提供支持。这还包括为企业界和民间社会组织制定一套基本安全措施。

八是为促进数字领域的安全，同时维持基本价值观和隐私，须审查旨在保护国家安全的立法。

（二）数字领域的国际和平与安全

国家行为者越来越多地利用数字资源从事间谍活动，将数字资源作为其各种手段的组成部分。同时，正在建设进攻性、军事网络能力的国家越来越多。这一威胁近年来显著增长，对国际安全造成严重威胁。

在国际层面上，各国在网络领域的做法存在着巨大的分歧。对于国际法的适用范围、网络空间的行为准则以及对数字资源的依赖和获取，人们有不同的看法。此外，互联网分散的特性和互联网提供匿名行动的机会阻碍了对已达成协议的执行和监督。部分原因在于，网络监督在网络领域难以开展，可能对国际法律秩序构成威胁。荷兰有自己的能力和手段，能够坚决地阻止对国家利益的数字攻击，并在极端情况下采取相应的报复行动。

1. 目标

一是荷兰促进数字领域的国际法律秩序，包括人权保障。

二是荷兰能够独自或作为联盟的一部分，快速地对国家层面的数字攻击做出具有一定威慑作用的报复反应。

三是荷兰具备投资发展全球网络安全链的能力，帮助减轻犯罪分子和国家层面的网络威胁。

2. 措施

一是荷兰将支持国际法在网络空间的应用，促进其规范化，并在国家和其他各机构之间建立信任关系。荷兰继续呼吁建立开放、自由和安全的互联网国际联盟，鼓励各国之间建立信任和发展规范。网络空间稳定全球委员会已经为此做出了重要贡献。

二是荷兰将制定一个广泛的战略框架来应对数字攻击，包括所有的可用手段，如公开归因、威慑、攻击能力的使用以及在网络领域的更广泛回应。为此，荷兰将加强对国家层面的破坏行为或网络破坏行为的外交和政治回应，并在框架之后提供一系列适当的外交回应文书。这与欧盟开发的外交网络和应对网络事件的外交工具箱密切相关。荷兰在这方面发挥了主导作用。

三是为了威慑（潜在的）敌人，荷兰将进一步加强其网络部队的进攻能力。这有助于荷兰发展和实施在欧盟和北约层面的数字领域的行动能力，也将用于支持物理领域的军事任务和行动。

四是荷兰为建立一个自由、开放和安全的互联网做出了重大贡献，例如通过制定准则来促进网络人权的保护。这在一定程度上取决于自由在线联盟的进一步发展。

五是荷兰通过提高第三方国家的网络安全水平，缩小发达国家和不发达国家之间的数字鸿沟，强化全球网络安全链。全球网络能力论坛（GFCE）有利于建设战略能力的项目发展，国际多方利益相关者的联合有利于建立开放、自由和安全的互联网，将促进战略能力建设项目。

（三）数字安全的硬件和软件

随着物联网的提出和不断发展，越来越多的设备正接入互联网。预计到2020年，大约204亿台设备将连接到互联网。其中，至少63%将会是个人消费者的设备，剩余37%是企业用设备，这些设备一旦遭到破坏或被滥用（不仅对于企业自身流程，而且会进一步影响到供应链设备），造成的影响将会比个人设备大得多。

重要的是，每个人都应当以数字安全的方式信任地使用这些产品，不仅是为了他们自己的数字安全，还为了整个社会的数字安全。恶意攻击者可以通过设备中的硬件和软件中的漏洞轻松获取访问权限，并通过此设备访问网络。

数字产品的用户和提供商通常不会或几乎不考虑他们的行为对他人造成的潜在的、有害的影响。这可能会产生严重后果，例如滥用设备进行 DDoS 攻击，操纵设备或窃取存储信息。

硬件和软件的数字安全在默认情况下并不能得到保障。硬件和软件提供商并不总能解决与其流程和生产相关的安全风险。用户几乎没有任何方法对连接到互联网的设备的数字安全级别进行可靠的评估，即便他们确实掌握评估知识，也很难进行，比如用户很难评估其决策的长期影响性。通常情况下，用户需要专业知识才能充分了解设备的数字安全。因此，他们需要获得授权。这可以通过提供针对用户行为的工具来评测硬件和软件的数字安全。在这方面，研究有关用户行为安全的信息活动的有效性起着重要作用。

1. 目标

荷兰需要采取一系列统一的措施，平衡各方利益，鼓励和加强硬件和软件的数字安全，这就是荷兰将实施并进一步制定硬件和软件数字安全路线图的原因。具体目标如下。

一是荷兰将鼓励标准化和认证举措，并加强监督和执法，以防止硬件和软件的数字安全风险。

二是荷兰将通过测试数字产品并明确数字安全风险，努力提高数字安全风险的检测能力。

三是荷兰将通过责任制度为公民和企业提供行动指南，提高安全风险认识，努力减轻数字安全风险。

四是荷兰将努力出台一套基本原则，以促进硬件和软件的数字安全。

2. 措施

一是标准和认证对硬件和软件的数字安全至关重要。

二是在布鲁塞尔的谈判中，荷兰将提议尽快采用网络安全法（CSA），并迅速制定欧洲ICT产品和服务安全认证框架。从短期来看，政府将倡导对特定产品（即存在巨大风险或在使用中存在许多问题的产品）采用强制性认证。从长远来看，必须逐步扩大强制性认证，或对所有互联网连接产品贴上CE认证标识。

三是荷兰将鼓励采用国际标准、伙伴关系和框架。荷兰希望通过国家标准（Netherlands Norm，NEN）化平台，积极参与相关的欧洲和全球标准化和认证计划。荷兰还将通过全球网络专业知识论坛（GFCE）等方式，开展物联网标准化方面的多边合作。

四是政府将与公共和私营团体一起开发一个监测系统，实时监测数字产品（特别是物联网设备）的数字安全信息。这方面，政府将引进国际做法。

五是政府将与互联网接入提供商讨论如何应对不安全的物联网设备，类似应对僵尸网络的成功方法。产品测试对于确保设备的数字安全至关重要。根据各部门的使用案例，政府将启动共享测试点，以获得有关内容和经验。

六是创新性解决方案的提出和商业化可以为硬件和软件的数字安全做出重要贡献。荷兰将通过2018年出版的《国家网络安全研究议程III》（NCSRA III）开展旨在开发和商业化创新解决方案的网络安全研究。此外，得益于小型企业创新研发计划的应用，各种致力于新的、创新性的、数字安全的硬件和软件的研究正在招标中。政府还鼓励开源加密，在 NCSRA III 框架内为此提供额外资源。最后，政府将组织有关创新解决方案的对话会议，以确保硬件和软件的安全，或者讨论停止某些解决方案。这也是荷兰的目标之一。

七是对于供应商而言，义务是制造和维持其硬件和软件安全的一个重要的经济激励因素。政府正在与利益相关方、学者，在重点领域、有待改进的领域和潜在解决方案方面，对造成硬件和软件不安全的义务进行讨论。荷兰将积极参与义务和新技术专家组，并发挥荷兰利益相关方在这一进程中的作用。此外，在关于数字内容和数字服务指令提案的谈判中，荷兰建议：供应商在任何情况下，都应该对消费者的软件强制执行安全更新。

八是设定最低安全要求可以使不安全的产品远离市场。政府将依据欧洲无线电设备指令，对确保设备安全的最低要求开展调查。

九是政府还将对中央政府采购硬件和软件时在保证数字安全方面的额外措施和需求进行调查。

十是监督和执法促使供应商遵守法律法规。政府将组织一次全国监督机构对话会议，研究他们在不久的将来，如何促进硬件和软件的数字安全，并建立监督机构的互相协同机制，提高监督机构之间的合作水平。

十一是培养安全意识和提高安全技能对软硬件的数字安全非常重要。因为除其他因素以外，不仅提供商会考虑到数字漏洞危害，用户也会意识到可能存在的风险。作为 veiliginternetten.nl 举办的网络安全意识活动的一部分，政府将推出一项或多项政策，支持数字安全硬件和软件领域的公共活动。

（四）灵活的数字化能力建设流程和强大的基础设施

信息通信技术（ICT）与荷兰社会的联系越来越紧密，其带来的一个结果是企业和公共机构的运营操作智能应用程序日益自动化。企业可以在产业链上进行操作，不再需要亲自完成所有任务。除其他事项外，他们依赖于其他企业提供数据，或执行或支撑其数据处理。该举措并非没有风险，如果数据没有以安全可靠的方式与其他企业交换，这可能会导致企业业务流程的中断。如果这种情况发生在关键流程的供应过程中，将引起重要系统故障，损害物理安全，造成社会的混乱，基础设施建设或数据交换的协议和软件的问题也随之出现。最后，提供数据处理服务的当事人可能功亏一篑。

由于数据通信网络可用性（或连续性）十分重要，因此政府制定了该类网络供应商的具体要求，颁布了《电信法》和《网络安全法》。其目标是使上述供应商的系统能够抵御各种威胁和事件，其中包括可能会引起基础设施建设故障的威胁和事件。CSA还规定了基础服务和数字服务的所有供应商实施恰当的技术和企业措施的义务。该规定的执行将由部门监管机构进行监督。这将进一步提高供应商的安全级别，并且为易受攻击（没有得到恰当保护）的信息系统采取严格的行动提供了可行性。《网络安全法》明确了国家网络安全中心（NCSC）的任务是向中央政府和关键服务提供商提供网络安全方面的建议服务以及其他方面的内容。该法案还规定了在政府主体或者基础供应商从NCSC没有充分获得处理建议的情况下，可告知相关部长。荷兰政府希望所有机构在其提供的服务持续受到威胁时，能够做出合适的回应。及时处理过期的软件和硬件也是同样重要的（历史遗留问题）。

为确保有效、顺利地进行数据交换，全球数据交换的软件和协议也需要关注和维护。这经常涉及由社区志愿者开发的开源软件。因此，这通常缺乏维护和专业审查软件质量的能力或资源。其他软件开发人员还使用开源软件作为其工作的基础，这进一步增加了对该软件的依赖。付费软件的质量和硬件的安全与顺利有效的数据交换同等重要。这在决心3中得到了解决。一些用于互联网进行数据交换的普及协议已有数十年的历史，不能够抵御现在的攻击。旧版互联网标准的改进版本（例如IPv6或HTTPS）采用率非常低，因此旧版本（IPv4和HTTP）的弊端在未来一段时间内仍然是个问题。

企业和公共机构依赖于其他组织对其数据进行处理，包括云提供商及其客户、提供开放数据的公共机构以及确保数据交换完整性的证书供应商。荷兰政府的目的是使各机构之间的重要（连锁）的相互依赖的关系变得透明，但在任何时候都完全掌握这些数据是不可能的。因此，荷兰政府呼吁所有机构在其服务面临连续风险时能够做出恰当的响应。目前正在研发的数字信托中心（The Digital Trust Center）旨在增强意识和为行动提供建议，以帮助事件当事人。该中心将与NCSC和其他各方（包括中小企业）进行协商。如果机构希望使用网络安全服务提供商的服务，那么他们也必须以专业的方式，并诚信地处理计算机网络和敏感信息。许多荷兰企业依赖于有限数量的国外数字基础设施服务提供商，这意味着如果数据中断将会造成重要的影响。

2014年在OpenSSL编程库中发现了一个"Heartbleed"漏洞。当时，这个漏洞在该数据库中已经埋藏了两年。许多Web服务器、VPN服务器、邮件服务器和其他应用程序使用OpenSSL创建安全连接。其他设备也可以使用

OpenSSL，包括家用电器、路由器、Wi-Fi接入点和客户端系统上的一些应用程序。利用Heartbleed，攻击者可以远程读取系统的内部信息。该例子说明了开源软件的漏洞可能会对商业社区、公共机构和公民的网络安全产生重大影响。

1. 目标

一是所有相关当事人都将参与确保关键流程的连续性和数字化弹性的过程，旨在提高整个产业链的恢复力。

二是提高开源软件的质量，加速运用现代互联网协议和互联网标准。

三是荷兰政府提倡创新的网络安全环境，该环境能够确保开发并采用安全的信息通信技术（ICT）产品和服务。

2. 措施

一是除了《电信法案（Telecommunications Act）》对电信供应商的现有义务外，《网络安全法》的提案大大增加了关键服务供应商的数目，这些供应商必须遵守谨慎性原则和告知义务。部门监管机构将在关键基础设施领域对网络安全进行监督（目前还没有实施），部门还将获得执行监督的权利。

二是监管机构与责任部门将共同开发一种方法，以确定关键服务供应商对其本身数据驱动的业务过程的依赖关系。

三是需对是否需要采取额外（欧洲或国际）措施进行研究调查，旨在减轻荷兰企业依赖的部分国外数字基础设施供应商服务中断所造成的影响。

四是开源软件在企业间的数据交换中发挥着中心作用。经济事务和气候政策部（The Ministry of Economic Affairs and Climate Policy）将与NCSC密切合作，审查如何开发和维护开放源码软件的社区，以提高软件的质量。

五是政府需要保证供应商在其产品和服务中采用现代互联网协议和互联网标准，部分可以通过在欧洲层面设置议程来实现。

六是政府作为一位发起者，在采购信息通信技术（ICT）产品及服务时应运用网络安全的要求，并就此事向关键服务提供商提供强有力的建议。

七是与私营机构合作，为网络安全供应商开发一套认证系统，旨在让公共和私营机构明确可从何处获得安全服务。

（五）成功地对网络犯罪设置了障碍

1. 检测问题

犯罪分子通过互联网进行大规模的网络犯罪活动：仅2017年，便有九分之一的网民成为网络犯罪的受害者。"网络犯罪"这个词涵盖了广泛的犯罪行为，从数字形式的经典犯罪到各种新型的犯罪。比如，黑客入侵电脑，将钱转移到犯罪分子的银行账户，或者打开摄像头和麦克风，监视周围的人。专业犯罪分子主要针对私人组织和公民窃取数据，这些数据可被出售或公开。

在网络安全框架内对国家安全的威胁通常是针对数字基础设施及其相关设备的犯罪。对这些犯罪的处理主要集中在新犯罪或严格意义上的网络犯罪。打击网络犯罪的方法集中在预防和打击犯罪，以及限制受害者、犯罪者和再犯率。这涉及高科技犯罪和普通犯罪。数字调查在更典型的犯罪中也很重要，例如在毒品交易和欺诈案件中，互联网也作为一种工具被使用。而这些类型的犯罪目前还不在网络犯罪打击策略的范围之内。

加强网络安全和打击网络犯罪是相互配合的，在预防措施领域更是如此。安全的软硬件是防止数字威胁的重要屏障。当这种软硬件因为其自身漏洞而被利用时，就会引发网络犯罪，因此确保这种软硬件的安全性是至关重要的，这在国家网络安全议程（NCSA）的决心 3 中有更详细的阐述。确保公民和企业对软硬件的安全使用也是至关重要的，这在决心 6 中也有体现。

此外，荷兰国家反高技术犯罪部（NHTCU）、荷兰国家警察（DNP）和公诉机关的国家单位（Public Prosecution Service's National Unit）近年来在打击对国家安全的威胁方面获得了丰富的经验。他们所获得的经验和专业知识将用于打击网络犯罪。网络罪犯不断出现，同时也丰富了这些机构的应对之法。警察和司法部的权力必须保持同步。

2. 目标

一是拥有有效的壁垒来抵制网络犯罪。

二是加强网络安全和打击网络犯罪的相互配合。在这方面，政府与工商界、公民和民间社会组织之间的合作极为重要。

三是对于网络安全而言，重要的是调查权力要与网络罪犯工作方式的发展保持同步，以应对针对国家安全的威胁。

3. 措施

一是在荷兰参议院通过后，《计算机犯罪法案（三）》将迅速实施。这将加强警察和司法部调查罪犯数字化攻击的能力。该法案将在实施两年后进行评估。

二是政府将提出建议，提高公民和企业的数字技能，减少网络犯罪的机会。

三是鼓励使用安全的软硬件来防止网络犯罪。

调查网络罪犯并破坏他们的收入这种模式有助于网络安全。目前针对网络犯罪的策略主要是调查、起诉和破坏式犯罪，预防方法可以是加强法律法规。这种做法将持续并且不断加强。此外，还增加了新的内容，如针对潜在犯罪者和受害者的预防措施、对受害者的不同形式的支持、防止再犯的方法以及有关长期政策的知识。

（六）网络安全知识发展

在荷兰，知识是一项极其重要的资产。荷兰社会是高度发展的数字社会，这依赖于知识的发展和使用，数字发展决心是荷兰国家能力自我评估中必不可少的一环。

荷兰迫切需要保持和深化高质量的网络安全知识发展。在这方面，加强网络安全研究的高质量发展至关重要。网络安全知识的发展需要能够采取措施来规避现有的和未来可能发生的数字威胁。高质量的自主知识有助于避免过度依赖其他国家的网络安全知识体系和网络安全解决方案。网络安全知识发展不仅适用于自然科学，也适用于艺术、人文和社会科学。它涉及对短期和长期解决方案的单学科或跨学科研究。研究过程中，覆盖整个知识链是极其重要的。

荷兰的网络安全拥有高标准的研究水平。许多机构，如大学、应用科学大学、荷兰科学研究组织、企业和中央政府，在对网络安全研究进行投资。近年来，"国家网络安全研究议程（NCSRA）"的连续版本已成为网络安全的一个重要框架。为提高荷兰在网络安全领域的地位，荷兰对邻国网络安全研究进行投资，目前已对邻国网络安全研究进行了多年的推动，积累了许多相关方面的人才。

此外，政府和商界对网络安全问题的创新解决方案及训练有素的人员需求也越来越大。劳动力市场的短缺导致了组织内网络安全知识的匮乏，这使企业和组织对数字威胁缺乏足够的抵抗力。

需要指出的是，公民和企业也应继续发展自身的知识，以保护自己免受数字威胁。除网络安全研究领域的任务外，Dcypher9（由司法和安全部、教育部、文化和科学部、荷兰科学研究组织于 2016 年联合设立的机构）也被授予网络安全高等教育领域的任务。它绘制了荷兰高等教育领域的蓝图，促进了学位方案和对应届毕业生技能的评估。下一个重要的步骤是分析课程供应和对训练有素人员的需求之间的差异。欧洲正在这一领域开展合作。足够的教学能力（在关注的各方面）需要得到更进一步的关注。

现在，数字素养教育已成为小学和中学教育课程的一部分，但鉴于幼儿面临的风险，教育领域需要不断发展更新。政府正在与教师、学生、家长、教育机构和专业领域一起推进新的课程修订，新修订包括数字素养。自 2019 年起，这一课程修订将被写进法律。

研究表明，公民和企业仍然没有清醒地认识到数字活动的危险以及他们可以采取哪些措施来避免成为数字领域的受害者。近年来，商界和政府已经投入巨资，提高公众和小企业对数字威胁的认识，并通过 veiliginternetten.nl 和 Alert Online 等渠道，以及通过"防盗器（maakhetzeniettemakkelijk.nl）"等活动，对小企业进行了大量的宣传，不让他们轻易成为电话诈骗、网络诈骗的受害者。荷兰将通过更多的公私合作以及在公共领域的宣传活动来提高企业凝聚力，改善公共领域通信环境。在这样的情况下，有必要制定一份指南，包含公民和小型企业的基本安全措施。这套安全措施并不能防范所有可能的数字威胁，但却是公民和小型企业进一步发展其数字技能所能采取的重要措施。

1. 目标

一是进行高质量的网络安全研究。

二是有一个长期的知识发展方案，在该方案下，学术界研究和深入探讨数字知识，并且有足够的学者可以在网络安全领域获得单独的知识。

三是公民和企业能够认识到应对数字威胁的重要性，并能够更好地抵御网络犯罪。

2. 措施

一是荷兰将在网络安全研究方面进行结构性投资。将采取多年的公私合作方式，促进高质量的网络安全知识发展。与网络安全相关的倡议、项目和工具将会更好地被协调使用，包括 Verhoeven/Rutte11 议案。在进行这些调查之前，将首先安排对网络安全研究的财政奖励。

二是提高包括数字素养和网络安全技能在内的数字技能是对中小学教育课程综合审查的重点。这方面的提案在 2018 年制定，并从 2019 年开始逐步形成法律法规。学校将得到知识网络的支持。

三是政府鼓励企业和民间团体进一步发展员工和市民的数字技能，并确保各宣传活动之间的连续性和凝聚力，以增加宣传效果。宣传活动将参考行为科学的最新见解。

（七）网络安全途径

近年来，公共部门、私营部门和公私部门采取各种举措来改善荷兰的网络安全。提升网络安全方法的进程和速度应确保与实现的结果具有一致性。提升网络安全必须加强协调能力，特别是政府部门协调的能力。国家安全和反恐协调员与所有相关各方（公共机构、工商界、科学界、民间社会）共同努力以保持凝聚力，促进和确保改善网络安全。只有通过密切的公私合作，在进一步发展和评估网络能力中才能取胜。网络领域日益复杂，呈现的问题广泛性需使各方的角色和责任清晰化和明确化，这也有助于确定明显的实质性举措，并与本议程联系起来。例如，网络安全同样也包含在"公司治理准则"中，成为审计和审查过程中的一个主题。在私营部门方面，还需同私营部门在荷兰的网络安全综合性方法方面进行更加紧密的合作。

越来越多的公民和企业使用公共机构的数字服务，信息安全和网络安全对公共机构的重要性正日益增加。因此，数字服务的失灵、中断甚至是被破坏将直接损害关键服务供应过程。为了优化政府向公民和企业提供的数字服务，并保证提供高质量的服务，公共机构必须继续投资于信息安全和网络安全，并优先考虑服务的可用性和连续性。除服务之外，数字化还对公共价值和人权产生影响，并需要在信息化社会中保障它们的正常使用。除了向公民和企业提供安全服务之外，政府还需保障自身的信息安全，并能够抵御数字攻击。数字政府广泛议程（The Broad Agenda for Digital Government）更详细地讨论了这些主题及政府采取的措施，以加强信息安全和网络安全。

1. 目标

一是加强政府在网络安全综合方法中的协调作用。

二是确保荷兰企业、公民和政府组织履行其在网络安全方面的责任、权利和义务。

三是为了数字政府的信息安全，必须确保有一套稳定的措施来加强数字基础设施和保障信息安全，进一步规范信息安全规范框架，包括建立和设置政府信息安全基准线。关于这一点，需要减少当局对信息安全部门的行政负担，并将审计和评估联系起来置于问责链（Chain of Accountability）中。在其他措施中，信息安全和网络安全将被植根于《数字政府法》。

2. 措施

一是国家安全和反恐协调员加强对综合方法的协调。

二是将组建一个网络安全联盟，使公共和私人团体能够执行来自国家网络安全中心（NCSC）的措施。

三是将在国家安全和反恐协调员的协调下，与所有相关方合作观察网络安全方法的执行进展情况，并在必要时根据技术手段和社会发展进行重新调整，将在 2021 年对此版议程进行综合评估。

四是通过建立全国范围的网络安全伙伴关系网络，加强公共当局与商界之间的合作。对小企业进行指导和帮助将成为框架的一部分。公私合作可以采用不同的方式进行。

五是"数字政府广泛议程"将讨论一套连贯的公共行政信息安全和网络安全措施。这些措施将由"政府数字政府政策论坛（Government-wide Digital Government Policy Forum）"来协调。

4.6 希腊国家网络安全战略 2.0 版

一、概述

这份文件描述了国家网络安全战略（National Cyber Security Strategy）。该战略的发布表明希腊政府正在制订网络空间安全计划。

鉴于互联网和信息通信技术（ICT）的使用在公共和私营部门活动的各个方面继续增长，因此需要特别强调建立安全的网络环境、基础设施和服务，这将进一步提高公民的信任，引导他们使用新的数字产品和服务。营造一个安全的环境，一方面能促进新服务和新产品的产生，另一方面能保护公民在新的数字世界中的隐私和权利，这些被认为是促进希腊经济发展的必要条件。

《国家网络安全战略》确定了在希腊建立安全的网络环境的主要原则，并确定了战略目标和实现这些目标的行动框架。

《国家网络安全战略》的实施将由国家网络安全管理局（National Cyber Security Authority）负责，该机构的成立旨在缩小希腊公共和私营部门网络空间安全的利益相关方之间的组织和协调差距。此外，国家网络安全管理局将根据需要对国家网络安全战略进行评估、修订和更新，每三年至少进行一次。

二、序言

日益广泛地使用ICT，可以较快地传输、处理和存储海量数据，而当今社会正在越来越多地利用这些数据进一步推动经济、社会、技术、文化和科学的发展。与此同时，互联网的普及使得人们可以直接访问这些数据和交换信息，从而从根本上改变社会和经济生活。经济、商业和企业的进一步发展越来越依赖于数字基础设施。公共行政部门期望数字技术能改善提供的服务，合理利用信息资源。互联网的开放性和免费接入，以及ICT系统的机密性、完整性、可用性和灵活性，是实现繁荣、维护国家安全以及维护基本权利和自由的基础。

随着人类社会越来越多地依赖ICT系统，ICT系统的安全已经成为一个重大的国家利益问题，与此同时，保护数字服务用户，尤其是年轻用户变得越来越必要。"网络安全"指的是必须采取一切适当的行动和措施，确保网络空间免受其本身或直接相关的威胁，这些威胁可能对相互依赖的ICT系统造成损害。《国家网络安全战略》是通过确保关键基础设施的完整性、可用性和灵活性以及数字信息传输的机密性，改善网络安全的一项工具。该战略还维护开放社会、宪法自由和个人权利的原则。

三、一般原则和目标

《国家网络安全战略》的主要原则如下。

一是开发和建立一个安全和有弹性的网络空间。根据国家、欧盟和各种国际规则、标准和良好做法进行监管，让公民、公共和私营部门利益相关者可以按照政府法律的价值观安全地进行活动和互动，这里的价值观主要侧重于自由、公正和透明。

二是不断提高抵御网络攻击的能力，重点是加强关键基础设施抵御网络攻击的能力，保障运营连续性。

三是对国家网络安全框架形成制度性防护，有效处理网络攻击事件，最大限度地降低网络空间威胁的影响。

四是利用学术界、其他公共和私营部门利益相关方的能力，在公民、公共和私营部门中营造牢固的安全文化。

国家网络安全战略的具体目标可归纳为如下几点。

一是提升对ICT系统和基础设施安全威胁的预防、评估、分析和威慑水平。

二是加强公共和私营部门利益相关方预防和处理网络安全事件的能力，并提高ICT系统在遭遇网络攻击后的恢复能力。

三是确定参与实施国家网络安全战略的个人能力及各公共和私营部门利益相关方的角色，建立有效的协调与合作框架。

四是确保希腊积极参与国际网络安全倡议和国际组织为加强国家安全所采取的行动。

五是让所有的社会机构意识到要安全地使用网络空间，并告知用户也要安全地使用网络空间。

六是不断完善国家制度框架，以适应新技术要求和欧盟对有效处理网络空间活动违法行为的指示。

七是促进安全领域的创新、研发以及利益相关方之间的合作。

八是有效使用最佳国际惯例。

国家网络安全战略的采用、实施和监督将有助于建立强大的法治，有助于建立抵御网络威胁的高水平安全能力，有助于保持对隐私、个人和社会权利的尊重。这将为公民和企业提供优质的网络服务，同时为所有利益相关者制定共同规则，使之成为经济增长和企业发展的杠杆。

四、行动框架——战略目标

国家网络安全战略分为两个阶段。第一阶段是战略的制定和实施，第二阶段是评估和审查。这些阶段决定了一个连续的生命周期，即首先制定和实施国家战略，然后根据预先确定的评价指标进行评估。如有必要，加以修订和更新。

涉及的利益相关者分为两个层次：战略和运营。国家网络安全局是高层政府层面的利益相关者，它监督、实施并全面负责国家网络安全战略。国家网络安全管理局将（可能）在国家咨询机构/论坛的协助下行使其职权，其中涉及的所有公共和私营部门利益相关方将与国家计算机应急响应小组密切合作。在其职权范围内，它将监测、协调和评价有关利益相关者为实现战略行动和目标所进行的工作。

实施国家网络安全战略所需的行动框架如下。

（一）确定参与国家网络安全战略的利益相关者

国家战略主要涉及对于社会顺利运转至关重要的利益相关者。因此，必须确定有助于制定和执行国家战略的公共和私营利益相关方。

（二）定义关键基础设施

定义和注册关键基础设施（公共部门和私营部门）及其相互依赖关系。

（三）国家层面的风险评估

按照科学和技术程序在国家层面编写《风险评估研究报告》，主要对风险影响进行识别、分析和评估，并制订保护每个部门和/或每个利益相关者的关键基础设施的计划。这项研究每三年修订一次，将考虑所有潜在的威胁，特别是与恶意行为（如网络犯罪、网络攻击）相关的威胁，以及与自然现象、技术失灵或故障以及人为错误相关的风险，还将考虑涉及国家战略的利益相关方的ICT系统的互联性本身的网络安全风险，同时将进一步调查对国家层面的影响程度和严重性。

（四）记录和完善现有的制度框架

国家战略的制定与实施的初级阶段包括记录和评估现行的体制框架和结构，以满足国家战略目标。现有的制度框架包括：与网络安全相关的利益相关者的立法、角色和能力（例如个人数据的处理、电子通信、通信保密性、网络完整性和可用性等）；各部门（例如银行业）的监管行为及其对改善网络安全的影响（例如希腊银行的监管和审查作用）；公共或私营机构的架构、利益相关者和服务，以及在保障网络安全方面发挥的运营作用（例如，计算机安全事件响应小组 CSIRTs）；现有的应急计划，如 Egnatia、Xenokrates 等；关于网络与信息安全和关键基础设施安全的欧盟和其他国际指令和条例。

对现有体制框架和有关结构的效率进行详细的记录和评价，可以发现没有被充分覆盖的工作和有交叉的工作事务，也可以发现需要进一步改进和协调的工作。在此基础上，政府将根据整体社会和政治局势，以及国家网络安全战略的要求，在尊重宪法自由、个人权利和国际法的基础上，通过必要的立法实现其目标。

国家战略不仅反映了它与现有制度框架的相关性，还适用于国家或国际层面的其他战略（例如国家安全监管、国家军事战略、电子政务战略等）。它也符合欧盟相关法规和指令的要求，如欧洲议会的指令（EU）2016/1148 和2016 年 7 月 6 日通过的 NIS 指令。

（五）国家网络空间应急预案

国家网络安全预案的主要目标包括：确定和描述事件危机的标准；确定处

理重要程序；确定行动以及各利益相关者管理特定事件的角色和能力。

（六）确定基本安全要求

所有参与国家网络安全战略的利益相关者都有义务采取一切技术和组织措施，确保信息和通信系统的安全和平稳运行，并将安全事故的影响降至最低。这些措施包括预防措施，也包括处理安全事故的措施。

国家网络安全管理局将根据国家层面的风险评估（例如，通过监管法案）确定最低安全要求以及相应的技术和组织措施，利益相关者必须实施这些措施，以实现基本和共同的安全水平。

在实施、评估和适当的应用审计过程中，建立利益相关者之间的共同规范准则尤为重要。

此外，拥有"共同语言"将增强利益相关者交换信息的能力，同时也会促进安全事件的报告和实施共同安全实践。

（七）安全事件处置

一旦发生网络安全事件，国家战略利益相关者必须做好有效应对。利益相关者应掌握与所需处置事件相关的技术细节，对事件进行分析，对处理网络安全事件的知识实行共享机制，以帮助所有参与者做好有效应对，并不断修正安全举措，降低安全事件重复发生的风险。依照这种方式来加强防备和处理安全事件及事后恢复的能力。按照"国家网络空间应急预案"，实现对突发事件的管理。

在处理安全事件时，计算机安全事件响应小组（CSIRTs）发挥着重要作用。其主要职责是基于预先设定的角色、能力和程序，以及业务和沟通能力，协调利益相关者参与处置事件并采取行动。在国家层面，也存在一些其他应急响应小组，也会因不同部门而设立一些新的计算机安全应急响应小组。此外，国家计算机应急响应小组（National CERT）在优化防范、评估和分析相关威胁方面也发挥着重要作用。国家计算机应急响应小组与希腊及国际的计算机安全事件响应小组/计算机应急响应小组建立关系并展开合作，从国内和国际两个层面不断对信息和通信系统的威胁及漏洞展开监测，依据各国实际情况进行分析与评估，并向利益相关方通报情况，增强应对安全事件的防范能力。

（八）国家应急演习

国家应急预演是评估各利益相关方应急准备情况、检测系统缺陷和漏洞的重要工具。模拟演练通过执行相关安全措施、起草相关应急计划，为处理和解决类似真实事件提供了契机，使利益相关者能不断完善和更新。此外，演习还能加强信息和知识的交流，增进与参与其中的利益相关方之间的合作交流，同时增强文化协作，提高希腊网络安全水平。

定期开展应急演练。演习属于国家网络安全管理局的职责，演习计划需明确时间、职责、场景和目标。演习的结果，特别是所获得的知识，必须让参与演习的利益相关方都有所获取。希腊也正在寻求参加欧盟和其他国际层面的应急演习。

（九）用户–公民意识

认识到与网络安全相关的威胁和漏洞及其社会影响是至关重要的。对参与国家网络安全战略的相关利益用户和普通公民进行宣传教育，适当并有针对性地提高认识，将有助于提高对网络环境威胁的认识，使其免遭威胁，预计这将最终提高希腊的网络安全水平。

与提高用户–公民意识相关的行动、机制和方法取决于受众对象。提高用户–公民意识项目的设计、组织和实施受国家网络安全管理局监督。指导性教育包括：公民信息运动（例如通过教育部开展的小学或中学教育）、针对利益相关方信息和通信系统管理员及用户的教育活动（例如与大学机构合作开展教育活动）、通过网站进行宣传等。

（十）情报交换机制

除"确定基本安全要求"这一节提过的义务性情报交换外，国家网络安全战略中强调私营利益参与者及其同公共部门的顾问机构和国家网络安全管理局之间的情报交换机制也颇为重要。应当鼓励私营利益参与者就其操作的ICT系统、所执行的安全政策及所面临的威胁和安全事件进行情报交换。同样，也要鼓励公共部门的利益相关者交换情报，但这可能会潜在地危及网络安全水平。通过上述信息，可以分析与国家网络安全相关的威胁的发展情况。

有必要在参与《国家网络安全战略》的利益相关者的作用和能力的框架内，建立可靠的情报交换机制。

在本阶段或下阶段，将可能审查公共和私营部门伙伴关系的发展状况。这些伙伴关系将基于共同的执行范围建立，同时通过明确界定的作用，实现共同的目标。

（十一）科研及学术教育项目支持

学术界大力支持参与本国、欧盟或其他国际性研究的项目，并根据《国家网络安全战略》的情况调整课题，该领域的前沿技术和专业知识正在不断发展，这是加强希腊网络安全水平的重要参数。

（十二）国际合作

鉴于网络空间和互联网是一个全球的信息环境，因此应对ICT系统的威胁及漏洞需要全球努力，特别是需要在国家层面展开合作。因此，希腊必须依照本国当前外交政策目标和适用立法，积极参与关于网络空间安全问题的国际合作。更具体地说，与在这方面采取类似战略的国家展开系统性的合作。合作的目的是促进经验交流，探索最佳做法，联合开发应对与网络安全有关的威胁及挑战的有效手段。此外，希腊在制定和执行相关决策、实施希腊所属的国际组织规则时，在尊重国家决策自主权的前提下，最大限度地加强国家层面的网络安全合作，并推动建立类似的国际多边谈判和行动协调机制。

（十三）评估和修订国家战略

国家网络安全管理局对《国家网络安全战略》的战略目标实施情况进行监督评估，并可能修订该战略。对战略的评估主要基于预先确定的效率指标的方法，并在国际标准的基础上提交预先确定的时间表和含有具体改进措施的报告。国家网络安全管理局跟踪国际标准发展情况，推动各利益相关者采用最佳做法。本阶段，所有国家战略的利益相关者必须在其体制和行政能力范围内参与。

五、结论

《国家网络安全战略》的研究将基于上述行动框架，也将为实现国家网络安全水平愿景创造条件。实施上述框架需要加强公共和私营部门之间的合作，这需要大量的努力，也存在很多困难。即便如此，这种合作对于国家、公共行政、公民及公共安全服务水平的益处也是多重的，对私营部门（包括宽带服务供应商、私营企业等）亦是如此。

4.7 法国网络防御战略评估报告

网络防御战略评估报告是由总理委托国防和国家安全部长负责，在近200个代表该领域的所有利益相关者（包括法国公民和外国人）参加的一轮对话中拟定的。

在不到 6 个月的时间内完成了大量工作，并出台了一份全面的《网络防御白皮书》。这是该领域的第一次重大战略评估活动。它包括 3 个部分：网络威胁概述、改进国家网络防御的建议、加强法国社会网络安全的机会。

虽然这项工作远未完成，但它标志着法国实施网络防御战略的开端。其基础是加强对国家和重要机构信息系统的保护，以及加强为我国经济、工业、社会和文化做贡献的公民、机构和利益相关者的数字安全。

一、摘要

在网络攻击可能严重损害国家利益的时候，法国必须着手行使数字主权来调整其在网络防御问题上的立场。随着网络攻击的数量、强度和复杂性不断增加，法国必须通过一个强大的国家网络保护和防御系统来应对挑战，这需要从国家内部以及整个社会调动适当的资源来实现。

法国的首要目标是加强其重要系统（包括国家系统和关键基础设施系统）的恢复能力，使其能够承受重大的网络冲击；必须更好地保护对于我国经济和社会运作、公共服务的连续性和维护民主生活至关重要的业务人员；最后，法国的网络防御依赖于社会网络安全整体水平的提高。为了与数字主权的概念保持一致，必须在全国范围内对网络防御进行全面考虑，特别是把地方政府、企业和公民纳入考虑范围。

法国还必须加强对网络空间的战略思考，并在这一领域建立具体的外交关系。法国的国际立场必须表明，法国愿意构建一个和平、繁荣、尊重基本自由的稳定的网络空间。

在此背景下，评估报告将以下 7 项主要原则作为法国网络防御目标的核心：优先保护信息系统；采取积极的攻击威慑和协调应对姿态；充分行使数字主权；为网络犯罪提供有效的刑事制度；营造信息安全的共享文化；建立一个安全可靠的数字欧洲；采取国际化行动，支持网络空间的集体可控治理。

二、网络世界的危险

（一）迅速变化的威胁

许多因素（包括社会信息化程度的提高，对网络安全问题的认识不足，恶意工具的广泛普及和扩散，以及攻击者群体的职业化）使得网络威胁迅速增长，一场重大的网络攻击可能对国家造成严重后果。

大多数网络攻击的目标是经济、技术、战略或政治谍报。然而，破坏行为却变得越来越频繁，由专业的、有协调的群体发动的攻击范围之大令人忧心。

已有的攻击事件表明，由于缺乏良好的IT实践，简单的攻击常常能够成功。虽然记录在案的大多数攻击涉及拒绝服务操作、网站置换或网络犯罪行为，但复杂隐秘攻击的增加尤其令人担忧。

（二）国际监管仍需付出努力

网络威胁增加的国际背景是：尚未达成具有约束力的多边协议，无法建立管理网络空间中国家间以及公私利益相关者之间关系的共同框架和安全架构。

虽然自2004年以来，由联合国主持举行的不同政府专家组（GGE）的谈判有助于承认国际法对网络空间的适用性，并巩固该领域各国的自愿行为准则。但2016—2017 GGE的失败表明，各国对国际安全架构的看法存在根本分歧，这种架构应该规范数字时代国家间的关系。不过，上一轮谈判的失败绝不能终结法国和国际社会促进行为准则和建立信任措施、确保网络空间的国际稳定与安全的努力。

此外，数字技术作为一种工具已经成为各大论坛辩论的议题，为私营部门特别是某些系统性利益相关者在维护国际和平与安全方面发挥了新的作用。谷歌、苹果、脸谱、亚马逊和微软（GAFAM）等公司的模糊角色使得网络空间的动态和权力关系变得更加复杂，它们拥有大量收集来的数据。即使数据存储中心位于美国领土以外，但还在联邦机构和美国司法系统的范围内。在技术进步挑战主权的背景下，数据的治外法权要求构建新的理论基础。

三、国家的网络防御职责

（一）巩固法国网络防御组织

法国的网络防御依赖于一个将进攻与防御的任务能力区分开来的组织和管理模式，这种模式与盎格鲁－撒克逊（Anglo-Saxon）国家选择将网络防御能力集中在情报界的模式截然不同。法国国家信息系统安全局（ANSSI）负责网络保护任务，同涉及情报的进攻任务加以区分，从而在公共行政和经济领域提升了对国家干预信息系统安全的接受程度。

然而，法国的模式仍然缺乏对其核心原则的确认、对其管理的明确描述、对其业务组织的澄清以及对情报任务和司法程序相关目标的更好解释。由于以上原因，政府通过网络评估，围绕 4 条操作链使法国网络防御组织正规化，加强治理机制，并制定了网络危机管理的操作流程。

1. 4 条操作链

报告将网络防御任务分为 6 类：预防、预测、保护、探测、归因和响应。此外，它将国家行动分成 4 条操作链，每条操作链都规定其中一项或多项任务。具体如下。

一是保护链。由总理负责，其目的是在发生网络攻击时确保国家安全。国防和国家安全部长办公室（SGDSN）管理这条链，业务管理由法国国家信息系统安全局（ANSSI）总干事负责。通过 ANSSI 的授权，网络防御指挥官负责在武装部职权范围内开展行动。

二是军事行动链。在法国总统、武装部队最高统帅的领导下，允许开展国防行动，采取积极的网络战手段。

三是情报链。在政府的领导下，情报链涵盖了为获取情报而采取的所有行动，也包括为此而主动发起的网络攻击活动。

四是司法调查链。包括警察、宪兵和司法部门的行动。在调查框架内，警察和宪兵在司法部门的控制下工作。

2. 加强网络危机管理

报告通过两个机构强化治理机制：网络防御管理委员会和网络防御指导委员会。前者负责监测各组织的政策实施情况，后者在总理内阁的指导下为其工作做准备。

评估报告还发现，尽管国家能够很好地应对重大网络危机，但较小规模的危机管理仍有改进的空间。为此，评估报告建议建立一个网络危机协调中心（C4），将其作为一个永久的内阁机制来分析、防范和协调网络危机。C4 将集合所有利益相关者，而不只是技术领域，以确保信息交换，并对网络攻击进行分析，以协助拟订国家响应方案（包括技术、外交或司法措施）。

（二）加强对系统的保护

1. 保护国家信息系统

国家的网络安全必须成为法国网络防御战略的重点之一。除了最敏感的网络（必须具备最高安全水平）之外，所有的国家网络都必须得到特别的关注。

出于这个原因，评估报告建议，最重要、最敏感的 IT 项目一旦启动，就提交给 ANSSI 征求意见。报告还建议优化跨部门网络的使用，并鼓励各部门系统地使用其提供的安全服务来改变现状。这些安全服务可以有效地应对网络攻击，例如采取措施阻止流量恶意攻击。

2. 保护关键基础设施

评估报告提出了一系列加强保护关键基础设施的建议，包括要求进行一些立法和监管改革。任何网络攻击都有可能严重影响整个国家的弹性。因此，评估报告特别建议增加适用于电子通信和电力供应部门经营者的安全监管要求。评估报告还建议特别关注数字服务公司，数字服务公司可能成为客户的弱点，对于客户来说运营商是谁显得至关重要。

重要的运营商是国家弹性的基石，同时，其他利益相关者也提供着对于经济和社会运转至关重要的服务。出于这个原因，报告建议对《网络与信息安全指令》进行调整，这对于法国来说是一个机会，使它有手段开展并保护更广泛的活动。在这一背景下，评估报告建议，对于基础运营商，国家应建立一套适当的关于网络安全的规则。评估报告强调，要在欧盟层面寻求政策协调，以提升所有成员国的安全水平。

3. 通信运营商和虚拟主机的作用

面对使用间接手段实现网络目标的攻击者，国家需要通信运营商和虚拟主机更多地参与进来。虽然法国国家信息系统安全局已经和运营商、虚拟主机进行合作，但这种在合同框架下的合作是不充分的。评估报告提出了在《2018年军事规划法案》中得到印证和支持的措施，进而更好地管理这些活动。

该法案的第一部分允许通信运营商在其网络中启用检测系统，以发现针对其用户的网络攻击。与物理世界中使用的X射线扫描仪一样，这些设备将自动分析通信量，比较网络活动和攻击标记的技术设备，而不需要查看内容。为了使他们能够检测复杂的攻击，ANSSI将为运营商提供标记。如果发生与这些标记有关的网络攻击，运营商部署的检测系统将发出安全警报，然后运营商向ANSSI报告。

该法案的第二部分允许ANSSI在意识到严重威胁后，在虚拟主机的服务器和被攻击者控制的电子通信运营商的设备上设置本地检测设备。部署的检测系统只生成用于描述攻击的数据，这项技术是ANSSI业务活动的核心，它使人们能够实时了解攻击的特征并识别其受害者，因此ANSSI可以相应地调整其所采取的侦查、保护和补救措施。这项合作计划建立在ANSSI和相关运营商合作的基础上，将由法国电子和邮政通信管理机构监督。

4. 保护地方政府

国家必须支持地方政府加强网络安全。评估报告建议支持地方政府自己建立区域网络安全资源中心，以便与 ANSSI 的区域性团队及其他部门进行对话，也可以创建适当的论坛。这些举措意味着信息系统安全方面的技能将被汇集起来，支持地方政府在完全安全和相互信任的关系中实施其数字项目。

5. 保护选民权益

互联网投票带来了重要的安全问题，互联网投票充满了已知的网络攻击风险。网络攻击不仅可能大规模地影响投票的公平性和诚信，而且还会影响投票的保密性。为此，评估报告强调广泛采用互联网投票的必要前提是预先为所有选民部署强有力的数字身份。

此外，一些国家最近的选举突出了宣传手段，这些技术使用了所有可用的数字手段，并且不必求助于电脑黑客攻击。因此，评估报告建议设立一个独立的观察站，分析假新闻的传播情况，从而与运营商合作制定减少假新闻的办法。

（三）法国在网络安全领域的国际行动

1. 加强与同盟及伙伴间的对话与合作

评估报告强调，法国需在网络防御方面努力加强国际合作，继续建立双边对话机制，以巩固网络空间稳定和增强各国应对网络危机的恢复能力。法国必须建立战略性双边关系，并为与网络空间主要利益相关者进行开诚布公的对话开辟渠道。这些交流为从战略层面监督和组织符合共同利益的项目、增进对这些国家的组织和战略的了解、澄清法国在重大网络问题上的立场以及就可能发生的事件交换情报提供了机会。

2. 制定行动原则

评估报告建议制定行动原则。应对网络攻击的备选方案需要事先备好，以便当局能在危机爆发时快速反应。为制定这样一套行动原则，评估报告提出了针对网络攻击分类的方案。该方案将被纳入国家及国际法律标准，成为当局决策的依据，对于法国来说这是行动原则的一个关键特征，也是对国际合作的支持。显然，行动原则的制定也是以法国对现有国际法适用于网络空间的解释为基础，这在评估报告中也有阐释。

3. 普及适用于各国的规则和标准

法国必须继续努力普及适用于网络空间的某些标准，以加强其安全。这种做法以 3 项原则为中心。

一是预防性原则。由于不确定性是攻击的内在属性，应鼓励各国集中力量采取预防措施。

二是合作性原则。加强与国际社会在网络空间方面的合作能有效维系稳定，例如通过增进利益相关者之间的相互了解和互信，建立联合危机管理、沟通和缓解机制等。法国必须努力就基础设施不得故意用于恶意网络活动的规则在国际层面达成协议。

三是稳定性原则。法国必须继续推进这样一个原则，允许受到网络攻击的国家有权利采取适当措施来维持国际和平与安全。

4. 规范私营利益相关者责任的规则和标准

评估报告提出了改进私营部门活动监管的 3 个优先领域。

一是加强控制私营部门在网络空间的攻击性行为。法国提议：推动预防非国家行为者使用攻击性网络的能力；支持禁止非国家行为者代表自己或其他非国家行为者在网络空间开展进攻活动。

二是攻击工具的出口管制。限制攻击性技术扩散是网络空间稳定的关键，必须通过深化网络领域的出口管制制度来巩固这一进展。

三是设计和维护数字产品的企业责任。法国需调动私营部门的积极性，以传播良好做法和行为守则，推动促进将上述问题纳入合同条款；对最敏感的产品，尤其是在欧洲层面，可考虑采取监管措施。

评估报告建议，在 G20 集团框架内启动一项法国倡议，以上述 3 个优先领域为基础，规范对国际网络空间安全产生影响的私营部门活动。评估报告还建议成立专注于网络防御问题的新型国家或欧洲智库，作为输出法国思想的有效手段。

四、国家——社会网络安全的保障者

（一）数字主权——国家主权的重要组成部分

数字主权可以被描述为法国在数字空间保持评估、决策和行动的自主能力，以及在面对利用社会日益数字化的新威胁时保持其主权最传统要素的能力。评估报告重申法国有必要充分行使其数字主权。

1. 维系数字主权和掌握关键技术

评估报告强调，掌握某些技术对于行使数字主权至关重要。因此，评估报告提出制定数字产业政策，其基础是依靠国家对可信解决方案的资格认证，掌握对法国数字主权至关重要的技术。从某种意义上说，评估报告建议与行业一起成立跨部门团队，分析关键技术，促进开发可信赖的解决方案。

为了行使数字主权，评估报告在需要掌握的关键技术中选择了 3 项进行特别强调：通信加密、网络攻击检测和专业移动无线通信（5G）。评估报告特别建议，维系法国在 IP 加密产业的领先地位，同时支持在威胁情报领域至少出现一个领先的国家级产业巨头。

此外，评估报告围绕人工智能强调主权问题的重要性，特别提到掌握适用于网络防御的人工智能系统是法国面临的一项重大挑战。

2. 云计算战略

如果将业务外包至云端，对于成本、可靠性和灵活性，甚至信息安全而言都可能带来切实的收益。但同时，评估报告也强调云的使用仍会带来新的风险。当前，云市场主要由少数外国利益相关者主导，对国家主权有一定的风险。

鉴于此，评估报告提出以下建议。

一是制定国家使用云的全球政策，整合利用国内云及经过法国 ANSSI 认证的其他云的服务供应商。

二是推动发展云加密解决方案。尤其是同态加密技术，它允许在云端处理加密数据，应仍然是未来优先探索的领域。

三是支持欧洲在该问题上的战略自主，既投资于面向未来的突破性技术，又通过使用税收措施来确保欧洲国家与其国际竞争对手之间的公平竞争。

四是建立全球信任框架，通过开发欧洲层面统一的 SecNumCloud 认证帮助企业、社区和个人了解相关安全风险。

（二）网络安全监管

作为社会网络安全的保障者，国家以建议者、改革者和安全解决方案提供者的身份介入这一领域。除了制定法律的议会，政府也在网络安全领域扮演监管者的角色。

1. 提升国家网络安全水平需全民参与

就国家利益而言，尤其是涉及防务和国家安全的领域，需要跨部门合作应对网络风险。法国跨部门机构 ANSSI 被授权承担相关责任，这种方法保证了对风险的统一评估，评估独立于各部门的具体目标。为了保障法国在面对网络威胁时的基本利益，上述方法为多数关键实体提供最低限度的网络安全。

然而，跨部门的方法并不能使人们详细了解、管理每个部门的特定风险。此外，数字化转型会促使大量实体接入互联网，因此需要在部门层面认识到网络的攻击风险，特别是当这些实体可能对个人安全产生直接和实质性的影响时。实际上，只有部门参与者才有必备的商业知识，来限制对这些实体的任何网络攻击的影响，继而适当评估与部署与这些实体有关的网络风险。

因此，评估报告强调了部门的主要监管者需要以与理解其他风险相同的方式来理解网络攻击，并在必要时通过相关专家进行风险分析，采取适当的措施，如发布适当的网络安全要求等。

2. 改进认证框架，以提高产品安全性

目前的认证框架主要侧重于高级安全产品的认证。因为经济成本和时间成本过高，所以它不适合评估常用的产品，例如联网设备。出于这个原因，评估报告建议引入基本的网络安全认证，作为对现有认证框架的补充。后者可以利用现有的网络安全以外的系统，例如在欧洲地区销售某些商品和服务所需的CE标志。这种基本的网络安全认证本质上涉及基于预定义规范并在私人机构控制下的合规性分析，公共当局的参与仅限于间接行动，例如评估中心的批准。

评估报告还强调，欧盟委员会于2017年9月提出的网络包提供了一个独特的机会来协调欧洲层面的安全认证。因此，必须鼓励和支持委员会在这一领域的工作。然而，评估报告建议，这一新框架及其实施应建立在成员国事先认证的基础上，并纳入实践经验。除了遵循上述指导原则的基本合格认证外，欧洲框架还应包含能够满足最高安全要求的认证组件。

（三）网络安全的经济学

1. 巩固国家工业基础

评估报告建议巩固在网络防御产品和服务领域值得信赖的国家工业基础。这对于沟通和扩展国家行动至关重要。其目的是开发一种能够提供高度安全、经济可行性的产品和服务的工业能力。

为了实现这一目标，评估报告提出了3个争取进步的领域。

一是鼓励该行业的法国行业领导者向民用部门提供其网络安全产品和服务，从而成为国际网络安全倡导者。

二是通过帮助表现最佳的中小企业发展和适当的收购，促进中型企业的创建。国家将动员对网络防御领域感兴趣的投资基金，支持和鼓励这些外部增长战略。

三是鼓励并支持政府和企业专家在网络防御领域创建初创企业。为此，国家必须支持建立加速器、初创企业工作室，更广泛地说是支持网络防御的初创企业机构。

2. 建立欧洲网络安全产业基地

一是确定法国认为应该建立欧洲产业的地区，以便获得或维持战略自主。为实现这一目标，欧洲必须提供财政支持，不仅要支持研究，而且要照顾到更广泛的方面，如能力建设项目、支持创新、支持出口等。

二是鼓励欧洲市场的出现，培育欧洲有效解决方案的发展。

三是在某些领域，探索保护敏感企业的欧洲体系，甚至是为欧洲企业保留某些敏感合同。

3. 网络评级和合规性问题

在网络攻击可能对公司的财务状况造成严重后果的情况下，评估报告认为网络评级可完成对网络风险的初步评估，但这只是鼓励金融市场、保险公司以及客户将这些评级制度化的第一步。

评估报告建议欧盟制定一项网络评级提议，这样法国和欧洲企业就不会受制于不受控的规则。因此，法国可以采取激励措施，鼓励欧洲网络评级机构的出现。法国政府或私营企业集团提供的认证可能有助于提供相关结构。考虑到大公司的网络风险，这种方法可以通过财务会计准则的改变得到支持。

4. 通过保险机制建立良性安全循环

评估报告强调了网络保险正努力获得吸引力，而欧洲市场远未成熟。虽然企业认为网络风险是一种风险，有利于构成可保性，但对于保险公司而言，缺乏关于网络风险的参考数据及其可能的系统性本质，是有待克服的难题。

在这种背景下，评估报告建议创建一个欧洲数据库来列出网络事件。通过汇总这些数据可以分析威胁趋势，确定市场上产品和服务的安全需求，并提供有关成本的信息。欧盟内部不断引入事件报告机制，这将为建立网络风险图谱做出宝贵贡献。

（四）人的问题

1. 促进社会中的数字安全文化

评估报告特别提出以下建议。

一是通过数字教育提高对数字风险的认识。在中小学中，网络安全规则的知识应被视为取得初中毕业证书需考核的一部分，也应该成为所有高中课程的一部分。教师培训应该包括这一新的要求，以教导学生在数字安全方面的良好实践。因此，法国教育部可以在ANSSI的大力支持下，为接受培训的教师制定慕课（Massive Open Online Courses，MOOC）。

二是基于法国人对新技术熟悉程度的不同而提出不同的教育方案。特别值得一提的是，评估报告建议针对智能手机开发一款有趣的应用程序，让人们能够测试自己对数字安全知识的掌握程度，并学习如何利用移动设备传播良好的数字安全实践。

三是将网络安全维度纳入国家计划，以支持企业的数字化转型。

2. 技能管理

评估报告强调，法国在网络防御方面的雄心壮志受到其人力资源能力的限制。尤其值得一提的是，无论是在公共部门还是在私营部门，不擅长数字安全的雇主都很难招到并且留住这一领域的熟练员工。

为此，评估报告提出以下建议。

一是将数字安全整合进高等教育课程中，作为"网络教育倡议"的一部分。"网络教育倡议"还可扩展至数字领域范畴以外的其他培训课程。

二是推进ANSSI关于数字培训的评审工作，将倡议扩大到继续教育项目。

三是将网络技能汇集到为多个机构服务的联合结构下。因此，地区可以建立能够支持所有地方政府的网络技能中心。

四是确保在国家内部，官员在网络安全领域获得的经验贯穿于他们的整个职业生涯。

4.8 美国《国家网络战略》

《国家网络战略》的制定是根据《国家安全战略》的支柱组织的。国家安全委员会（NSC）的工作人员将与各部门、机构及行政管理和预算办公室（OMB）协调制订适当的计划，以实施本战略，实现的举措如下。

一、网络安全措施

保护政府和私人的信息网络，是实现《国家网络战略》目标的关键。因此，需要将诸多相互协同的行动集中到保护政府网络、保护关键基础设施和打击网络犯罪上。

目标：管理网络安全风险，提升国家信息系统的安全和弹性。

（一）联邦网络与信息安全

保护联邦网络（包括联邦信息系统和国家安全系统）的职责由联邦政府承担。政府将明确各机构和部门在保护联邦信息系统方面的相关权力、职责和义务，同时制定网络安全风险管理标准。作为其职责的一部分，政府将把某些权力集中在联邦政府内部，提高跨部门间的透明性，改进联邦供应链管理，提升美国政府承包商系统的安全性。

优先行动项如下。

一是进一步集中对联邦政府民用网络安全的管理和监督。除国家安全系统、国防部和情报部门系统外，政府将采取措施，使国土安全部能进一步实现对联邦政府和机构网络的保护，包括确保让国土安全部有访问机构信息系统的合法权限，达到实现网络安全的目的，同时采取行动来保护系统不受网络威胁。在美国行政管理和预算局（OMB）的监督下，政府将依据行政令（E.O.）13800优先实现机构间服务和基础设施的共享。国土安全部还将有权监控这些服务和基础实施，提高美国的网络安全态势。在适当的时候，美国还将继续在国土安全部内部署一体化的能力、工具和服务，并遵守相应的法律、政策、标准和指令。这将需要新的政策和体系结构，使政府能够更好地实施创新。国防部和情报部门都将重视上述行动。

二是协调风险管理和信息技术活动。根据发布的13833号行政令《谋求机构提升首席信息官的工作效率》，首席信息官（CIO）能够更有效地使用技术完成工作任务、消除冗余，并使信息技术（IT）投资更有效。部门和机构负责人将授权CIO负责协调网络安全风险管理、IT预算及采购决策。政府将通过OMB和DHS继续指导和领导联邦民营部门和机构的风险管理行动，并授权CIO在IT采购决策、保护网络和信息方面的领导职能。

三是改进联邦供应链风险管理。政府将根据联邦政府各部门与行业最佳实践一致的要求，把供应链风险管理集中到采购和风险管理过程中，以确保联邦政府所部署技术的安全性和可靠性。其中包括确保机构和部门之间能够实现信息共享，提高对供应链威胁的感知能力，减小政府内部供应链行动的重复性，建立供应链风险评估共享服务。此外，还包括改进联邦采购系统的缺陷，如提供直接授权，将有风险的供应商、产品和服务排除在外。该行动与国家基础设施供应链风险的管理行动一致。

四是加强联邦承包商的网络安全。联邦承包商向美国政府提供重要服务，必须有效保护其提供服务的系统安全。未来，联邦政府通过评估承包商的风险管理措施，对承包商提供的系统进行测试、拦截、感知和响应，进一步分析其数据的安全性。为此，承包商与联邦部门和机构起草的合同应保证上述行动能够达到提高网络安全的目的。合同中最重要的问题就是要重视为国防部各重要系统研发提供服务的那些承包商的安全职责。此外，依据行政令（E.O.）13800 中关于向总统报告联邦 IT 现代化的建议，政府支持通过加强采购策略，以提高网络安全，并减少因与联邦政府合同条款不一致所造成的成本开销。同时，还可确保联邦承包商能够接收和使用相关的、可共享的威胁和漏洞信息，改善其网络安全状况。联邦政府确保政府领导最佳和创新性实践，确保运行的系统满足业界标准和网络安全最佳实践。同时，获得联邦资助的项目也必须符合业界标准和最佳实践。联邦政府将利用采购权推动改进整个行业的产品和服务。在制定和实施新兴领域的行业标准与最佳实践方面，联邦政府也将发挥领导作用。例如，公钥加密技术是确保基础设施安全运行的基础。为保护量子计算机（能够破坏公钥加密）不受到潜在的威胁，美国商务部将通过美国国家标准与技术研究院（NIST）持续关注量子计算的公钥加密算法研究、评估和标准化。

（二）关键基础设施安全

私营部门和联邦政府共同承担保护国家关键基础设施安全、管理网络风险的职责。在与私营部门的合作中，将统一使用风险管理方法，以降低网络脆弱性，并提高关键基础设施的网络安全水平。统一采用"结果驱动"来优化行动，减小拥有最先进攻击手段的对手可能对基础设施造成的大规模、持久的破坏。通过众多的攻击手段阻止恶意的网络攻击者，包括且不限于将起诉和经济制裁手段作为网络威慑战略的一部分。

优先行动项如下。

一是重新定义角色和职责。除对私营部门提出与网络安全风险管理和事件响应有关的期望外，管理部门还将明确联邦机构的角色和职责。明确能够全面解决威胁、漏洞和后果的风险管理。政府还将厘清并弥合联邦和非联邦机构在事件响应中责任和协调方面的差距，并倡导更多的常规培训、演习和合作。

二是根据国家风险采取优先行动。联邦政府将与私营部门合作，在大规模风险事件中保护关键基础设施。政府还将通过确定国家关键职能，全面地掌握国家风险，并提供成熟的网络安全产品和服务，更好地管理国家风险。政府将优先考虑在国家安全、能源电力、银行金融、健康安全、通信、信息技术和运输7个关键领域采取行动，以降低相关风险。

三是利用信息通信技术（ICT）提供商促进网络安全。信息通信技术是美国各个部门的基础，而ICT供应商在检测、防御和降低风险方面拥有独特的地位。因此，联邦政府必须与这些供应商合作，采取针对性的和有效的方式提高信息通信技术的安全性和恢复力，同时保护隐私和自由。美国政府还将实现与ICT供应商之间的信息共享，使其能够在网络层面应对已知的恶意网络活动。这还包括与特定的ICT运营商共享机密性威胁和漏洞信息，并尽可能地对信息脱密。此外，还将推广一个适应性强、可持续且安全的技术供应链，该供应链以网络安全的最佳实践和标准为基础。美国政府也将召集相关机构为网络、设备和网关层面面临的挑战制定跨部门解决方案。鼓励行业驱动的认证制度，确保解决方案能够适应快速变化的市场和威胁形势。

四是选举基础设施安全。美国各州和地方政府在美国拥有各种选举基础设施，因此，如有需求，联邦政府将提供技术和风险管理服务；支持相关训练和培训；保持对各组织部门的威胁态势感知；与相关官员分享威胁情报，以更好地准备和保护选举基础设施。联邦政府将继续协调制定网络安全标准和指引，提供安全的系统工具，以保障选举过程正常进行。若发生重大网络事件，联邦政府将迅速应对威胁，并及时响应，恢复选举基础设施。

五是刺激网络安全投资。针对关键基础设施的大多数网络安全风险源于对已知漏洞的利用，美国政府将与私营和公共部门开展合作，促进其对网络安全风险的了解，以便其做出更明智的风险管理决策，采取适当的安全措施，并从中获益。

六是优先考虑国家研究和发展项目投资。联邦政府将更新国家关键基础设施安全和韧性的研究与发展计划，以明确应对关键基础设施网络安全风险的优先事项。各部门和机构将根据优先事项调整其投资，侧重利用新兴技术构建新网络安全方法，改进跨部门的信息共享和风险管理，建立应对大规模或长期中断事件的弹性恢复能力。

七是改善交通运输和海上网络安全。对于经济和国家安全来说，保证货物畅通及时运输、公海和空中通信线路畅通、石油和天然气管道通畅以及其他关键基础设施的可用性是至关重要的。随着这些行业逐渐走向现代化，它们也越来越容易遭受网络攻击。海上网络安全尤其令人担忧，因为丢失或延迟发货可能导致战略性经济的中断，并对下游行业产生潜在的溢出效应，因为，美国将明确海上网络安全的角色和责任，加强国际协调和信息共享机制建设，加快发展下一代具有网络弹性的海上基础设施。

八是改善太空网络安全。太空资产和相关支撑基础设施面临日益增长的网络威胁，这些资产和基础设施对于定位、导航和定时、情报、监视和侦察、卫星通信和天气监测预报等功能至关重要。政府将强化各种手段努力保护太空资产，保障基础设施免遭网络安全威胁，增强现有和未来空间系统的网络弹性。

（三）打击网络犯罪并改进网络事件报告

联邦执法部门的工作包括逮捕和起诉违法犯罪分子，禁用犯罪基础设施，限制恶意网络能力的传播和使用，防止网络犯罪分子从非法活动中获利，剥夺其资产等。政府将确保联邦部门和机构拥有必要的法律权力和资源打击跨国网络犯罪活动，包括识别和摧毁僵尸网络、黑市及其他用于网络犯罪的基础设施，并打击经济网络间谍活动。为有效地阻止、破坏和预防网络威胁，执法部门将与私营企业合作，应对匿名化和加密技术等技术壁垒带来的挑战，根据适当的法律程序及时获取证据。打击网络犯罪活动的执法行动将作为国家权力工具，威慑上述网络犯罪活动。

优先行动项如下。

一是改善网络事件报告和响应。鼓励所有受害者报告网络入侵和数据失窃事件，尤其是关键基础设施遭遇网络攻击后。这对于执法人员有效应对事故、关联相关事件、识别肇事者及防止今后发生此类事件至关重要。

二是更新电子监视和计算机犯罪法。政府将与国会合作，更新电子监视和计算机犯罪法规，以提高执法部门合法收集必要犯罪活动证据的能力，通过民事禁令破坏犯罪基础设施，并对恶意网络行为实施者加以惩罚。

三是削弱跨国犯罪组织在网络空间的威胁。跨国犯罪集团开展的计算机黑客活动对国家安全构成重大威胁。政府提倡执法部门利用有效的法律工具调查和起诉相关组织，更新关于有组织犯罪法规，以应对此类威胁。

四是加强对海外犯罪分子的抓捕。遏制网络犯罪需要识别、逮捕罪犯，并将其绳之以法。美国将利用可能的潜在机制加强外交，并通过其他方面的努力，促进与其他国家在合法引渡网络罪犯方面的合作。

五是增强打击网络犯罪的国际联合执法能力。鉴于国家级网络犯罪行为、恐怖主义网络攻击及其他网络犯罪的无国界性质，打击网络犯罪需要建立强大的国际执法合作关系。

二、经济措施

互联网产生了巨大的经济效益，同时也为国家安全带来了挑战。

目标：保持在科技生态系统和网络空间发展中的影响力，将网络空间打造成促进经济增长、创新和提高效率的开放引擎。

（一）培育数字经济

经济安全与国家安全密切相关。随着经济基础对数字科技的逐渐依赖，美国政府将建立保护经济安全的标准。

优先行动项如下。

一是激励形成一个适应性强且安全的科技市场。为了增强网络空间的弹性，政府希望科技市场能够支持和激励创新安全技术和方法的发展、应用和深化。政府将与包括私营部门和民间社会团体在内的利益攸关方合作，促进最佳实践并制定战略，以克服采用安全技术的市场障碍。政府将提高网络安全实践的意识和透明度，以促进市场对更多安全产品和服务的需求。最后，政府将与国际伙伴合作，通过政府支持来推广开放的行业标准，运用妥善和基于风险的方法应对网络安全挑战。

二是优先创新。促进实施和不断更新标准及最佳实践，以阻断和防止在网络生态系统所有领域中现存的和不断演变的威胁和危害。这些标准和实践应以结果为导向，并以扎实的技术原理为基础。政府将逐步消除阻碍网络安全产业发展、共享和构建创新能力的不利政策，以更好地应对网络威胁。

三是投资下一代基础设施。加速发展与推出下一代电信和信息通信基础设施。美国政府将与私营部门合作，促进 5G 安全技术的发展，研究基于技术和频谱的解决方案；研究人工智能和量子计算等新兴技术，并解决其在应用过程中的固有风险；将与私营部门和民间社会组织合作，了解科技进步的发展趋势，并确保从最初的研发就采用了安全的实践做法。

四是促进数据跨国界自由流动。政府将继续与国际同行合作，促进开放和行业驱动的标准制定，推动创新产品和基于风险的实践方法研究，以实现全球创新和数据的自由流动，同时满足合法的安全需求。

五是支持新兴技术。美国政府将保护尖端技术，支持这些技术走向成熟，并在可能的情况下，减少美国公司进入市场的阻碍。

六是促进全生命周期的网络安全。推动基础工程实践，以降低系统脆弱性，并研究在遭受攻击时有效降低损失和恢复系统的方法；在开发过程中使用前沿行业的最佳实践，促进对产品和系统的网络安全和韧性的定期测试和使用；对如何改善数字身份管理的端到端生命周期进行评估。

（二）保护知识产权

优先行动项如下。

一是更新外国在美投资和经营的审查机制。美国电信网络的机密性、完整性和可用性对于经济和国家安全至关重要。美国政府将通过对联邦通信委员会所提交的电信许可证进行审查，并在审查流程上进行规范和简化，形成透明流程，以提高审查效率。

二是维持知识产权保护体系。知识产权保护确保了数字时代的持续经济增长和创新。通过对专利、商标和版权等知识产权的保护和执行为创新提供激励。此外，还将保护敏感的新兴技术和商业秘密。

（三）扩大网络安全人才队伍

优先行动项如下。

一是建立和维持人才通道。美国政府将从初级教育到高等教育，继续投资和加强建设国内人才通道的项目。

二是扩大美国工人的再培训和教育机会。政府将与国会合作，提供教育培训机会，以发展网络安全工作人员队伍。

三是加强联邦网络安全工作。继续使用国家网络安全教育计划（NICE）框架，允许采用标准化方法来识别、雇用、发展并留住有才能的网络安全人员；探讨在国土安全部管理下建立合适的分布式网络安全人员方案，以监督联邦政府各部门和机构的网络安全人员的开发、管理和部署，但国防部和美国情报界（IC）除外；提供适当的劳动力经济补偿以及培训和实践机会，以有效地招聘和留住关键网络安全人才，适应竞争激烈的私营企业工作环境。

四是重视和奖励人才。通过重视网络安全教育工作者和网络安全专业人员来增强政府的专业性；利用公私合作来制定和传播NICE框架，该框架为识别网络安全人才差距提供标准化方法；同时政府还将采取行动，发展一支能够保卫关键基础设施和创新基础的人才队伍。

三、政治措施

目标：识别、反击、破坏、削弱和阻止网络空间中破坏稳定和违背国家利益的行为，保持网络空间的优势。

（一）提高网络稳定性

将在国际法基础上推动建立网络空间国家责任行为框架，遵守和平时期的自愿、非约束性国家行为准则，并考虑采取切实可行的措施以建立信任，减少恶意网络活动引发冲突的风险。

优先行动项如下。

鼓励普遍遵守网络规范。国际法和网络空间国家责任行为的自愿非约束性规范提供了稳定、增强安全的标准，可促进网络空间的可预测性和稳定性。

（二）对恶意网络活动进行定性和威慑

所有的国家权力工具都可用来预防、应对和遏制针对美国的恶意网络活动，包括外交、信息、军事、财政、情报、公共属性及执法能力。

优先行动项如下。

一是目标导向、情报合作。美国政府及其主要合作伙伴将共享客观和可操作的情报，以确定敌对势力的网络计划、意图、能力和研发、战术和业务活动，并告知政府做出反应。

二是施加后果。美国将对未来恶意行为进行威慑。政府会在实施后果前、中、后的时间段内进行跨部门政策规划，以遏制恶意网络活动。美国将适时与合作伙伴合作，对恶意网络行为者采取反击报复行动。

三是发起网络威慑倡议。美国将发起一项国际网络威慑倡议以建立联盟，使对手了解其从事恶意网络活动的后果。美国将与一些国家合作，协调和支持彼此对重大恶意网络事件的响应，包括情报共享、支持归责索赔声明、公开支持响应行动，以及联合对从事恶意活动者施加严惩等。

四是打击恶意网络影响及信息操纵。揭露和打击网上恶意影响和信息宣传以及虚假信息。包括与外国政府合作伙伴以及私营部门、学术界和民间社会合作，在尊重公民权利和自由的同时，识别、对抗和防止敌对势力使用数字平台从事有害的影响活动。

4.9　巴黎倡议：为了网络空间的信任和安全

一、简介

2018 年 11 月 12 日，在联合国教科文组织（UNESCO）互联网管理论坛（IGF）上，法国总统埃马纽埃尔·马克龙发起了为网络空间建立信任和安全的"巴黎倡议"。这项关于制定网络空间安全共同原则的高级别宣言已经得到许多国家以及私营公司和民间社会组织的支持。

二、倡议的内容

互联网在人们生活的方方面面发挥着重要的作用。各种行为体尽管作用各不相同，但都对增进网络空间的信任、安全和稳定有着共同的责任。

我们支持一个开放、安全、稳定、和平且没有障碍和约束的网络空间，网络空间已成为生活中不可分割的一部分，在社会、经济、文化和政治方面发挥着重要作用。

我们还重申，国际法（包括《联合国宪章》的全部内容、国际人权法和习惯国际法）对于各国使用信息通信技术的活动均适用。

我们意识到人们在线下拥有的权利必须在线上同样获得保护，也重申国际人权法适用于网络空间。

我们认为国际法以及国家层面的网络空间行为准则、联合国范围内制定的相关信任和能力建设措施，是网络空间国际和平与安全的基础。

我们谴责和平时期的恶意网络活动，特别是导致关键基础设施损失重大、无差别性的网络威胁活动，并呼吁加强对网络空间的保护。

我们欢迎国家、企业、个人做出努力，在公正和独立的基础上向网络威胁受害者提供支持。

我们承认，在应对网络威胁方面，我们还需要做出更大的努力来改善产品安全，加强我们对犯罪分子的防御能力，促进所有利益攸关方加强国内外合作。在这方面，《布达佩斯网络犯罪公约》是一份关键的法律文件。

我们重视私营行业重要行为体在改善网络空间安全和稳定方面的作用，鼓励它们提出旨在增强数字流程、产品和服务安全性的倡议。

我们欢迎各国政府、私营部门与民间组织开展合作，制定新的网络安全标准，使基础设施更加安全。

我们认识到，所有行为体都可通过鼓励负责任、协同地披露漏洞，从而支持网络空间的和平。

我们强调需要加强广泛的数字合作，并做出更多努力，以减少网络空间安全面临的风险，我们鼓励有关增强用户恢复力和能力的倡议。

为此，我们共同申明，强化多利益攸关方路径，通过有关组织和机构，共同努力，相互协助，执行合作措施。我们的主要目的如下。

一是防止那些对个人和关键基础设施造成重大的、无差别的或系统性威胁的恶意网络活动，并恢复其造成的损失。

二是预防有意和实质性破坏互联网公共核心的通用性或完整性的活动。

三是加强预防境外行为体通过恶意网络活动破坏选举进程、蓄意进行干预的能力。

四是防止利用信息通信技术窃取知识产权，包括窃取商业秘密或其他机密信息，用于达到商业竞争等目的的行为。

五是开发新工具，制定新办法，防止恶意网络活动的扩散，降低网络威胁。

六是强化数字流程、产品和服务在其整个生命周期和供应链中的安全性。

七是支持所有行为体为加强网络安全所做出的努力。

八是支持所有网络安全捍卫者为加强网络安全所做出的努力。

九是采取措施防止非国家组织（如私营部门等）为达到自身目的，对网络空间造成威胁。

十是采取措施促进国际准则被广泛接受，并在全球网络空间建立信任。

三、附件

签署《巴黎网络空间信任与安全倡议》的国家包括：阿尔巴尼亚、德国、奥地利、比利时、波黑、保加利亚、加拿大、智利、塞浦路斯、哥伦比亚、韩国、克罗地亚、丹麦、阿拉伯联合酋长国、西班牙、爱沙尼亚、芬兰、法国、加蓬、希腊、匈牙利、爱尔兰、冰岛、意大利、日本、拉脱维亚、黎巴嫩、立陶宛、卢森堡、马耳他、摩洛哥、墨西哥、黑山、挪威、新西兰、乌兹别克斯坦、巴拿马、荷兰、波兰、葡萄牙、卡塔尔、亚美尼亚共和国、刚果共和国、捷克共和国、罗马尼亚、北爱尔兰、塞内加尔、斯洛伐克、斯洛文尼亚、瑞典、瑞士。

4.10　保护网络空间的《数字日内瓦公约》

一、简介

《数字日内瓦公约》是由微软公司制定的政策，该文件提出在网络空间建立一套日内瓦数字公约，保护公众在网络空间中免受威胁。

二、推动《数字日内瓦公约》的建立，力求在和平时期保护网络空间

各国政府继续加大对网络空间攻击能力的投入。同时，民族国家势力针对平民的攻击也在不断增加。世界需要新的国际规则来保护公众免受网络空间的威胁。简而言之，世界需要一个数字化的日内瓦公约。

虽然任何国际协议并不总是面面俱到，但世界已经从全球其他的公约中获取经验。《不扩散核武器条约》和《禁止化学武器公约》都是国际社会对可能造成灾难性伤害的武器加强共同有效管理的例子。

《数字日内瓦公约》将建立一个具有法律约束力的框架，以规范各国在网络空间的行为。在抓紧时间谋划和筹备的同时，需要逐步采取措施妥善应对挑战和解决问题，在联合国或二十国集团（G20）框架内部达成具有法律约束力的协议。最终，无论采用何种方式，达成一个具有法律约束力的框架都将

有助于各国政府确立新规则，在和平时期保护网络空间安全，以免冲突继续恶化。

三、在现有基础提案上，推动形成负责任的国家行为规范

在制定《数字日内瓦公约》的过程中，面临着很多艰巨的挑战。一些重要的基础已经建立，并首开先河地打造了一个有效的国际法律框架。

2017 年 2 月，荷兰政府、海牙战略研究中心和东西方研究所成立了全球网络空间稳定委员，旨在制定规范和政策建议，保障国际安全和稳定的局面，并指导网络空间中负责任的国家和非国家行为。此外，一些其他专家组和民间社会组织也提出了一系列想法和建议。

然而，要提高网络空间中国家行为的透明度并落实责任，还有更多工作需要完成，应该确定一条务实、灵活、高效的途径来实现这一愿景，这应该成为各网络大国的优先事项。

四、和平时期《数字日内瓦公约》的实质内容

各国政府已经在防扩散等其他军事和地缘政治领域建立并遵守国际规则，网络空间也不应例外。网络空间是《数字日内瓦公约》的关键条款，各国应做出以下承诺。

一是避免攻击可能危及平民个人安全的系统，例如关键基础设施（包括医院、电力公司系统等）。

二是避免攻击"可能会导致全球经济受损（如损害金融交易系统的完整性）或造成其他全球重大破坏（如损害云服务系统）"的系统。

三是避免黑客对参与选举的记者和公民的个人账户或私人数据发动攻击。

四是避免使用信息和通信技术窃取私营公司的知识产权（包括商业秘密或其他机密商业信息），从而为其他公司或商业部门提供竞争优势。

五是避免在大众市场的商业技术产品中植入"后门"。

六是与在大众市场产品和服务中获取、保留、保护、使用和报告漏洞的政策（该政策规定了向供应商报告漏洞的强硬要求）一致。

七是在发展网络武器方面保持克制，确保所发展的网络武器是有限的、精确的、不可重复使用的。各国还应将其武器控制在安全的范围之内。

八是限制网络武器的扩散。各国政府不应随意传播网络武器或允许他人传

播网络武器，应使用情报、执法和金融制裁工具对那些分发网络武器人士进行惩罚。

九是限制参与网络攻击行动，避免对民用基础设施、设备造成大规模破坏。

十是在遭遇网络攻击时，协助私营部门进行探测、遏制、响应和恢复等工作，特别是要启用响应和恢复所需的核心功能或机制。

五、迫切需要开展对话

维护有效的网络安全对国际和平与经济稳定至关重要。《数字日内瓦公约》可以在保护世界各地的公民在和平时期免受国家领导或国家批准的网络攻击方面发挥核心作用。迄今为止，通过所做的工作，各国政府、技术部门和民间社会团体可以为制定保障网络空间稳定和安全的、具有法律约束力的协议铺平道路。对推进这一进程感兴趣的每一位人士都应致力于与世界各地的公共部门和私营部门伙伴合作，共同探索未来的发展方向。

第 5 章

国家（地区）网络空间安全动态

5.1 安全战略

新加坡国会通过《网络安全法案 2018》

2月5日，新加坡国会通过《网络安全法案 2018》，这项法案旨在加强保护提供基本服务的计算机系统，防范网络攻击。该法案提出针对关键信息基础设施（CII）的监管框架，并明确了 CII 所有者网络安全的职责。此外，这项法案还授权新加坡网络安全局管理和响应网络安全威胁和事件。根据法案，网络安全局在调查网络安全威胁和事故时，有权获取 CII 的网络安全信息，并建立网络安全信息共享框架。

美国参议院国土安全和政府事务委员会通过《重新授权法案》

3月7日，美国参议院国土安全和政府事务委员会通过了国土安全部提交的《重新授权法案》。该法案包括重组保护联邦网络和关键基础设施免受物理和网络威胁的部门，即将目前的国家保护和计划管理局（NPPD）调整为网络安全和技术设施安全局。此外，委员会还批准了针对《重新授权法案》的若干修正案，其中，涉及多项网络安全举措，包括实施"漏洞悬赏"计划等。

欧盟公布税改方案，拟对互联网巨头开征"数字税"

欧盟委员会 3月21日公布互联网企业短期及长期税改方案，其中，短期方案主要为开征临时税，长期方案主要为改革公司税。该税改方案建议对全球年收入超过 7.5 亿欧元（约合 58.6 亿元）、欧盟境内年收入超过 5 000 万欧元（约合 3.9 亿元）的互联网企业征收 3% 的临时税。对于长期税改，方案建议根据互联网企业"虚拟经营"的特点，今后没有实体经营地点但有"虚拟所得"

的互联网企业也要纳税。

美国总统特朗普签署《2017 年允许州和受害者打击在线性交易法案》

4 月 11 日，美国总统特朗普签署《2017 年允许州和受害者打击在线性交易法案》，该法案提出了终止性贩卖的办法，并为执法部门和受害者打击性交易提供了法律支持。法案还为受害者和执法机构提供了新的法律追索权：一是对协助或促成 5 人及 5 人以上卖淫的，或通过不计后果的行为助长性贩运的人员加重处罚，相关人员将面临罚款或最高 25 年徒刑，或两者并罚；二是允许性贩运受害者或受损个人起诉涉嫌违反联邦性贩运相关法律的网站；三是授权州执法人员对违反联邦性贩运相关法律的个人或企业采取行动。

美国众议院发布 2019 年《国防授权法案》草案

4 月 17 日，美国众议院军事委员会新兴威胁和能力小组委员会发布 2019 年《国防授权法案》草案。该法案要求美国国防部和国土安全部（DHS）开展联合研究，并报告对每个州提供网络支持的可行性；将美国国防数字服务（DDS）部门纳入试点计划；强调有网络入侵时，美国国防部必须"迅速"通报国会监督委员会；建议优先考虑美国国防部设备的技术需求；提出将 DIUx 的硅谷氛围完全融合到国防实验室中；提出美国国防部长从 2021 财年开始需提供主要武器系统的网络漏洞评估和缓解措施报告；美国网络司令部将承担国防信息系统局（DISA）的部分责任。

日本政府出台未来 3 年网络安全战略纲要

日本网络安全战略本部于 4 月 4 日在首相官邸召开第 17 次会议，日本内阁官房长官菅义伟及网络安全战略总部全体人员参会。就《新一期日本网络安全战略纲要（草案）》等 7 项内容进行讨论，旨在强化网络安全保障能力。会上还就关键信息基础设施、政府机构信息安全、网络安全法修正案等议题进行探讨。会议拟定了未来 3 年的网络安全战略纲要草案，以加强 2020 年东京奥运会和残奥会准备阶段的保护措施。政府从 7 月起实施基于该草案的新网络安全战略。政府与私营企业加强合作，共享网络攻击信息，共同制定应对措施，并强化事前的"积极网络防御"措施，以确保互联网环境的安全。

美国网络司令部颁布最新"指挥"战略

美国网络司令部 3 月底发布了一项新的战略——《实现和维护网络空间优势：美国网络司令部指挥愿景》，该战略涉及美国网络司令部的目的、方式和手段。这份新战略将防御、恢复和竞争整合在一个大的行动框架内，强调主动预测美国在网络空间领域的薄弱环节，并通过防御性行动防止敌对势力抓住弱点发动攻击。只有将各类网络行动整合在一起，才能确保网络空间领域的安全和稳定。新战略中对先期防御和竞争性行动的强调值得关注。新战略指出在过去的 10 年间，美国的敌对势力采取的一系列做法正促使网络空间领域日趋军事化。

美国国土安全部发布《网络安全战略》

美国国土安全部（DHS）5 月 15 日发布网络安全战略，希望履行网络安全使命，以保护关键基础设施免于遭受网络攻击。该战略旨在使 DHS 的网络安全工作规划、设计、预算制定和运营活动按照优先级协调开展。该战略描绘了 DHS 未来 5 年在网络空间的路线图，为 DHS 提供了一个框架，指导该机构未来 5 年履行网络安全职责的方向，以减少漏洞、增强弹性、打击恶意攻击者、响应网络事件，使网络生态系统更安全和更具弹性，跟上不断变化的网络风险形势。

欧盟《一般数据保护条例》5 月 25 日正式生效

欧盟《一般数据保护条例》于 5 月 25 日在欧盟全体成员国正式生效。该条例拓展了网络用户数据的定义范围，条例赋予了用户"被遗忘权"、数据"可携带权"等权利，大幅增强了对个人数据的保护。《一般数据保护条例》还要求企业必须以合法、公平和透明的方式收集处理信息，违规企业最高可能受到 2 000 万欧元（约合 1.5 亿元）或全球营业额 4 %（以较高者为准）的罚款。

卢森堡发布《第三版国家网络安全战略》

5 月 7 日，卢森堡副总理格扎维埃·贝泰尔和国家保护高级专员卢克·费勒共同发布《第三版国家网络安全战略》。新版网络安全战略旨在反映欧盟委员会制定的国家层面的一揽子计划的目标，同时也反映了日益数字化的世界，该战略由卢克·费勒领导的特别工作组制定。

特朗普签署《小型企业网络安全法案》

特朗普于 8 月 14 日签署《小型企业网络安全法案》，这项两党联合法案为小型企业提供一套协调资源，以最大限度地保护其数字资产免受网络安全威胁。小型企业是美国经济的支柱，占美国所有就业岗位的一半以上。这是一份面向组织和企业的综合性自愿指南，旨在更好地管理和减少网络安全风险。

波兰总统签署《网络安全法》

波兰总统安杰伊·杜达签署了政府 5 月份通过的《网络安全法》。该法在《法律汇编》公布后 14 天生效，它实施了欧盟《网络与信息安全指令》（NIS 指令）。根据新法，网络安全系统由中央和地方政府以及关键服务部门（如能源、交通、银行和金融、卫生、供水和数字基础设施等关键行业）的运营商组成。这些机构必须确保自身足够安全，并报告网络安全事故。该法还规定了在线交易平台、云计算服务和搜索引擎等数字服务提供商的义务。

立陶宛政府批准新版《网络安全战略》

立陶宛政府于 8 月批准新版《网络安全战略》。立陶宛国防部起草的这份文件确定了未来 5 年国家公共和私营部门网络安全政策的主要方向，并纳入了欧盟《网络与信息安全指令》（NIS 指令）的规定。新的网络安全战略是在全面评估立陶宛 2017 年总体网络安全情况的基础上制定的。

菲律宾总统签署《国家身份证制度法案》

菲律宾总统罗德里戈·杜特尔特于 8 月 6 日签署《国家身份证制度法案》，该法案旨在建立国家身份识别系统。该系统收集人口统计数据，例如全名、性别、出生日期、血型、住址和国籍。生物信息也将被记录，其中包括正面照片、所有指纹以及虹膜扫描等实况资料。菲律宾统计署将处理和保护收集到的资料，已登记的民众将获得一个随机产生的、独一无二的永久身份识别号码或 PhilSys 号码（PSN），政府也会签发实体身份证。

埃及出台首部"网络安全法"

埃及总统塞西于 8 月 18 日签署《反网络及信息技术犯罪法》，旨在打击极端分子利用互联网开展恐怖行动。该法是埃及 2018 年加强互联网管理系列举措的重要组成部分。埃及官方媒体《埃及公报》发布的法律全文显示，网络安全法共 45 项条款。此外，该法律的重点还在于处置网络劫持行为。法律将冒用他人或机构名称注册电子邮箱、私人账号或网页的行为认定为犯罪，罪犯将面临罚款或监禁。

美国白宫发布首份《国家网络战略》

美国总统特朗普于 9 月 20 日签署《国家网络战略》，确定了联邦政府为保护美国免受网络威胁和加强美国在网络空间的能力将采取的新举措。根据该文件，美国网络战略包括四大支柱。一是加强美国本土的网络安全。二是促进美国的繁荣。三是通过实力维护和平，启动国际网络威慑倡议，打击网络恶意信息活动。四是提升美国的影响力，推进多利益相关方互联网治理模式，促进开放、互操作、可靠和安全的通信基础设施，为美国的创造力打开海外市场，建设国际网络能力。

美国众议院通过《网络威慑与响应法案》

9 月 5 日，美国众议院通过一项两党联立法案——《网络威慑与响应法案》（H.R.5576），旨在阻止国外政府对美国关键基础设施发起黑客攻击。该法案呼吁对严重威胁美国利益的个人和组织实施制裁，并为此构建了一个基本框架，以保护美国的政治、经济和关键基础设施免受侵害。如果该法案被签署成法律，美国总统将被授权对重大网络威胁活动发起者实施制裁。此外，该法案还敦促美国总统与盟友及合作伙伴协调制裁措施，以发挥威慑力。该法案还要求对国外黑客组织登记在册，并将名单刊载在联邦公报中。

美国国防部发布《网络战略概要 2018》

美国国防部于 9 月 18 日发布了保护美国网络和主要基础设施免受网络攻击的新战略概要。新战略强调，从根源上杜绝有恶意的网络活动，包括不导致武力纷争的攻击在内。在美国预计将遭到攻击的情况下，一线作战人员将被赋予事先让海外电脑瘫痪的权限。新战略重视海、陆、空三军与网络军队的综合应对，明确提出将加强"攻击性网络能力"，旨在确保优秀人才的项目也将启动。

阿塞拜疆制定《国家网络安全战略》

阿塞拜疆交通、通信和高新技术部副部长埃里米尔·韦利扎德于 9 月 5 日表示，阿塞拜疆制定《国家网络安全战略》，为此还设立了一个信息安全领域的协调委员会。该战略设计了网络安全领域最先进的理念，完全符合国际经验——为网络威胁做好准备，采取一切必要措施打击网络安全威胁，协调相关问题等。制定《国家网络安全战略》还有助于修订阿塞拜疆网络信息安全领域的法律法规。

印度新设国防网络局、国防太空局等 3 个机构

印度内阁安全委员会（Cabinet Committee on Security ）10 月已经批准组建 3 个新机构，分别为国防网络局（Defence Cyber Agency）、国防太空局（Defence Space Agency）和特别行动司（Special Operation Division）。据了解，这 3 个新机构将相互支撑，并且听从主席、参谋总长指挥。一名官员称，3 个部门以后将被拆分，建立相互独立的部门，成立这 3 个部门也有助于探索协同作用以及发展经济和资源共享的最佳实践。

特朗普签署创建网络安全和基础设施安全局的法案

美国总统特朗普于 11 月 16 日签署一项法案，批准成立网络安全和基础设施安全局。该法案被称为 CISA 法案，重组国家保护和计划司（隶属国土安全部）。网络安全和基础设施安全局作为一个独立的联邦机构，负责监督民用和联邦网络安全。作为国土安全部的一部分，国家保护和计划司负责联邦网络和关键基础设施的物理及网络安全，并监督联邦保护局、生物特征管理办公室、网络和基础设施分析办公室、网络安全和通信办公室、基础设施保护办公室。作为一个联邦机构，该局将受益于预算的增加和更多的权力。

欧盟理事会通过新版欧盟网络防御政策框架

欧盟理事会于 11 月 19 日通过了更新后的欧盟网络防御政策框架，主要目的是发展网络防御能力，保护欧盟共同安全和防务政策（CSDP）通信和信息网络。其他优先领域包括：训练和演习、研究和技术、军民合作和国际合作。欧盟理事会还强调在演习期间充分解决网络威胁的重要性，以"通过改进决策程序和信息的有效性，提高欧盟应对网络和混合危机的能力"，并提出"网络领域的军民合作是确保对网络威胁做出一致反应的关键"。

保加利亚国民议会通过新的《网络安全法》

保加利亚新的《网络安全法》于 10 月 31 日由保加利亚国民议会二读通过。新法针对网络安全事件，对国家网络安全系统、国家网络安全协调员、不同部门内部的响应团队以及国家响应团队的管理和组织进行了规范。国家电子政务机构设立了一个新成立的协调机构（国家联络点），该机构直接向欧盟委员会报告为保护和应对网络攻击所采取的措施。保加利亚国防部协调与北约和欧盟的网络防御合作。另外，还建立了一支网络预备队，以便将来利用该国的科学和教育潜力。

澳大利亚政府发布新的网络安全报告

澳大利亚政府于 11 月发布了两份新的网络安全报告：《2018 年澳大利亚网络安全部门竞争力计划》和《澳大利亚网络安全行业路线图——执行摘要》，旨在使澳大利亚成为网络安全领域的领先者。《2018 年澳大利亚网络安全部门竞争力计划》对推动澳大利亚网络安全领域发展做了计划，深入研究了澳大利亚企业和个人的网络安全技能的差距，为澳大利亚企业和个人如何在网络安全行业中蓬勃发展提出了明确的步骤。该计划预计：到 2026 年，全球网络安全市场价值将达到 2 500 亿美元。《澳大利亚网络安全行业路线图——执行摘要》强调了网络安全的重要性，网络安全行业既是澳大利亚工业的推动者，也是经济增长的源泉。

美国总统特朗普签署《21 世纪综合数字体验法》

美国总统特朗普 12 月 20 日签署了《21 世纪综合数字体验法（The 21st-

Century Integrated Digital Experience Act）》，该法案规定了政府网站的可访问性、易用性和安全性的最低标准，电子签名的使用以及为残疾人提供更好的在线体验。美国国会预算办公室估计该法案在未来几年内耗资将高达 1 亿美元。该法案规定机构所有新网站或"数字服务"（基于网络的形式、应用程序等）在投入使用之前的 180 天就必须符合 8 项具体标准。

埃及发布《2017—2021 年国家网络安全战略》

埃及最高网络安全委员会（ESCC）12 月正式启动《2017—2021 年国家网络安全战略》。该战略应对的网络威胁和挑战主要有：对 IT 基础设施的入侵和破坏、网络恐怖主义和网络战争、对数字身份的威胁和对私人数据的窃取。这一强有力的立法框架有助于发展旨在保护国家网络空间和 IT 基础设施安全的国家级综合系统，改善对电子交易的保护，开发网络安全人力资本，支持科学研究，发展网络安全产业，提升对公民的电子服务和网络安全保护水平。

美国总统特朗普签署《国家量子法案》

美国总统特朗普 12 月 21 日正式签署《国家量子法案（National Quantum Initiative Act）》，全方位加速量子科技的研发与应用，确保美国量子科技的领先地位，开启量子领域"登月计划"。根据该法案，美国将制定量子科技长期发展战略，实施为期 10 年的"国家量子计划"。政府未来 5 年内将斥资 12.75 亿美元开展量子信息科技研究。

5.2　安全防护

美国众议院通过《网络漏洞公开报告法案》

2018 年 1 月 9 日，美国众议院通过《网络漏洞公开报告法案》。该法案可分为两部分：一部分是 DHS 为协调网络漏洞公开而制定的政策和程序描述，即政府如何向开发者报告计算机硬件和软件的缺陷；另外一部分是可能被归类为"附件"的内容，包括提供一些具体案例，即这些政策在上一年被用于披露漏洞的具体情况，旨在降低私营部门的漏洞风险。

美国 DHS 为情报公司提供 35 万美元资金，用于建立网络安全预测平台

美国国土安全部科学技术局 1 月初为弗吉尼亚州 418 家情报公司提供 35 万美元（约合 228 万元）的奖励，用于建立网络安全预测平台，以帮助关键基础设施所有者和系统运营商共享并跟进网络安全保护的最新发展趋势。根据要求，418 家情报公司将开发一个基于游戏的原型和预测平台，让参与者参与竞争，并掌握网络安全的最新发展态势。该平台将采用先进的匿名信息共享功能，允许对信息数字权利进行完全控制。

美国 DHS 为私营部门提供"主动防御"工具，应对网络威胁

美国国土安全部部长克尔斯蒂恩·尼尔森 1 月 16 日表示，美国国土安全部正在向私营部门提供工具和资源，以采取"主动防御"策略应对网络威胁，这一做法已引起法律界和网络安全专家的密切关注。尼尔森解释称，2018 年 DHS 将不遗余力地与情报界合作，共享包括恶意软件、僵尸网络和其他类型病毒感染的机密信息；如果可以提前预见特定的威胁，将把这些情况共享给私营部门，能够让公司在实际受到攻击前主动采取自我保护措施。

美国国防先进计划研究计划局开发网络分析工具

美国国防先进计划研究计划局（DARPA）于 1 月 30 日开发一套名为"网络之网络复杂分析（CANON）"的软件工具，旨在探测大规模恐怖主义（WMT）武器活动，并向情报分析师发出警告。CANON 将利用大量情报数据网络中的综合信息，以新的数学框架发现 WMT 活动。虽然与 WMT 相关的活动经常被隐藏，但有时可以通过电子路径进行追踪，电子路径可以分布在许多线索下。

俄罗斯斥资 1 400 万美元搜索国家 IT 系统漏洞

到 2020 年前，俄罗斯政府将拨付 5 亿卢布（约合 870 万美元）财政预算和 3 亿卢布（约合 530 万美元）预算外资金，用于搜索国家 IT 系统漏洞。找漏行动将从 2018 年 4 月开始持续至 2020 年底，任何人都可以参与。成功找到

漏洞的人可获奖品和现金奖励。受测系统包括俄罗斯国家IT系统和国内外IT系统产品。如果发现漏洞，那么有关方面将根据漏洞属性选择修复错误后再推出产品，或向公众隐瞒秘密，只让系统使用者知道。

日本开发新型加密技术

日本总务省下属的信息通信研究机构1月底开发出了新型加密技术，连新一代超高速计算机——量子计算机也难以破解。该技术的原理是将需要保护的信息转换为特殊的数学问题，可代替通信网等现有加密技术来使用。

美国国家标准与技术研究院发布物联网网络安全标准草案

2月14日，美国国家标准与技术研究院（NIST）发布了NIST部门间互通报告8200（NISTIR 8200）草案，该草案旨在为政策制定者和标准参与者提供在物联网设备和系统上制定和实施网络安全的标准。概略说来，该草案旨在：为物联网提供功能描述；描述一些代表性的物联网应用例子；总结网络安全核心领域，并提供相关标准的例子；描述物联网网络安全目标、风险和威胁；提供对物联网网络安全标准格局的分析；将物联网相关网络安全标准映射到网络安全核心领域。

沙特阿拉伯网络安全机构与美国系统网络安全协会签署协议，以促进网络安全技能本地化

沙特阿拉伯网络安全机构沙特阿拉伯网络安全和编程联合会（SAFCSP）与美国系统网络安全协会（SANS Institute）于2月19日签订《谅解备忘录》，以进行知识分享、技术转化和技能本地化。根据《谅解备忘录》，美国系统网络安全协会将与沙特阿拉伯政府合作，为当地院校和大学生组织培训课程和国家竞赛，并提供能评估和加强网络安全技能的（培训）项目。

新加坡国防部悬赏查安全漏洞

2月，200多名海内外网络安全高手"入侵"新加坡国防部属下的网络系统，3个星期里找到35个漏洞，国防部共发出14 750美元的奖金。每个漏洞的奖金额为250美元至2 000美元。新加坡国防部2017年年底雇用漏洞监测公司HackerOne负责安排白帽黑客"攻击"国防部8个连接互联网的重要系

统，包括国防部网站、国民服役网站及使用I-net系统让国防部和新加坡武装部队人员上网的电邮服务。

欧盟委员会制定《网络安全法案》

欧盟委员会于3月制定《网络安全法案》，以创建欧洲地区信息通信技术（ICT）产品和服务的网络安全认证框架。欧洲标准化委员会（CEN）和欧洲电工委员会（CENELEC）在一份立场文件中公布了该条例的建议。此外，法案还规定认证必须按照标准规定的要求进行，而这些标准则由CEN和CENELEC来制定。

美国国防信息系统局批准通过"军事云"共享重要任务信息

美国国防信息系统局（DISA）3月已授权将非密国家安全数据和重要任务信息连接至云。美国国防部临时授权，允许影响程度为5级的数据使用政府信息技术公司CSRA提供的"军事云2.0"（美国国防部专用云基础设施）存储信息。国防部高级领导人一直积极促进信息向云迁移，负责为美国五角大楼提供信息技术服务的国防信息系统局是负责推动云迁移任务的机构之一。

英国政府制定物联网设备网络安全指南

英国政府3月7日宣布一项网络安全指南，以使互联网连接的物联网设备在网络安全漏洞日益增加的情况下被更安全地使用。政府估计每个英国家庭都拥有至少10台联网设备，不过这些设备的安全性尚未得到保护，其密码很容易被破解。该指南要求设备制造商需要确保设备密码是唯一的，而且不能被重置为默认的出厂密码，同时确保经应用程序传输的敏感数据被加密。

美国国防部利用人工智能来提高网络漏洞检测的速度

美国国防部高级研究计划局（DARPA）4月26日称，希望利用人工智能提高网络漏洞检测的速度。国防部高级研究计划局的计算机与人类探索软件安全（CHESS）旨在通过一种新的人工智能工具来强化现有的网络维护，包含当前已存在的大部分工具包。计划旨在将自动化系统纳入软件分析和漏洞发现进程，使人类和计算机能够协同作业。

美国国家安全局发布十大网络安全缓解措施

美国国家安全局（NSA）4月22日发布十大缓解措施应对APT攻击者可能使用的各种技术手段。这十大缓解措施为：立即更新和升级软件；保护特权和账户安全；强制软件执行策略；执行系统恢复计划；积极的系统和配置管理；持续猎取网络入侵；利用现代硬件安全特性；使用基于应用感知防御技术隔离网络；整合威胁信誉服务；转换到多因素认证。

美国食品药物管理局强化医疗设备安全

美国食品药物管理局（FDA）于2018年4月下旬发布《医疗设备安全行动计划：保护患者与推动大众健康》，并准备成立汇集官方及行业专家的"网络医疗安全分析委员会（CBMSAB）"，以负责统筹医疗设备的安全问题。该计划着眼于打造一个医疗设备与患者安全网——寻求各种法规的可能性、推动更安全的医疗设备、改善医疗设备的网络安全，以包含上市前、后的"产品全生命周期"策略来保障设备安全。

印度政府建立国家网络协调中心

印度政府4月初成立了一个国家网络协调中心（NCCC），该中心隶属计算机应急响应小组（CERT-In）。该机构旨在对现有和潜在的网络安全威胁提供态势感知，解决各种网络安全威胁，包括滥用社交媒体带来的风险，并为个别实体主动、预防和保护行动提供及时信息共享。

美国国土安全部举办第6次"网络风暴"演习

4月10日美国国土安全部举办了第6次"网络风暴"演习，此次演习的主要目的是在关键基础设施风险加大的情况下，强化实施信息共享，以推进"参与者走出其舒适区"。据悉，包括企业高管、执法部门、情报部门和国防官员在内的1 000多人参加了这次演习，美国国土安全部称其为"政府发起的最大规模的网络安全演习"。

美国国防部规定移动设备禁止带进敏感区域

美国国防部4月22日宣布，将继续允许在五角大楼及配套建筑内使用手机等移动设备，但禁止将它们带入敏感区域。据美国国防部公布的一份备忘录，五角大楼中被指定用于处理或讨论机密信息的区域内禁止使用移动设备，这一规定适用于国防部全体人员、承包商雇员和访客。备忘录定义的移动设备包括手机、笔记本电脑、平板电脑、智能手表及其他能够无线传输或接收信息且独立供电的可携带设备。

美国将利用"五眼联盟"信息共享计划抵御黑客攻击

美国众议院首席信息安全官兰迪·维克斯 6 月初透露，美国众议院试图扩大与"五眼联盟"成员国议会的网络威胁信息共享计划，以加强这些国家最高立法机关（国会或议会）的安全性。共享的信息可能是非保密性威胁情报。维克斯表示，"五眼联盟"的最高立法机关已经维系了牢固的信息共享关系，但美国众议院的目标是能更充分地利用这种关系，并研究在"五眼联盟"达成共识的前提下，如何更有效、更频繁地共享信息，以充分了解网络威胁形势。这项计划的实现方式可能很简单，比如由美国国土安全部（DHS）向"五眼联盟"成员国发出网络安全公告，各成员国可通过威胁情报平台了解相关信息。

美国新网络安全机构签署协议，共同开展网络安全演习和共享威胁情报

美国金融服务信息共享和分析中心（FS-ISAC）和 CSA 于 7 月 16 日签署了 3 年合作协议，共同开展网络安全演习，并加强两个组织之间的安全威胁情报共享，以帮助新加坡更好地打击网络犯罪。FS-ISAC 专注于金融服务和银行业的网络安全。CSA 将帮助 FS-ISAC 更好地了解新加坡面临的威胁，同时，FS-ISAC 将从其分布在 44 个国家的 7 000 名成员中获得专家意见。

美国国土安全部采用红队方式改善国家网络安全

美国国土安全部（DHS）国家网络安全评估和技术服务（NCATS）成员在 8 月 10 日拉斯维加斯的第 26 届 DefCon 黑客大会上发表讲话，具体描述了 NCATS 红队活动，红队可以为政府机构和私人组织的关键基础设施提供安全方面的服务和帮助。NCATS 红队对关键漏洞封堵有强有力的指令要求，目前，关键漏洞的封堵时间约为 12.5 天。NCATS 红队还提供风险和脆弱性评估（RVA），通过为期两周的渗透测试，寻找内部和外部的漏洞，重点关注选举安全。

美国国防信息系统局将网络安全项目移至云端

美国国防部（DOD）8月通过其极具争议的联合企业国防基础设施（JEDI）云合同，明确表示正把整个事业单位移至商业云。其网络安全运营也包括在其中。美国国防信息系统局（DISA）发布了一份"来源搜索"通告，希望从小型企业那里获得资源，将其位于Acropolis网络安全项目的防御性网络运营（Defensive Cyber Operations）基础设施移至一个基础设施即服务（IaaS）的云环境。Acropolis的设计目的是为DOD提供一个安全的、巩固的、集成的防御性网络运营，并为DOD内部的网络安全分析师提供态势感知环境，以保卫国防部信息网络（DODIN）。

比利时警方决定在调查中使用新的互联网过滤技术

比利时警方8月开始在调查中使用新的互联网过滤方法。司法部在一年半前批准了这些措施，数据保护局现在也已经批准了这些措施。据悉，联邦警察和地方警察在获得地方法官许可的情况下，都可以使用新的方法和工具。根据相关措施要求，调查员必须接受特殊的训练之后才能采用虚构的在线身份，使用发布或分享极端主义信息等技术手段来识别嫌疑人。

新加坡所有公共医疗机构暂实行分隔浏览网站

新加坡从7月19日开始在所有公共医疗机构暂时实行"分隔浏览网站"措施，以限制网络攻击者进出医疗保健集团系统。国立健保集团（NHG）和国立大学医学组织（NUHS）也从7月23日起开始实行这项措施。虽然分隔浏览网站会对医疗工作者和病患造成不便，但当局已采取措施，确保对病人的照料以及病人的安全不受影响。这不仅能减少网络攻击的侵略点，同时还能配合进阶威胁防护（ATP）的实施，从而加强对网络袭击的防范。

新西兰开展国家网络安全演习

新西兰于11月进行首次全面的国家网络安全演习。新西兰警方的首席信息安全官保罗·布劳尔斯表示，该国2017年政府的更改导致演习延误。此次演习的目的之一是测试新西兰的网络恢复能力，并评估参与网络安全的多个机构合作和沟通的情况。

澳大利亚联合多机构举办"网络战应急响应演练"

9月12日，澳大利亚公共服务部（Department of Human Services）在堪培拉举办为期3天的网络战比赛，旨在通过一系列现实场景提升各部门的网络安全技能。2018年的比赛主题为"破壳行动（Operation Shell Breaker）"，参与者需要轮流保护虚拟国免遭重大网络攻击。当团队轮流发起网络攻击时，大型乐高模型将展示这次袭击对交通、电力和供水等基础设施造成的影响。这是澳大利亚联邦政府部门第一次举办此类型的大规模安全演习。

美国国防部宣布扩大入侵五角大楼众包安全项目

美国国防部（DOD）10月宣布进一步扩大"入侵五角大楼（Hack the Pentagon）"项目。据悉，DOD的Hack the Pentagon众包安全项目是一个为加快识别和修补DOD资产和网站安全漏洞而设计的项目。DOD向所有发现漏洞的安全研究人员支付报酬，该机构打算借此发现更多的安全问题，并利用该项目制定更进一步的众包安全策略。

阿联酋推出了实现安全数据环境的指导框架

阿联酋政府于11月11日推出一个实现安全和集成数据环境的指导框架。这一举措符合政府推出的第四次工业革命战略（4IR），并成为第四次工业革命议定书的支柱之一。该议定书围绕3个主要支柱：建立一个集成和安全的数据环境；制定管理第四次工业革命不同领域的政策和立法；促进第四次工业革命的价值观和道德规范。其建立了一个强大、集成和安全的数据环境来迎接第四次工业革命，并解决新工业革命带来的挑战。

美国国会正式通过《开放政府数据法案》

12月21日，美国众议院投票决定启用众议院4174号法案（Foundations for Evidence-Based Policymaking Act of 2017），这意味着美国政府在开放度上取得了又一次的历史性胜利。这项《公共、公开、电子与必要性政府数据法案》（又称《开放政府数据法案》）获得了国会通过，待总统签署后即将成为法律。该法案为 21 世纪制定了两大基本原则：首先，政府信息应以机器可读的格式默认向公众开放，且此类信息不会损害隐私或安全；其次，联邦机构在制定公共政策时，应循证使用。

美国国会通过两项法案，旨在加强国土安全部网络防御

美国新罕布什尔州民主党参议员玛吉·哈桑和俄亥俄州共和党参议员罗伯·波特曼 12 月提出的《攻击国土安全部法案》以及《公私网络安全合作法案》在参议院获得通过，将提交给总统签署。这两项法案都旨在加强国土安全部（DHS）的网络防御。《攻击国土安全部法案》提出，将创建一个漏洞赏金试点项目，利用黑客识别 DHS 网络中的潜在漏洞；《公私网络安全合作法案》则要求创建一个网络漏洞披露程序作为对前者的补充，以便更容易地报告漏洞。

美国国土安全部发布技术提高重点领域

美国国土安全部（DHS）12 月计划提高身份管理、区块链取证、生物识别、网络安全以及扫描设备的机器学习等一系列技术领域的能力。DHS 计划改善"即时"身份管理，通过更快速的身份凭证和访问管理系统来共享和验证新用户，加强紧急情况下地方政府与联邦政府的信息共享；开发一种点对点的网络安全"经验教训"工具，可对成功的网络风险管理技术进行分享。DHS 还有兴趣改进快速 DNA 分析，验证边境口岸的血缘关系；开发一种化学传感仪器，用于检测从环境监测到消防等的各种危险化合物；改进毫米波体扫描仪和 X 射线爆炸检测系统的机器学习能力，以帮助负责运输安全的工作人员；开发区块链取证功能，帮助跟踪加密货币交易。

英国制定智能汽车网络安全标准，防止黑客攻击

英国交通部与捷豹路虎、宾利和美国福特公司 12 月合作研究出自动驾驶汽车网络安全新标准（New Cyber Security Standard），旨在为汽车网络安全提供框架，防止未来无人驾驶汽车和智能互联汽车受到黑客的控制，同时确保汽车安全的存储和管理用户数据。该标准基于交通部和互联及自动驾驶车辆中心（CCAV）先前制定的原则，适用对象为汽车公司及其供应商。

5.3　数据治理

英国金融行为监管局和信息委员会办公室联合更新《一般数据保护条例》

英国金融行为监管局（FCA）和信息委员会办公室（ICO）2月8日联合更新了《一般数据保护条例》。《一般数据保护条例》从2018年5月25日起在英国生效。这是英国在加强个人数据隐私和安全方面迈出的重要一步。《一般数据保护条例》由ICO进行监管和执行，要求金融服务公司须认真处理个人数据。此外，遵守《一般数据保护条例》属于董事会的责任，企业必须能够提供证据来证明其已采取充分的措施。

澳大利亚实行《数据泄露通报法案》

澳大利亚于2月22日开始实行《数据泄露通报法案》，该法案能有效地防止悄无声息地发生数据泄露事件，但中小企业对法案中复杂条款的准备还存在不足。法案适用于年营业额超过300万美元并持有个人可识别信息的组织和机构。一旦实行，这些组织机构必须向澳大利亚信息专员办公室和受影响的个人报告数据泄露事件，否则将被处以180万美元的罚款。

加拿大隐私监督机构对脸谱公司进行数据泄露调查

加拿大隐私监督机构3月开始对脸谱公司展开了调查。调查将考察脸谱公司是否遵守加拿大联邦私营部门的隐私法《保护个人信息和电子文件法案》。加拿大隐私专员丹尼尔在一份书面声明中称，"我们收到了针对涉及剑桥分析公司的指控以及对脸谱的投诉，因此开展了正式调查。第一步是确认加拿大脸谱用户的个人信息是否受到影响。"

英国提出修正《数据保护法案》

英国政府数字部长马特·汉考克4月提出希望授予信息专员更多权力，要求数据控制者和处理者在紧急情况下于24小时内交出信息。新法案提出，法官可以颁发允许进入处所的搜查令，而不需要事先通知数据控制者、处理者或处所占用人。而销毁或以其他方式处理、隐瞒、阻止或伪造全部或部分信息、文件、设备或材料等行为，或纵容相关情况发生的行为，都将被视为犯罪。

巴西众议院通过《数据保护法案》，出台公共数据访问的通用规则

5月29日，巴西众议院批准《数据保护法案》，要求在该国开展业务的所有公共和私人机构都必须经同意后才能存储用户或客户的个人数据。该法案制定了公共数据访问的通用规则，包括在与客户或用户的关系结束后要求销毁个人信息。同时要求建立两个新机构（数据保护局和全国保护个人数据委员会）来推进相关措施。

泰国推出《数据保护法》草案

泰国内阁5月审议《数据保护法》草案，旨在保护泰国公民的数据隐私。据悉，新法明确了数据保护的定义，并提出数据所有者、数据管理者和数据处理者三类相关方的权责。新法规定了对于任何违反或滥用数据所有者隐私的活动，数据管理者和数据处理者均将受到的处罚。数据管理者和数据处理者使用数据前必须得到数据所有者的允许。

印度要求全球支付公司数据只能存储在本地

印度储备银行2018年4月发布的"为方便监管，6个月内的所有支付数据只能存储在本地"一纸命令，让外国公司措手不及。5月份，印度要求全球支付公司数据只能存储在本地。支付公司担心印度的这一举措将为"把客户数据保存在本地"提供先例，并促使其他国家政府也实施类似规则。

肯尼亚制定《2018数据保护法案》

肯尼亚信息、通信和技术委员会主席和肯尼亚巴林戈郡县参议员基甸·莫伊6月份共同呈交的《2018数据保护法案》，将大大改变公共和私人实体单位处理信息的方式。根据该法案，公司须告知用户其收集的所有个人数据、收集数据的目的以及这些数据的存储时间。法案规定用户有权拒绝公司收集或处理

他们的数据，并可要求纠正或删除错误的数据。在惩罚方面，对于被判定犯有干涉他人个人资料或侵犯他人隐私权的行为体，一经定罪，可处以不超过 50 万先令的罚款或不超过两年的监禁，或两者兼有的处罚。

欧盟禁止数据本地化限制

欧盟成员国大使 6 月 29 日批准了创建数据存储和处理服务（如云计算）的单一市场，从而推动其数字经济的发展。立法将确保数据自由流动，允许企业和公共行政机构在欧盟的任何地方存储和处理非个人数据。草案要求成员国取消对存储或处理非个人资料的地理位置所施加的任何限制，除非这些限制是基于公共安全的目的。取消数据本地化限制被认为是确保数字经济发挥其全部潜力的关键因素，以推动在 2020 年将其价值提升至欧洲GDP 的 4%。

伊朗信息和通信技术部推出《个人数据保护和隐私法案》

伊朗信息和通信技术部长穆罕默德·贾瓦德·阿扎里·贾赫罗姆 7 月 28 日称伊朗将推出《个人数据保护和隐私法案》，旨在保护其公民在互联网上的个人数据安全，此举被认为有助于加快该国的数字化发展。该法案于 7 月 29 日提交内阁审理。《个人数据保护和隐私法案》不仅适用于国内服务，也涉及保留用户数据的所有服务，它为在互联网上实现伊朗公民权利提供了基础保障。

美国公布《联邦数据战略》草案

美国政府 7 月公布《联邦数据战略》草案中涉及"原则"的部分。草案指出，根据"总统管理议程（President's Management Agenda，PMA）"，草案中拟订的 10 项原则主要涵盖了 3 个方面，即有关数据的管理、质量和持续改进。草案明确，应说明获取、使用和传播数据的目的，全面记录数据的处理过程和使用数据的产品；对数据需求和使用进行优先排序，尽可能利用已有来源的数据，只在必要时获取新的数据；创建并传播具有一致性、私密性、可复用性和互操作性的数据，确保数据质量和价值；改善数据共享现状，重视用户的持续反馈，并及时更新最佳实践。

埃及内阁批准保护个人数据的法律草案

埃及内阁 8 月 7 日已批准旨在保护个人数据的法律草案。该法律旨在提高国内数据安全水平，规范电子营销组织活动和数据传输行为。该法律保护"以电子化的形式完全或部分处理的个人数据"。除非在合法授权的情况下，法律禁止收集或处理个人数据，禁止未经有关个人许可以任何方式传播的行为。埃及内阁宣布只要有关数据属于埃及公民或留在埃及境内的外国人，埃及境内外人士均适用本法。根据内阁发布的声明，违法者将被处以至少一年监禁和不超过100万埃及镑（约合37.5万元）的罚款。

德国反垄断机构因脸谱公司擅自收集数据，计划对其采取行动

德国反垄断监管机构联邦卡特尔办公室负责人安德烈亚斯·蒙特8月27日称，脸谱等美国科技巨头在欧洲将持续面临监管压力，他对在2018年年底之前对脸谱公司采取"下一步行动"持乐观态度。联邦卡特尔办公室正致力通过一项"针对大型互联网公司"的战略来监管企业如何收集用户数据，以保护数字经济中的竞争。该战略有两个目标：一是市场持续对新参与者开放；二是确保消费者能够在公平和透明的环境下选择产品和服务。蒙特的言论表明，德国这个欧盟最大经济体对互联网的监管力度不会有任何放松。

韩国对外国公司进行数据安全审查

韩国政府从8月20日到8月31日审查外国公司的客户数据安全，持续审查的主要目标是20家跨国公司在韩国的办事处，这些公司提供的产品或服务"与人们的日常生活密切相关"。涉及的领域包括家居用品、奢侈品、食品和药品、电子产品和国际快递。审查人员将通过检查相关文件、采访数据安全管理人员、亲自查看其数据系统等方式来检查这些公司的数据安全和遵守国内法律的情况，违法的公司将面临行政处罚或罚款。

脸谱公司称自数据泄露丑闻后，已调查并暂停400多个应用

脸谱公司8月22日表示，自3月开发者泄露数据丑闻爆发以来，该公司已经调查了数千个应用，并暂停了其中的400个应用。公司正加大调查力度。其中一个调查涉及一款名为myPersonality的应用，由于该应用不配合脸谱公司的审计，且明目张胆地与数据保护薄弱的研究机构和公司分享用户数据，该应用已被完全禁止。

阿根廷制定新版数据保护法

阿根廷的行政部门 9 月 19 日向阿根廷国会提交了一份《数据保护法案（草案）》，旨在使该国的数据保护标准与欧盟《一般数据保护条例》保持一致。该草案修订了处罚条款，若发生违规现象，将处以高达最低生活工资的 500 倍的罚款。该草案要求任命一名数据保护官员，其职责包括制定数据保护政策并监督对拟议法律的遵守情况。该草案扩展了个人数据权利，包括数据可携带性等事项。

美国商务部提出联邦数据隐私框架提案

美国商务部 9 月就一项旨在强化美国数据隐私规则的提案征求意见，该提案赋予消费者更多的控制权，以控制企业收集和使用其个人信息。报道称，美国国家通信和信息管理局表示，特朗普政府提议的框架旨在为个人提供高度保护。

谷歌提出数据保护立法提案，允许消费者删除个人信息

谷歌 9 月 24 日发布其数据保护立法提案，提案要求数据收集公司和组织对收集的个人信息的类型、收集的原因以及如何使用或披露这些信息保持透明，并允许消费者访问和删除提供给企业的一些个人信息。提案称，谷歌支持全面的隐私立法，并建议获取数据的机构做出合理努力，在以维护个人信息为目的的相关范围内，确保个人信息是准确的、完整的、最新的。

欧盟理事会批准非个人数据自由流动新规

欧盟理事会 11 月批准关于非个人数据在欧盟自由流动的新法规。该法规规范的对象主要为非个人数据，与 2018 年 5 月生效的《一般数据保护条例》形成互补，由欧盟委员会于 2017 年首次提出，旨在限制在特定国家存储非个人数据，鼓励在整个欧盟范围内交换数据，支持单一市场发展。欧盟议会已于 2018 年 10 月批准了该法规，新规生效时欧盟各国将有 6 个月的时间准备实施。新规还鼓励制定行为准则，以方便用户切换提供商或将数据移植回自己的 IT 系统。

加拿大颁布消费者个人资料保护新法

加拿大联邦政府 11 月初公布了新的《保护个人信息和电子文件法案》，要求加拿大国家公司如有泄露客户个人信息及数据的情况，必须尽快报告，否则将面临处罚，每次违规的罚款额最高可达 10 万加元（约合 53 万元）。新法规从各方面敦促商家和企业保护客户的个人信息，包括姓名、年龄、住址、社会保险号和健康情况等，但其首要目的是敦促商家和企业重视对客户资料的保护。新法规则要求加拿大国家公司在两年内加强网络安全保护措施，新法规也对违反行为制定了严厉的处罚措施，每次违规的罚款额最高可达 10 万加元。

巴拿马政府制定专门的数据隐私法

巴拿马国民议会 10 月 24 日批准保护个人数据法案。法律对数据保护迫切需要的方面做了规定，例如对服务器的地理位置和数据存储的国际转移提供指导；建立数据收集登记册，供当地监管机构查阅；赋予数据持有者删除或纠正信息的权利（法律要求在 10 个工作日内进行删除或纠正）；对医疗和犯罪记录数据的使用进行规定；明确了负责数据管理的实体与实际使用数据实体的共同责任等。

欧盟委员会发布《欧盟 – 美国隐私盾报告》

12 月 19 日，欧盟委员会公布《欧盟–美国隐私盾报告（EU-US Privacy Shield）》。该报告指出在隐私保护政策下，数据从欧盟向美国传输是充分安全的。美国实施了 2017 年审查中提出的建议，隐私保护框架得到了显著改善。报告称美国商务部已经加强了认证流程，并对获得认证的企业实施随机抽查，以确保其继续遵守"隐私盾"的条款。

印度的《数据保护法案》禁止将敏感的个人信息转移到国外

印度 12 月 23 日公布的《数据保护法案》禁止密码、金融和医疗数据、种姓、宗教和政治信仰等信息的跨境流动，全球互联网巨头和社交媒体公司未来无法将印度人"敏感的个人信息"转到其海外服务器进行处理，但可以根据"必要性或国家的战略利益"提供豁免。根据该法案，违规行为（包括未经授权处理个人数据）或面临最高 1 500 亿卢比（约合 147.6 亿元）罚款或罚处全球营业额的 4%（以较高者为准）。该法案还规定，只有在符合数据保护部门批准的合同条款的情况下，才允许跨境移动此类数据。

5.4 犯罪治理

澳大利亚网络安全研究中心提议建立国家级打击网络犯罪机构

澳大利亚网络安全研究中心（CSRC）1 月中旬表示，CSRC 向澳大利亚议会委员会递交提案，建议成立一个由联邦政府牵头的合作机构，负责打击网络犯罪，并提供专业技术网络调查服务，以支持所有机构开展的执法活动和国家安全调查。该机构或由新成立的内政部管理，或作为独立实体，或与澳大利亚网络安全中心、澳大利亚联邦警察和澳大利亚刑事情报委员会开展合作，还应与澳大利亚信号局密切合作，为此，将从合适的联邦和州政府借调人员。

印度成立最高网络犯罪协调中心

1 月 29 日，印度内政部正计划在新德里成立印度最高网络犯罪协调中心（I4C），并要求印度各邦和各地区行政中心建立 I4C 协调小组，以及区域网络犯罪小组。I4C 将与印度各邦的政府机构和边境联盟协调合作，密切关注网络空间和社交媒体，并强调本国的内容。该中心还将屏蔽无视印度法律、传播儿童色情和地方种族敏感内容的网站。此外，印度内政部还根据"防止妇女儿童网络犯罪计划"，拨款 83 亿卢比（约合 8.1 亿元），在每个邦和地区的警察部门成立网络犯罪取证中心和教导所。

加拿大斥资 10 亿美元打击网络犯罪

加拿大联邦政府 2 月底称预计为网络安全引入 10 亿美元的资金，以突破网络犯罪盛行、政府难以应对的困境。加拿大政府发布的预算细节包括：拟议的预算中将为打击国家网络犯罪提供资金，这可能会包括培训下一代网络专业人员、通过外包本地私营公司来加强军方的网络安全能力的费用。此外，预算还将为政府和私营部门共同开发的网络项目提供资金。

澳大利亚内政部宣称大力推进解密技术

澳大利亚内政部部长彼得·达顿于2月21日在全国新闻俱乐部发表讲话时称：无处不在的加密已成为调查恐怖主义面临的重大障碍。超过90%的反恐目标使用加密通信，包括一些针对澳大利亚发起的攻击计划。因此，达顿认为企业应该正视恐怖分子和犯罪分子利用加密技术和社交平台实施犯罪而造成的严重不良影响。

尼日利亚专家呼吁警方利用社交媒体塑造正面形象

尼日利亚埃努古州警察司令部IT顾问、信息和通信技术专家丘克斯·乌古，敦促尼日利亚警方于2月使用社交媒体平台，为该组织的官员树立正面形象。乌古表示，积极的事态发展情况以及警察所做的正确的事情应该被上传到社交媒体上，以作为让人们看到警方不鼓励任何玩忽职守的生动案例。社交媒体平台仍然是表现警察所有积极影响的最快速、有效的方式。

肯尼亚总统签署《2018年计算机滥用和网络犯罪法案》

肯尼亚总统乌胡鲁·肯雅塔于5月16日签署《2018年计算机滥用和网络犯罪法案》。根据新法案，任何人故意发布虚假、误导性或虚构的数据或误传数据，无论有无任何经济利益，都被视为犯罪行为，一经定罪，将处以最高500万先令的罚款和不超过两年的监禁。如果为了获取关键数据而非法获取数据或采取被禁止的行为，意图直接或间接地利用外国对肯尼亚共和国造成损害的，即属犯罪，一经定罪，将被判处最高监禁20年和最高罚款1 000万先令。新法案裁定出版儿童色情制品的，一经定罪，可判处最高罚款2 000万先令和最高监禁25年。

巴西开展网络犯罪治理活动

2018年5月，巴西开展了大规模的网络犯罪治理活动，以打击儿童色情，这是巴西有史以来最大的反儿童色情行动。当局称这是世界上有史以来最大的一次单日镇压行动。24个州共部署了2 500多名警察，最终共有251名嫌疑犯被捕，超过100万份电脑文件被查封，此外，还有数百台电脑和手机被查获。

埃及议会通过《网络犯罪法》

埃及议会于 6 月通过了政府提交的《网络犯罪法》，该法对故意鼓励犯罪的网站或社交媒体账号经营者处以罚款。对于任何负责经营网站、私人账号、电子邮件或信息系统的人，如果其鼓励犯罪，将面临至少 1 年的监禁和 2 万到 20 万不等的埃及镑（1 埃及镑约合 0.35 元）的罚款。此外，该法还对所有无意从事或鼓励从事网络犯罪的人施以惩罚，处以至少 6 个月的监禁和 1 万到 10 万不等的埃及镑的罚款。

美、英等五国成立全球税务执法联合组织，共同打击网络犯罪

美国、英国、澳大利亚、加拿大、荷兰五国政府于 7 月初宣布成立"全球税务执法联合组织（J5）"，旨在通过联合调查和执法行动，打击包括违规使用加密货币等在内的网络金融犯罪活动。J5 的成员来自 5 个国家的税务和刑事机构，包括美国国税局刑事调查处、英国税务海关总署、澳大利亚税务局、澳大利亚刑事情报委员会、加拿大税务局以及荷兰税务局。

英国宣布增加网络犯罪专门法庭

英国于 7 月建立一个专门审理网络犯罪案件的法院，新法院将位于伦敦市中心的一座新建筑中，预计将于 2025 年完工。司法部和英国女皇陛下法院和法庭服务部门宣布该法院由伦敦金融城公司和司法机构合作开发，将拥有 18 个现代化的审判室。

印度内政部成立专门小组监控网络犯罪

印度内政部于 7 月决定在联合秘书的管辖下建立一个专门小组，以定期监控网络犯罪，并确保大众在社交媒体平台上的投诉不超出合规范围，该专门小组由内政部联合秘书、网络和信息安全部门分管，将定期监控令人反感的网络内容，并推动执法机构和州警察之间进行更好的协调，以封堵、删除令人反感的信息。内政部现在计划与脸谱、推特和 WhatsApp 的代表进行新一轮的会面，以建立一种机制来处理虚假新闻和其他令人不安的内容。

巴基斯坦加强应对网络犯罪的政策

巴基斯坦政府 7 月开始加强处理网络犯罪的政策，要求巴基斯坦联邦调查局（FIA）和国家反恐局（NACTA）的网络犯罪部门和网络安全部门加强关于网络犯罪的管制。FIA 在《国家内部安全政策》（NISP-2018-23）中讨论了增加联邦调查局和国家反恐局能力的政策，目的是监测网络空间的滥用。为实现该目标，政府将利用现代信息技术手段来获取网络犯罪分子的信息，改进公共服务的效率和透明度。在安全城市项目系统、生物特征识别登记系统和综合边境管理系统上都已有成功的案例。

阿联酋通过《网络犯罪法（修正案）》

阿联酋总统谢赫·哈利法·本·扎耶德·阿勒纳哈扬签署通过了《网络犯罪法（修正案）》。该修正案于 8 月 13 日对外发布，对 2012 年颁布的 5 号法令《网络犯罪法》第 26、28 和 42 条进行了完善与修改。同时，新修正案扩大了对违法者实施制裁的范围，引入缓刑、限制使用电子媒介、强制驱逐等制裁措施。同时，该修正案确认法官可以通过行政措施进行法定处罚。这项措施赋予法官一定的豁免权力。

悉尼理工大学与英国电信加强合作，应对网络犯罪威胁

8 月底，悉尼理工大学和英国电信达成 5 年合作协议，以侧重解决网络犯罪问题，加速网络安全发展。双方将共同利用大学基础设施和专业知识探索新技术，推动产品和服务升级，解决该领域的技能短缺问题，进一步加强本地的网络研究和开发能力。

印度成立首个网络取证实验室

9 月，印度首个网络取证实验室在维杰亚瓦达市投入运营，主要用于打击与"一次性口令"认证、金融诈骗、脸谱、短信、电子邮件和 ATM 卡偷窃及 WhatsApp、Telegram、Instagram 等大量社交媒体信息滥用等相关的网络犯罪行为。印度国家警察局决定在印度建立 6 个网络取证实验室，以打击网络犯罪。维杰亚瓦达实验室将设在该市的网络犯罪警察局，由局长塔库尔领导。另外 5 个实验室将分别建在维扎加帕特南、卡努尔、拉贾赫穆恩德尔伊、阿纳恩塔普尔和蒂鲁帕蒂。

南非通过《网络犯罪和网络安全法案》

南非议会司法委员会 11 月 13 日正式通过了《网络犯罪和网络安全法案》。该法案自 2017 年首次提出，经过多次重大修改，旨在让南非与其他国家的网络法律接轨，以应对网络犯罪不断增长的趋势。该法案的大部分内容侧重于将盗窃和数据干扰定为刑事犯罪，但它也引入了围绕"恶意"电子通信的新法规。这些法律主要打击 WhatsApp 侵权行为，但同样适用于脸谱消息传递。该法案规定任何人一旦被判定有罪，将面临罚款和（或）不超过 3 年的监禁。

联合国大会通过俄罗斯提出的打击网络犯罪决议

12 月 17 日，联合国大会通过了俄罗斯提出的名为《防止将信息通信技术用于犯罪目的》的决议，将重点打击网络犯罪。该决议联合起草方为包括俄罗斯在内的 36 个国家。决议规定在联合国大会就该议题开启有联合国秘书长参与的广泛的政治法律讨论。然而在大会上，美国和欧盟国家投票反对。俄罗斯常驻联合国代表团表示，决议为寻求和形成应对迫切全球威胁之一———网络犯罪问题的回应奠定开端。希望即将在联合国层面举行的对话具有代表性和建设性。

巴基斯坦引入新国家计划，打击网络恐怖主义

巴基斯坦内政部 12 月宣布将推出"国家反恐行动计划 2"，并重组国家反恐怖主义局（反恐局）。新版本的"国家反恐行动计划"继续关注网络安全层面的反恐措施。极端组织也利用欧洲等地的网络空间对弱势群体进行宣传。年轻的巴基斯坦人更容易受到网络空间的影响。巴基斯坦此次推出的"国家反恐行动计划 2"是国家网络安全层面防范恐怖主义的最新措施，意义重大。

5.5　内容管理

德国实施《社交媒体管理法》

自 2018 年 1 月 1 日起，德国开始实施《社交媒体管理法》，要求社交媒

体必须尽快删除其平台上的仇恨言论、假新闻和非法资料。若不移出"明显违法"的内容，它们将面临最高 5 000 万欧元的罚款。在执法人员告知平台违法内容后，社交媒体有 24 小时的时间处理这些内容。此项法规适用于任何用户超过 200 万的社交网络和媒体平台。脸谱、推特和优兔都将是该法律的主要适用对象，但Reddit、Tumblr和俄罗斯社交媒体平台VK也可能在该法的监管之下，此外还包括Vimeo和Flickr等。法律还要求它们建立一个全面的投诉机制。

以色列要求社交媒体网站删除暴恐等有害内容

1 月 1 日，以色列国家检察官办公室网络部门负责人向以色列议会委员会陈述称，司法部在过去的一年中向社交媒体发出了数千次关于删除有害或危险内容的请求，绝大多数情况下推特、优兔和脸谱等社交媒体根据请求进行了删除。据称，司法部主要关注煽动恐怖主义的内容，尤其是恐怖组织撰写的内容和煽动暴力的帖文，需要及时将其从公众视线中删除。

美国国务院获得 4 000 万美元用于打击国外虚假宣传

美国国务院 2 月 26 日宣布已经与美国国防部签订协议，将从国防部获得 4 000 万美元以加强其所属全球作战中心打击国外宣传和虚假信息的工作。新资金的注入将加强该中心在本财年的运营。资金将部分用于向民间团体、媒体供应商、学术机构、私营公司和其他组织提供补助，以便开展打击虚假信息的工作。该中心表示计划从信息访问基金中拨款 500 万美元用于此项工作。

英国内政部使用人工智能处理极端组织宣传

英国内政部 2 月份宣布一项新的软件工具，该工具使用人工智能在线自动检测平台上的恐怖分子宣传内容。计划将软件分发给小公司，以更广泛地解决恐怖分子及其支持者传播极端主义内容的问题。内政部在公告中表示，这款新工具可以自动检测到94%的宣传，精确度达到99.995%。该软件由内政部和超级人工智能数据科学（ASI Data Science）公司合作开发。它使用高级机器学习来分析上传到网络的音频数据和视频数据，并确定它是否可以检测到极端组织宣传。

马来西亚通过立法加大虚假新闻打击力度

马来西亚国王莫哈末五世 3 月 5 日表示，支持制定打击在社交媒体上传播虚假新闻和诽谤行为的新法律。总理纳吉布 2 月曾表示，需要通过立法来遏制虚假新闻传播，并建议尽快成立一个起草法案的特别工作组。目前，马来西亚关于禁止传播虚假内容的立法主要是《印刷出版社法》和《马来西亚通信和多媒体委员会法》。根据这两项法律，被定罪的人可被判处 3 年以下有期徒刑或缴纳高达 5 000 林吉特（约合 1.1 万元）的罚款。

英国政府出台措施，规范社交媒体平台，打击有害内容

英国数字、文化、媒体和体育部大臣玛戈特·詹姆斯 3 月份表示，政府可能在没有立法的情况下采取行动来打击网络攻击行为，目前政府已经在社交媒体平台上对恐怖主义和虐待儿童领域的自愿行为守则进行干预，取得良好进展。由于社交平台不会自愿履行既定规则，监管必须明确"哪些线下非法内容在网络上是合法的"。

缅甸斥资组建社交媒体监控机构

缅甸运输和通信部长吴丹 3 月 19 日在缅甸议会上宣布，缅甸将从 2017 财年至 2018 财年的储备基金中支出超过 64.26 亿缅元（约合 3 035 万元）建立一个社交媒体监控机构。投入的资金将用于购买设立监控机构所需的软硬件。

阿联酋利用付费社交媒体从事商业活动，需获得许可证

阿联酋全国媒体委员会（NMC）3 月 6 日规定，通过推广品牌和业务来赚钱的社交媒体需要获取媒体许可证，这项规定旨在规范电子商务和出版业。许可证与当局颁发给杂志和报纸的许可证相同。2 月 28 日，NMC 推出了新的电子媒体监管系统，电子媒体商业活动参与者需在 6 月底前注册并获得许可证，否则将被处以最高 5 000 迪拉姆（约合 8 600 元）的罚款、口头或官方书面警告、关闭网站或账号等惩罚。

俄罗斯总统普京签署《互联网诽谤法案》

俄罗斯总统普京 4 月 25 日签署《互联网诽谤法案》，允许当局封锁发布诽

谤公众人物信息的网站。该法案主要是针对那些"未能消除抹黑公民的荣誉、尊严或商业信誉信息"的冒犯性网站，要求在法院下达命令的一天内对其进行封锁。根据该法案，在社交网络上发布不实消息或侵犯他人名誉信息且拒绝删除的自然人将被处以 300 万～ 500 万卢布（约合 30 万～ 50 万元）的罚款，而法人将被处以 3 000 万～ 5 000 万卢布（约合 300 万～ 500 万元）的罚款。

马来西亚通过《反假新闻法》

马来西亚 4 月 2 日通过《反假新闻法》，对在社交媒体或数字出版物上传播虚假新闻的公民将处以最高 50 万林吉特（约合 81 万元）的罚款和最高 6 年的监禁。草案规定最高可处以 10 年的监禁，但政府最终将其降低为 6 年。虚假新闻相关案件将交由独立的法庭审理，被惩罚的违规者也包括杜撰关于马来西亚国家或人民的虚假消息的非马来西亚人。

阿联酋国民议会呼吁加强对社交媒体的监管

阿联酋联邦国民议会成员 4 月 24 日表示，政府应该对社交媒体影响者进行更加严格的监管，以确保他们分享的内容符合阿联酋的价值观和道德观。议会成员对使用未受监管的产品和服务表示担忧，并且称大多数影响者没有透露他们是否因这些产品和服务获得了相应的报酬。

印度政府将 24 小时监控社交媒体，严查网络虚假新闻

印度政府 5 月推出举措，为全国 716 个县配备社交媒体监测员。印度信息与广播部也出台了网上舆情监管机制，决定设立社交媒体通信中心，以监测印度 716 个县的网上舆情和所有在线内容。政府将 24 小时监控社交媒体，以应对虚假新闻和谣言等挑战。机制落实后，社交媒体监测员将有权阅读和回应印度网络环境中绝大部分的内容，并查看相关用户信息。这一机制正在通过印度信息与广播部下属的印度广播工程咨询有限公司实施。

欧盟通过新《著作权指令》

欧洲议会下属的法律事务委员会于 6 月 20 日投票通过遭到众多科技巨头

反对的新版《著作权指令（Copyright Directive）》。该指令主要是针对谷歌和脸谱等在线平台影响力日益提升这一现状而制定的，旨在使这些互联网公司与出版商共享营收，同时还要承担网络著作权侵权责任。该指令要求网络平台必须过滤使用者上传的内容，以确认所上传的内容未侵犯著作权。具体措施包括使用有效的内容识别技术等。

法国国民议会通过《反假新闻法》

法国国民议会 7 月 3 日通过旨在打击选举期间利用媒体传播不良信息行为的《反假新闻法》。根据该法，选举期间候选人可向法院申请删除存在问题的新闻报道，同时要求脸谱和推特等社交媒体平台披露相关内容的赞助方。法院有权决定某一报道是否可信或应被移除。该法的重点在于有效地阻止假新闻的传播，更多的是针对新的媒体和传播途径，尤其是网络平台，以适应社交媒体新闻传播、病毒式传播以及广告赞助不断增加的趋势。

埃及议会通过打击假新闻法案

埃及议会 7 月 16 日通过一项法案，允许当局监控社交媒体用户，以打击"假新闻"，该法案将提交总统阿卜杜勒·法塔赫·塞西批准。根据新法案，那些在社交媒体上粉丝数超过 5 000 的用户账号（包括网站、博客和个人账号等）可能受到埃及媒体监管最高委员会的监督。委员会将被授权冻结或屏蔽任何"发布或传播虚假新闻或任何煽动违法、暴力或仇恨的信息"的账号。

联合国教科文组织宣布开发课程，以打击虚假信息传播

7 月 6 日，在法国互联网治理论坛上，联合国教科文组织（UNESCO）言论自由和媒体发展的负责人盖伊·伯格表示，UNESCO 正在开发名为"新闻、'假新闻'和虚假信息"的示范课程。该课程针对的是新闻教育者、培训师和在职记者，也将引起政党、卫生专业人士、科学家、选举监察员、非政府组织、教师和互联网公司的兴趣。

推特加强对应用开发者的管理

推特于 7 月 24 日宣布将启用一套更为严格的申请流程来检验希望进入其社交平台的开发者，并剔除违反其行为准则的应用。推特为一些公司、开发者

和用户提供了通过其应用程序接口来获取公共数据的方式。所有数据访问权限申请都将通过审核，以判断开发者会如何使用此信息。推特也会在新注册流程中引入政策合规性检查。新规将有助于筛除那些"垃圾"及低质量应用。

美国参议院要求监管科技巨头，建议限制匿名性，使网站对内容负责

参议院情报委员会副主席、弗吉尼亚州民主党参议员马克·华纳的办公室7月底起草《大型科技公司的监管白皮书》。该白皮书提出了20个意见，供决策者来监管社交巨头。该白皮书的重点是提高大公司的透明度，使用户和公众更容易了解这些公司收集什么信息、用作什么用途。另外，可以让潜在竞争者更容易进入市场，了解当前行业领导者的做法。

脸谱、推特等社交媒体应印度政府要求，封锁近 700 个网址

截至 2018 年 6 月，脸谱、推特等社交媒体公司按照印度《信息技术法案》的规定屏蔽了近 700 个网址。其中，脸谱封锁的网址数量为 499，推特为 88，优兔为 57，Tumblr 为 28，Instagram 为 25。印度政府表示外国互联网社交媒体公司可以在印度自由开展业务，但必须找到技术解决方案，以遏制其滥用自身平台的行为，确保谣言和假新闻不会在其平台上扩散。

俄罗斯通过法案规定：拒绝删除法院裁定的假信息的人员可被判入狱

俄罗斯国会 9 月 18 日通过一项法案，规定拒绝撤下被法院裁定为"虚假"网上信息的俄罗斯公民，可被判入狱长达一年。此外，根据俄罗斯司法网站pravo.ru 上发布的批准文本，违反该法案规定的人员还可能被处以 5 万卢布（约合 5 092 元）的罚款。该法案适用于使用社交媒体的个人或媒体工作者。

英国政府制订监管社交媒体机构计划

英国多个部门部长 9 月纷纷表示已开始制定法律，以规范社交媒体和互联网，此举意在遏制一系列网络危害，包括虐待儿童、网络欺凌、虚假新闻和网络成瘾等行为。英国通信管理局（Ofcom）和信息专员都支持对社交媒体设立监管新规定。英国通信管理局首席执行官沙龙·怀特概述了规范社交媒体平台

的计划，称其应该强制迅速删除不当资料，否则将面临罚款。信息专员伊丽莎白·德纳姆表示，对科技巨头的法定监管需要提上日程，不能任其自行发展。（英国《每日电讯报》网站 2018 年 9 月 20 日消息）

澳大利亚情报官员正在考虑打击影响联邦选举的假新闻的最佳做法

澳大利亚情报部门和政府当局 9 月积极讨论如何打击散布虚假信息的境外组织或个人。这些组织或个人试图通过脸谱、推特和谷歌等平台来散播假新闻，以引发动乱，并干扰 2019 年联邦选举。据了解，高级官员一致认为，澳大利亚当局有必要采取更多行动，他们目前正在考虑此事的最佳做法。据悉，其中一个关键问题是确保澳大利亚公众了解情况。

沙特阿拉伯宣布：在网络上发布不当内容将受重罚

沙特阿拉伯公共检察部门于 9 月 4 日宣布对涉及发布"模仿、讽刺、干扰公共秩序、宗教价值观和公共道德观"网络内容的行为，处以高达 300 万里亚尔（约合 544 万元）、最高 5 年监禁的惩罚。新法规明确规定了通过社交媒体等网络在线平台发布冒犯、讽刺政府内容的行为也将被严厉惩罚。

脸谱推出有助于检测仇恨言论的新型 AI 系统

脸谱于 9 月宣布开发出一款代号为"Rosetta"的新型人工智能（AI）系统，可用于检测仇恨性言论。该系统可帮助计算机阅读和理解每天发布到社交网络的数十亿张图像和视频。脸谱凭借这套新系统可以更容易地发现平台上哪些内容违反了反仇恨言论规则。该系统同时适用于脸谱和照片墙（Instagram），还可用于改进照片搜索和新闻流的表面内容。

5.6　基础设施保护

美国国家标准与技术研究院发布物联网网络安全标准草案

2018 年 2 月 14 日，美国国家标准与技术研究院（NIST）发布了 NIST 部门间互通报告 8200（NISTIR 8200）草案，该草案旨在为政策制定者和标准参与者提供在物联网设备和系统上制定和实施网络安全的标准。NISTIR 8200 提供了互联汽车物联网、消费者物联网、健康物联网、智能建筑物联网、智能制造物联网 5 种物联网技术应用领域的非完整列表，可用于对物联网网络安全标准化现状的任何分析。该报告将 5 种物联网技术应用领域分解为 11 种网络安全核心领域，并分析各物联网网络安全目标、风险和威胁。NISTIR 8200 的结论是，基于标准的网络安全风险管理将继续成为物联网应用可信度的主要部分。

哈萨克斯坦最大的炼油企业启用"卡巴斯基工业网络安全套件"

哈萨克斯坦最大的炼油和石油生产企业 Pavlodar Oil Chemistry Refinery（POCR）已经开始安装启用"卡巴斯基工业网络安全套件"，以改善其工业网络安全流程和技术措施。根据俄罗斯卡巴斯基实验室（Kaspersky Lab）和美国工控系统网络应急响应小组的报告，哈萨克斯坦 46% 的工业自动化系统在 2017 年第一季度中遭到攻击。作为哈萨克斯坦较大的石油生产企业之一，POCR 公司在自动化过程控制系统中信息安全需求更高。在考虑不同的选项之后，POCR 选择了不会打断生产流程的"卡巴斯基工业网络安全套件"作为其网络安全平台，并决定安排员工进行专业、全面的工业安全培训，培训涉及所有生产环节，从工作场所到服务器，再到可编程逻辑控制器。（英国"hydrocarbonengineering"网站 2018 年 2 月 26 日消息）

美国参议院能源和自然资源委员会提出《能源基础设施网络安全法案》

美国参议院能源和自然资源委员会提出《能源基础设施网络安全法案》，通过推出解决方案来捍卫美国能源网络免受网络攻击。据悉，该法案已被列入美国参议院情报委员会《2018 年情报授权法案》中，等待参议院全体审议。2015 年涉及乌克兰电网的网络攻击事件推动了该法案的生成。该法案将在实验室内与工业界合作开展为期两年的试点计划，通过使用工程化概念来简化和隔离自动化系统，并消除漏洞。（美国"Daily Energy Insider"网站 2018 年 3 月 12 日消息）

美国国土安全部部长建议：美国可以对发起或资助黑客活动的国家发动网络攻击

美国国土安全部（DHS）部长克尔斯特恩·尼尔森在旧金山举行的RSA网络安全会议上表示，美国需要采取强硬的立场来终止黑客对美国关键基础设施的攻击。尼尔森称，为了阻止此类网络攻击，她个人会建议对其进行反击。而且DHS绝不会是唯一开展行动的机构。尼尔森发表此番言论之际，美国政府和科技界正在解决一个棘手的问题，即各国是否要对由外国政府发起或资助的黑客发起网络攻击。目前对此还未达成共识，但许多科技公司都表示不会参与这样的行动。4月17日，微软、脸谱等科技公司共同签署了一份不帮助政府实施此类攻击的承诺书。对此，尼尔森认为政府需要制定一系列的规范准则。（"cnBeta"网站2018年4月18日消息）

美国将投资 2 500 万美元，支持能源行业的网络安全项目

2018年4月16日，美国能源部公布一份"投资机会声明（FOA）"，将拨款2 500万美元（约合1.57亿元）支持能源行业的网络安全项目。美国能源部电力输送与能源可靠性办公室通过能源输送系统网络安全计划（CEDS）寻找厂商，以寻求创新研发与演示（RD&D）解决方案，旨在提高能源输送系统的网络弹性。该FOA依赖美国能源部与私营部门之间的合作，将扩大能源技术的开发及采用，被选中的项目将推进重新设计电力、石油和天然气（ONG）等子行业的网络弹性架构、ONG环境的网络安全、网络安全通信、运营技术（OT）环境中基于云的网络安全技术、能源行业提升网络安全的创新技术5个重要领域的技术进步。

NIST 发布更新版《提升关键基础设施网络安全的框架》

2018年4月16日，美国国家标准与技术研究院（NIST）发布《提升关键基础设施网络安全的框架》（又称《网络安全框架1.1》），该框架适用于对美国国家与经济安全至关重要的行业（能源、银行、通信和国防工业等）。美国各行业不同规模大小的企业、组织机构、联邦、州和地方政府机构均可自愿采用该框架。新框架由框架核心、框架实施层和框架概况三大基本要素组成。框架核心提供了一套关键基础设施行业通用的网络安全活动、预期结

果和适用参考，提出了行业标准、指南和实践。框架实施层为组织机构提供机制，供其了解网络安全风险管理方法的特征，并提供网络安全风险评估方法和管理风险的流程。框架根据组织机构的业务需求、风险承受能力和资源对功能、类别和子类别进行调整，帮助各组织机构建立降低网络安全风险的路线图。

新加坡成立海事网络安全运营中心

新加坡"Seatrade Maritime News"网站在 2018 年 4 月 24 日的消息称，随着网络威胁的增加，新加坡海事与港务管理局（MPA）成立了海事网络安全运营中心。2018 年 4 月 23 日，海事与港务管理局主席 Niam Chiang Meng 在新加坡举行的海事网络安全研讨会上发表讲话时承诺，该机构将继续支持增强意识和发展能力的行为，以帮助该行业提高网络应变能力。海事与港务管理局旨在推动关键信息结构的保护。这是继 2018 年 2 月份新加坡通过《网络安全法案 2018》后推出的，特别是与关键信息基础设施相关的举措。为了在第三季度末落实上述责任，该机构将建立一个 7×24 小时的海上安全行动中心，以加强对潜在网络攻击的早期发现、监测、分析和响应的能力。海事与港务管理局表示将在稍后公布更多有关该运营中心的详细信息。

荷兰安全专家呼吁：建立"国家层面 DDoS 雷达"，抵御攻击威胁

2018 年 4 月 5 日，在经历一系列 DDoS 攻击之后，荷兰安全专家在公开信中提出一项新的解决办法，即创建一套"国家层面 DDoS 雷达系统"，在极端情况下利用这个系统将网络与外界彻底隔离。研究人员呼吁："针对荷兰国内关键基础设施采取主动协作性质的 DDoS 缓解策略。这项策略将帮助各关键服务供应商持续收集与当前及潜在 DDoS 活动相关的源信息，并同其他服务供应商分享信息内容。"当关键服务供应商遭受攻击时，供应商会将接收到的大规模流量转发至特定商用服务处，从而实现流量清洗。但供应商一般不会将相关信息共享给其他关键服务供应商。要解决这种沟通不畅的问题，需要各互联网服务供应商、DDoS 缓解服务商以及荷兰各重要基础设施部门（银行、税务部门）以及能源基础设施企业的共同努力。

霍尼韦尔公司在新加坡建立亚洲第一个工业网络安全中心

2018 年 4 月 25 日，霍尼韦尔公司在新加坡开设了亚洲首个卓越工业网络安全中心（CoE），旨在帮助该地区的工业制造商免受不断增大的网络安全威胁。该中心是霍尼韦尔公司在全球建立的第三家工业网络安全中心。此次建立的新中心位于新加坡的樟宜商业园区，是在新加坡经济发展委员会（EBD）的支持下开发建设的，将用于开展专项研究，开发新的安全技术，提供实践培训和认证，以及测试和验证部署在客户现场的实际解决方案。除了作为研究和开发实验室之外，它还将提供托管安全服务，帮助客户降低安全漏洞的风险，并主动改善安全状况。这些服务包括持续的安全和性能监测和警报，威胁检测和风险管理，安全设备管理以及事件响应。

美国国土安全部和交通运输部联合制定网络安全实施和操作入门手册

美国国土安全部（DHS）和交通运输部（DoT）联合制定了一项网络安全实施和操作入门手册，以确保联邦的车辆安全。美国国土安全部科技局（DHS S&T）和 DoT 国家交通研究中心（Volpe Center）联合开发了一种工具，通过远程信息技术收集和利用有关燃料消耗、排放、维护、利用、空转、速度和位置的数据，以帮助车队管理者实现管理目标。Volpe Center 还发布了《远程信息网络安全入门指南》，向边境保护局（CBP）、联邦调查局（FBI）、军方等部门提供必要的指导，以保护远程信息处理系统免受网络攻击。《远程信息网络安全入门指南》称，确保机构信息技术系统的安全始终是重点。为实现这一目标，政府机构必须确保，嵌入和用于车辆、产品和服务的所有系统的信息安全态势是车队管理信息系统的一部分。（英国"SC Magazine"网站 2018 年 5 月 21 日消息）

美国国土安全部评估供应链威胁风险

为加强私营部门供应商的网络安全，美国国土安全部（DHS）计划将总体评估和针对性评估结合，双管齐下评估供应链风险。总体评估包括评估广泛的威胁、漏洞和攻击的潜在后果；针对性评估包括评估特定的威胁、目标和后果。众议院军事委员会（HASC）主席马克·索恩伯里表示，支持联邦政府为美国网络司令部申请 6.34 亿美元的拨款，并制订试点计划，由国防部向 DHS

提供技术专家，以推动保护美国的关键基础设施，要求国防部和DHS共同研究关于成立网络支持小组帮助各州响应数字攻击的可行性，或针对特定类型的黑客成立专门的打击组织。（美国"Politico"网站2018年5月7日消息）

美国能源部发布《能源行业网络安全多年计划》

2018年5月14日，美国能源部发布美国《能源行业网络安全多年计划》，为美国能源部网络安全、能源安全和应急响应办公室（CESER）勾画了一个"综合战略"，确定了美国能源部未来5年力图实现的目标和计划，以及实现这些目标和计划将采取的相应举措，以降低网络事件给美国能源带来的风险。战略设定了3个目标：一是加强美国能源行业的网络安全防范，通过信息共享和态势感知加强当前能源输送系统的安全性；二是协调网络事件响应和恢复工作；三是加速颠覆性解决方案的研发与示范工作，以创建更安全、更具弹性的能源系统。该计划还提出了降低网络风险的两方面任务：一是通过与合作伙伴合作，加强美国能源输送系统安全，以解决日益严峻的威胁，并持续改进安全状况；二是推出颠覆性解决方案，从而在未来开发出具备安全性、弹性和自我防御功能的能源系统。

美国众议院委员会通过第5733号法案，以保护关键基础设施

2018年6月6日，美国众议院国土安全委员会通过第5733号法案，提出对《2002年国土安全法》进行修订，要求美国国土安全部下的国家网络安全和通信整合中心（NCCIC）识别并应对关键基础设施自动化控制过程中所用产品和技术的漏洞和威胁。该法案要求，NCCIC需向制造商、终端用户和行业利益相关者提供技术支持，以识别并缓解可能影响这些关键系统的漏洞。这项法案明确要求，NCCIC通过与相关部门具体机构协调，领导美国政府联邦机构的相关工作，以识别并缓解工业控制系统（包括SCADA系统）的网络安全威胁；跨部门响应事件，以响应工业控制系统的网络安全事件；向行业终端用户、产品制造商和其他工业控制系统的利益相关者提供网络安全技术支持，以识别和缓解漏洞；提供其他具体举措，保护工业控制系统。

美国众议院小组委员会通过《SMART物联网法案》

2018年6月13日，美国众议院能源和商业委员会下的数字商业和消费者

保护小组委员会审议并通过了《SMART物联网法案》，如今将提交全体委员会进行审议。《SMART物联网法案》旨在改变缺乏协作和对话的状况，减少不必要的障碍。该法案将试图回答"谁在做什么"的问题。该法案将促进政府机构间的讨论，避免冲突和重复监管的问题。对于行业而言，该法案强调行业自律，并且提供一站式的最佳做法和标准。这项法案要求美国商务部调查物联网设备的现状，并审视美国联邦政府的角色。此外，该法案不再要求美国商务部提供使用物联网（IoT）的所有行业清单。

英国公布政府部门《网络安全最低标准》

2018年6月，英国内阁办公室（Cabinet Office）公布了新的《网络安全最低标准（Minimum Cybersecurity Standard）》。新标准包括各部门为了保护其业务技术、终端用户设备、电子邮件和数字服务免受已知漏洞的攻击而必须制定的措施，还设定了对管理的期望，其中包括一项义务，即各部门建立"明确的责任和问责制度，以确保敏感信息和关键业务服务的安全"。此外，标准还要求各部门对持有的敏感信息和提供的关键业务服务进行确定和分类，并规定了对这些信息和服务的访问控制义务。根据这些标准，各部门还必须有相应的措施来检测网络攻击，并在发生安全事故时制订网络事件响应计划。此外，新标准还希望这些部门在"出现故障、被迫关闭和系统或服务被渗透"的情况下，能继续提供必要的服务。

美国能源部发布《电力中断事故响应能力评估报告》，评估电网网络威胁风险

美国能源部日前发布《电力中断事故响应能力评估报告（Assessment of Electricity Disruption Incident Response Capabilities）》，报告根据特朗普总统颁布的行政法令编写，旨在强化国家关键基础设施和联邦电力系统的网络安全。这份报告评估了美国电网面临的网络威胁风险，将其功能和资产分为7类，并进行详细说明，其中包括：与网络相关的情景意识和事件影响分析、将网络安全纳入国家能源保障计划、电网劳动力、公有和私营部门间的数据共享、供应链和可信赖的合作伙伴等。报告还列举了一些可能影响电力行业应对因网络事件而导致的停电的情形，如可能阻止电力部门启动事先应急措施的无预警事件。（美国"executivegov"网站2018年6月1日消息）

美国投入 4 500 万美元，保护水利能源关键基础设施

2018 年 6 月 5 日，美国博思艾伦汉密尔顿控股公司和小型企业Spry Methods获美国内政部垦务局 4 500 万美元（约合 2.88 亿元）的合同，该合同规定这两家企业需负责管理美国西部 17 个州 600 多座水坝的IT风险。这份合同为期 5 年，是一份不定期/不定量交付（IDIQ）的IT风险管理合同，合同规定这两家企业与垦务局的信息系统安全官合作管理风险。该合同覆盖技术和专业服务，以支持垦务局的威胁监控和缓解计划，满足美国联邦信息安全管理法案的合规要求，确保水坝工业控制系统的安全。美国垦务局现在可向博思艾伦和 Spry 公司下达任务命令，要求其向管辖内的 600 多座水坝提供这些服务。

美军开展"网络极限 2018"演习，保护关键基础设施

2018 年 6 月 9 日至 18 日，美国陆军后备军网络防御部队、空军网络和网络作战中心（中队）、陆军预备役军官以及政府承包商中的民用网络专业人员在美国得克萨斯州圣安东尼奥德克萨斯大学参加了"网络极限 2018（Cyber X-Games 2018）"演习，此次演习侧重于保护金融、公用事业和医疗保健领域的关键网络基础设施，旨在将来自军队、政府和产业界有想法的人员集中起来，并在战略层面讨论网络相关问题。每个团队由 5 ～ 10 名成员组成，通过陆军网络作战预备部队（ARCOG）、第 335 信号指挥部（战场）和得克萨斯大学圣安东尼奥分校（UTSA）之间的合作协调，团队成员必须履行几项职能，例如：网络分析、情报分析、防火墙管理或事件检测和响应等。

美国国土安全部将启动国家关键基础设施网络防御风险管理中心

美国国土安全部将全部启用国家关键基础设施网络防御风险管理中心，为私营关键基础设施企业提供一个受到网络攻击时的反映渠道，以更好地保护美国的关键资产免受网络攻击和物理威胁。该中心的目标是通过简化手续，加强联邦政府和私营企业之间的协作，以解决网络威胁信息分享不公开不及时的问题，采用"跨领域"的方法来保护国家关键基础设施。该中心除了提供政府工具来帮助私企抵御网络威胁之外，还将通过收集攻击数据，分析特定威胁如何影响金融、技术、能源和供应链中的其他领域。该中心将首先采用"三领域模式"，涉及金融服务、电信和能源领域，计划在 90 天内满足上述 3 个领域的

网络安全需求，之后将在秋季进行"更大范围内的跨领域部署"。（综合美国"MeriTalk"和"NextGov"网站 2018 年 7 月 31 日消息）

日本决定制定基础设施遭受网络攻击严重程度的分级标准

2018 年 7 月 25 日，日本政府在首相官邸召开网络安全战略总部会议，决定重新制定在铁路、电力等重要基础设施遭受网络攻击时，显示受损"严重程度"的 5 个等级的标准。此举旨在使企业、政府和人民对损失形成共识，从而冷静应对。该标准把重要基础设施受损对国民生活的影响分为"无影响"（0 级）至"发生显著严重影响"（4 级）共 5 个等级。从复原花费的时间和受损范围等"持续性"，以及是否造成人员和财物损失、居民是否不得不疏散等"安全性"两个角度进行判断。

南非警察委员会通过《关键基础设施保护法案》

2018 年 8 月 17 日，南非警察委员会通过了《关键基础设施保护法案（Critical Infrastructure Protection Bill）》，代替 1980 年实施且有争议的国家重点设施法案。新版本的法案于 2017 年年底由该委员会开始讨论，并举行了多次利益攸关方、民众和政府部门的听证会议。新法案规定识别关键基础设施的系列风险、设置漏洞报告的全部流程，规定了关键基础设施的保护和恢复措施。同时，法案还规定了设施检查人员的职务名称和应履行的职能，并提供控制关键基础设施人员的权利和义务。

澳大利亚维多利亚州启动农场物联网试验

澳大利亚维多利亚州工党政府近期启动了农场物联网（IoT）试验，该试验是工党政府 2 700 万澳元（约合 1.37 亿元）数字农业投资的最重要部分，将研究从网络连接一直到农场物联网的应用程序的问题。该试验是工党政府"连接维多利亚"倡议的一部分，涵盖主要的农业领域，如乳制品、园艺、肉类生产和大田种植。借助试验中使用的物联网解决方案，农民将能够做出更明智的决策，并提高农场业绩。目前，工党政府已经要求公司提交投标书，以建立物联网网络，网络的建立可提供使用农场物联网解决方案所需的连接。投标要求在位于 Maffra、Tatura、Serpentine 和 Birchip 附近的 4 个试验区域建立物联网

网络。（新加坡"Opengovasia"网站 2018 年 8 月 6 日消息）

新加坡所有公共医疗机构暂实行分隔浏览网站

针对议员就新加坡保健集团网络袭击事件提出关于"分隔浏览网站"的问题，卫生部部长颜金勇在国会表示，将在所有公共医疗机构暂时实行"分隔浏览网站"措施，以限制网络攻击者进出医疗保健集团系统。这项措施从 7 月 19 日开始在新保集团实行，国立健保集团（NHG）和国立大学医学组织（NUHS）也从 7 月 23 日起开始实行这项措施。虽然分隔浏览网站会对医疗工作者和病患造成不便，但当局已采取措施，确保对病人的照料以及病人的安全不受影响。（新加坡"8 频道新闻"2018 年 8 月 6 日消息）

新加坡网络安全局要求 11 个关键基础设施部门进行网络安全审查

2018 年 8 月 3 日，继新加坡历史上最严重的个人数据泄露之后，新加坡智慧国及数码政府工作组（SNDGG）和新加坡网络安全局（CSA）共同完成了对国家网络安全政策的审查，并在一份联合声明中称，将对关键政府系统采取额外措施，以检测威胁。CSA 还要求 11 个关键信息基础设施（CII）部门采取额外措施以提高安全性。受影响的 11 个部门是航空、医疗保健、陆路运输、海事、媒体、安全和应急、水、银行和金融、能源、信息通信和政府本身。这些措施包括：删除与不安全外部网络的所有链接；通过单向网关处理开放连接，以防止数据泄露，即仅允许数据在一个方向上传输；如果需要进行安全网络和不安全网络之间的双向通信，可以使用一个安全的信息网关。

以色列建设新的国际机场网络防御中心

在对机场系统的网络攻击急剧增加后，以色列机场管理局在本·古里安国际机场建立了一个特殊的网络防御中心。该中心每天可监测到 300 万次网络攻击，其中，有 250 次攻击直接针对本·古里安机场交通管制使用的行李处理、跑道照明和通信网络等系统。据了解，新建的本·古里安国际机场网络防御中心正在与以色列负责国家层面网络安全保护工作的国家网络理事会开展全面合作。建成后机场的各个管控系统是相对孤立的，一旦某台电脑被感染，就会立即与机场整体系统断开连接。（美国"i-hls"网站 2018 年 8 月 8 日消息）

日本政府将加强机场网络防御，以应对奥运隐患

2018 年 9 月，日本政府以预想大规模网络攻击造成功能瘫痪会给社会带来很大影响为由，将"机场"追加指定为加强防御态势的对象——重要基础设施。被指定的对象除了接受政府提供的以往受害事例以及基于此的对策信息外，还参加政府主办的演习和训练。此次对重要基础设施的追加是继信息通信、金融、电力、医疗等之后的第 14 项，对象为与全国主要机场和机场大楼相关的企业。政府网络对策司令部"内阁网络安全中心（NISC）"负责防御态势的核心工作，防护对象为旅客行李检查系统、向旅客提供航班信息的系统等。据悉，此举是考虑到 2020 年东京奥运会和残奥会期间国内外游客激增而采取的措施。

美国食品和药物管理局和国土安全部加强在医疗设备方面的网络安全合作

美国食品和药物管理局（FDA）和国土安全部（DHS）宣布了在解决医疗设备中的网络安全问题时加强协调与合作的新协议。根据该协议，DHS 将继续作为中央医疗设备漏洞协调中心，并与利益相关方联系，包括与 FDA 就医疗设备的技术和临床专业知识进行磋商。DHS 国家网络安全与通信整合中心（NCCIC）将继续支持医疗设备制造商、研究人员和 FDA 之间的信息共享，特别是在 DHS 发现医疗设备存在网络安全漏洞的情况下。另外，FDA 将继续与 DHS 进行定期、临时和紧急协调呼叫，并向 DHS 提供有关患者健康风险和已确认的网络安全威胁和漏洞可能造成的伤害的建议。（美国《合规周刊》网站 2018 年 10 月 30 日消息）

美国国防部开展网络演习，模拟美国电网遭受最严峻攻击的情景

2018 年 11 月 1 日至 7 日，美国国防部高级研究计划局（DARPA）开展演习，模拟全国电力系统因网络攻击而停运后，如何实现黑启动，即不依赖其他网络帮助，通过启动系统中具备自启动能力的机组，并带动其他机组启动，逐步扩大电力系统的恢复范围，最终实现整个电力系统的完全恢复。为了增强真实性，共有超过 100 人在纽约州的长岛参与演习，模拟黑启动的各个环节。网络研究团队在 DARPA 演习中引入 3 种主要技术工具：一种工具帮助正方清楚感知哪些设备受到网络攻击者使用的恶意软件的感染，哪些设备未受感染；一

种工具将电网正常部分加以隔离，使其免受感染；一种工具负责评估和诊断造成电网宕机的网络攻击的性质。

欧洲安全与合作组织举行演习，以保护关键能源基础设施免遭网络恐怖袭击

2018 年 11 月 28 日和 29 日，欧洲安全与合作组织（OSCE）在哈萨克斯坦首都阿斯塔纳举行了一场风险评估和危机管理演习，旨在加强防范以关键能源基础设施为目标的恐怖主义网络袭击。此次演习是 OSCE 的第九次跨国家行动，是 OSCE 努力推动"联合国安全理事会关于保护重要基础设施免受恐怖袭击的第 2341（2017）号决议"的一部分。此次演习名为"黑色哈萨克斯坦"，是基于讨论的模拟练习。与会者通过演习，有机会测试现有管理系统的效力、内外部危机管理机制的协调性，从而减轻恐怖分子网络攻击的影响。通过演习还能提高人们对信息和通信技术（ICT）支持的关键能源基础设施所面临的恐怖主义威胁的认识，并为改善机构间的协作提供助力。

俄罗斯计划每年花 1 300 亿卢布创建自己能完全掌控的互联网

2018 年 12 月 14 日，俄罗斯一项名为"主权互联网"的法律草案递交到国家杜马。俄罗斯计划每年花费 1 300 亿卢布（约合 2 亿元）建立自己能完全掌控的互联网。俄罗斯联邦专家委员会工作组 Svyaz and IT 表示，至少 250 亿卢布（约合 25 亿元）将用于研究和建立流量交换点。该草案是对《通信法》和《信息法》的修正。该草案的一位发起人——参议员柳德米拉·博科娃表示，"数字经济"项目提供了该计划所需的开支。此外，该项目的实施将使用分配给通信监管机构 Roskomnadzor 的拨款。

5.7　未成年人保护

阿联酋沙迦地区推出儿童网络安全计划

阿联酋沙迦地区已启动针对儿童的网络安全举措。沙迦警察开展了一项名为"谨慎小心，不会诱惑你"的新运动，这是一项旨在评估学生网络安全意

识的研究，由最高家庭事务委员会下的儿童安全运动（CSC）发起。警察局手册将以阿拉伯语、英语和乌尔都语 3 种语言印发，主要提供在使用互联网时有关安全重要性的建议和提示。沙迦警察局媒体和公共关系主任 Hudaib 上校表示，这场运动主要是针对大学生，他们在社交媒体上花费了大量时间并成为主要受害者。越来越多的孩子过度依赖智能设备，他们面临着网络攻击和网络犯罪等风险。（美国 "menafn" 网站 2018 年 3 月 3 日消息）

优兔或因向儿童推送广告，面临美国联邦贸易委员会巨额罚款

2018 年 4 月 9 日，美国逾 20 个保护儿童及消费者的组织向美国联邦贸易委员会（FTC）投诉，要求调查优兔允许广告商向儿童推送广告是否违反《儿童在线隐私权保护法案》（COPPA），这一投诉使优兔的母公司谷歌可能面临数十亿美元的罚款。各组织在投诉信中表示，优兔借着出售儿童节目中的广告时段攫取大笔利润，他们指控优兔故意以短片诱导儿童观看不同类型的广告来赚取收入，其中包括玩具、主题公园及球鞋等，质疑谷歌违反了《儿童在线隐私权保护法案》。优兔随即发表声明称，会深入审视有关指控，并研究补救措施。优兔同时强调，公司早已表明一般的优兔应用并不适合儿童，已开发儿童专用的优兔应用，让家长可以监控孩子观看的内容。

美国第一夫人通过"成为最佳"活动发布反网络欺凌指南

2018 年 5 月 7 日，美国第一夫人梅拉尼娅·特朗普发起了一项名为"成为最佳（BE BEST）"的宣传活动，旨在促进儿童的健康发展。白宫在声明中解释称，BE BEST 活动希望帮助教育孩子们了解"关于社会、情感和身体健康的重要性"。此外，还发布了一份为父母设计的新的信息指南，旨在让他们帮助自己的孩子应对网络欺凌，该指南被简单地称为"与孩子谈论网络"。该指南建议，家长们需要与不同年龄段的孩子交谈，帮助孩子应对社交网络中出现的网络欺凌，以及正确使用智能手机、分享内容等。白宫在声明中称，BE BEST 活动还将关注包括"健康的生活、鼓励、善良和尊重"等方面的内容。

英国政府将制定法律制止网络欺凌

2018 年 5 月 20 日，英国政府表示，将制定法律制止儿童网络欺凌行

为。英国数字、文化、媒体和体育部大臣马特·汉考克在公布一份互联网安全战略的进一步细节后表示，"如果有公司违法了，政府有权对其处以全球收入的4%的罚款。"意味着脸谱等社交媒体公司在执行过程中如违反新法规，或面临数百万美元的罚款。根据慈善机构YoungMinds和英国儿童协会与保守党议员亚历柯斯·乔克的调查，即使规定用户需要13岁才能开设社交媒体账号，仍有61%的年轻人在12岁或者更低的年龄段就已经注册了账号。汉考克表示，考虑到大多数科技巨头的全球影响力，他也在为其新计划寻求国际支持。

巴西开展大规模的网络犯罪治理活动，以打击儿童色情

2018年5月，巴西开展大规模的网络犯罪治理活动，以打击儿童色情，这是巴西有史以来最大的反儿童色情行动。24个州共部署了2 500多名警察，最终，共有251名嫌疑犯被捕，超过100万个电脑文件被查封，此外，还有数百台电脑和手机被查获。圣保罗的行动由该州警察凶杀案组负责人伊丽莎白·佐伊负责协调。她称："我们还未彻底打击这一犯罪行为，目前正在推进这一行动，在国家层面上仍需要取得更好的效果。虐待儿童和青少年色情这一问题，不仅是巴西要面对的问题，同时也是全球性问题。"据悉，巴西的儿童色情网络很大一部分已经关闭，但需要更多的工作才能封锁更大的网络。而儿童色情犯罪者或将试图建立新的联系。

欧盟与四大网络销售平台签署《产品安全承诺》

2018年6月25日，欧盟委员会与阿里速卖通、亚马逊、eBay和乐天法国签署《产品安全承诺（Product Safety Pledge）》，希望以此打击欧盟购物网站上销售的危险品。欧盟委员会表示，欧洲2016年有20%的产品销售通过网络完成，增加了危险品传播的风险。根据欧盟委员会的定义，其危险品包括煽动性和仇恨性内容，以及暴力和儿童色情内容，此外还包括不安全产品和侵权产品。上述4家电商都同意在收到政府通知后两天内下架危险品，并在收到消费者通知后5天内做出回应。欧盟委员会还同意培训买家遵守与安全问题相关的欧盟法律，并利用欧盟的快速警报系统主动监控和预防不安全产品上架。

日本拟加强监管网络自杀帖

2018 年 7 月 27 日，日本首相办公室召开会议后公布一项计划，政府计划加强监管社交媒体上发布的自杀帖文，避免再次发生针对有轻生打算的年轻人实施系列谋杀的恶性案件，旨在加强青少年网络安全意识，提醒青少年过早使用智能手机等电子设备的风险。依据这一计划，涉及自杀的网络帖文将被列为"有害信息"。政府将鼓励社交网站运营商删除这些内容，提倡私人机构组织"网络巡逻"。另外，政府将编写材料提高学龄前儿童和学生家长的网络安全意识，在幼儿园和学校推广网络过滤系统。政府还将对子女年龄低于 17 岁的家长展开调查，评估青少年和儿童互联网使用情况。

马来西亚成立"大马网络儿童罪案调查小组"

马来西亚"星洲网"2018 年 7 月 10 日消息，马来西亚全国警察性侵犯、家庭暴力及虐待儿童特别调查组（D11）新成立了大马网络儿童罪案调查小组（Malaysia Internet Crime Against Children Investigation Unit，MICAC），配备了最新科技设备。MICAC 的主要功能是监督和侦查色情网站，尤其是那些具有儿童色情物品的网站。MICAC 能够协助警方全天候定位浏览色情网站的用户，并以此建立一个数据库。通过数据库的资料，警方可以了解这些网络用户经常浏览什么网站、上传下载的文件以及浏览时间。警方会将收集到的情报转交马来西亚通信及多媒体委员会来调查及鉴定身份，再把有关网络用户的资料提供给警方，以便警方传召问话或上门逮捕。此外，MICAC 有权搜查涉案者的手机和电脑。

美国、西班牙等开展合作，防止儿童受害者因网络追踪而自杀

西班牙国家警察、美国国土安全调查局（HSI）和危地马拉警方的联合行动，成功阻止了一名难以忍受网络追踪的儿童自杀，并逮捕两名网络罪犯，理由是他们在世界各地对数十名儿童进行了网络追踪和性骚扰。两名被捕者在危地马拉通过互联网与儿童联系，并在获得这些儿童的信任后，要求其提供有关他们自己的色情材料。HSI 截获了一名未成年人和一名性骚扰者之间的联系内容，其中西班牙加泰罗尼亚的受害者因为压力而打算自杀。西班牙国家警察实行"网络专家（Cyberexpert）"计划，旨在培训儿童安全使用社交网络，并提高他们对日常使用新技术和互联网可能遇到的风险的认识。（欧洲"欧盟周刊

新闻（Euroweeklynews）"网站 2018 年 9 月 2 日消息）

谷歌发布免费 AI 工具，帮助识别网上儿童性侵犯图片

2018 年 9 月 3 日，谷歌宣布发布了一种免费的人工智能（AI）工具——内容安全应用程序界面（Content Safety API），以帮助公司和组织识别互联网上的儿童性侵犯图片。这是一个开发者工具包，能利用深层神经网络处理图片，以降低对互联网用户的曝光度。谷歌称，这种技术能帮助审查人员多识别出 700% 的儿童性侵犯内容。谷歌工程负责人 Nikola Todorovic 和产品经理 Abhi Chaudhuri 于 9 月 3 日发布官方博文称，"我们通过 Content Safety API 工具包向非政府组织和行业伙伴免费提供这种技术，这个工具包旨在提高内容审查的能力，以降低儿童性侵内容的曝光度。"

5.8　情报获取

特朗普签署延长 FISA 第 702 条授权法案

2018 年 1 月 19 日，美国总统特朗普宣布已经签署《外国情报监控法修正案（FISA Amendments Act）》第 702 条的更新授权，延续美国国家安全局（NSA）的互联网监控计划，同意授权 NSA 监听外籍人士以及收集与之相关的情报。获悉，最新授权将在 2023 年 12 月到期。特朗普在官方声明中表示，这份法案将能让情报机构收集关于美国外的国际恐怖分子、武器扩散者及其他重要外国情报人员目标的重要情报信息。另外他还表示，比起这样一份有时间期限的法案，他更希望这种行为是永久的。

澳大利亚内政部长宣称将大力推进解密技术，以打击恐怖主义

2018 年 2 月 21 日，澳大利亚内政部长彼得·达顿在全国新闻俱乐部发表讲话时，称"无处不在的加密已成为调查恐怖主义面临的重大障碍"。作为新上任的内政部长，达顿认为，企业应该正视恐怖分子和犯罪分子利用加密技术和社交平台实施犯罪而造成的严重不良影响。他表示，超过 90% 的反恐目标（包括一些针对澳大利亚发起的攻击计划）使用加密通信。在这方面，政府已

经做好准备，为企业提供相关工具，协助其完成解密工作，企业应根据法院的命令提供自愿的援助。

英国高等法院被促紧急修改"监听法"，以适应欧盟法律要求

由于被称为"窃听者宪章"的充满争议的《调查权力法（IPA）》被认定为与欧盟法律相矛盾，人权活动人士督促高等法院强制政府在 2018 年 7 月之前紧急修改监听法律。但英国政府表示，已对该监控法律存在的两处缺陷提出修改意见，并有望在 2019 年 4 月正式生效。此外，政府还就此发布了一个关于间谍代理人犯罪活动的秘密指导方针。（英国"silicon"网站 2018 年 3 月 2 日消息）

韩军拟投入 29 亿韩元建人工智能情侦指挥控制系统

2018 年 4 月 3 日，韩国国防部表示，将在 2019 年以前投入 29 亿韩元（约合 1 724 万元）开发智能型信息化情报监视侦察系统，运用人工智能和大数据技术整合分析间谍卫星、侦察机、无人机收集的影像情报，远期目标是开发基于人工智能的指挥控制系统，实时研判传递战况。据悉，韩国正在通过国防部和科技部之间的军民技术合作和产学研交流促进国防信息化，依靠创新、强军，制胜未来战场。

英国电信和欧洲刑警组织签署备忘录，同意分享网络安全情报

英国电信已和欧洲刑警组织签署了一份《谅解备忘录》，双方同意分享有关重大网络威胁和攻击的情报。该协议在荷兰海牙欧洲刑警组织总部签署。《谅解备忘录》为双方交换威胁情报数据以及有关网络安全趋势、技术专长和行业最佳实践信息提供了框架。英国电信已表示将致力于以安全可靠的方式与行业合作伙伴和执法机构共享威胁情报数据，以保护英国及其全球客户免受快速发展的网络犯罪行业的侵害。（综合"itproportal"和英国"infosecurity-magazine"2018 年 5 月 15 日消息）

美国陆军网络司令部推用户活动监控计划，以帮助反间谍活动

2018 年 6 月 21 日，美国 Applied Insight 和 DV United 公司宣布获得美国陆军网络司令部价值 650 万美元的 5 年期合同，以帮助美国陆军网络司令部的

反间谍活动。Applied Insight 和 DV United 将合作支持陆军网络司令部的"用户活动监控（UAM）"计划。Applied Insight 和 DV United 团队将负责管理、维护和增强陆军网络司令部 UAM 计划，以解决内部威胁。为支持该计划，Applied Insight 和 DV United 团队将提供内部威胁检测和缓解、数据丢失预防、安全信息和事件管理支持、网络数据分析和可视化、网络行为启发式分析、网络趋势分析、内部威胁最佳实践和政策整合以及内部威胁案例管理和事件报告。

欧洲刑警组织和以色列签署协议，以解决跨境网络犯罪及恐怖主义问题

2018 年 7 月 17 日，在双边关系持续紧张的情况下，以色列总警长罗尼·阿尔史雷赫和欧洲刑警局长凯瑟琳·德波勒在海牙签署了一份工作协议，以扩大打击跨境犯罪活动的合作。由于意识到国际跨境有组织犯罪引起的紧迫性问题，该协议允许战略信息的交换和业务活动的联合规划。签字意味着欧洲刑警组织和以色列之间就如何有效联合打击严重犯罪和有组织犯罪达成共识。协议生效后，这种新的合作水平对于打击影响欧盟和以色列的优先犯罪领域非常重要，比如欺诈、网络犯罪和恐怖主义。欧盟在金融犯罪领域的调查已经偶尔与以色列建立联系。由于欧洲刑警组织在识别跨境关系方面支持欧盟成员国，以色列在这种情况下的支持将变得至关重要。

比利时情报部门采用新的工具来跟踪社交媒体

据比利时《标准报》报道，比利时的情报部门已经获得了新的软件工具，以便更容易地收集在线信息。两年前布鲁塞尔发生恐怖袭击后，比利时就订购了相关工具，用来帮助情报部门通过脸谱、Instagram 和推特等社交媒体识别潜在的威胁。据报道，这些工具来自荷兰的一家供应商，项目耗资 2 000 万欧元（约合 1.56 亿元），包括相关软件、硬件以及一份为期 4 年的维护合同。国家安全部门的发言人表示他们将利用社交媒体自动过滤技术取代人工作业，更有效地大规模抓取信息。这些工具还具备敏感主体流量峰值报警功能，以帮助检测潜在威胁，并在其他攻击发生时，更快地做出响应。这些工具还将用于分析普通互联网之外的"暗网"。（荷兰"Telecompaper"2018 年 7 月 9 日消息）

英国航空航天公司 BAE 与沃达丰和 CyLon 联合推出新的全球网络安全计划"情报网"

2018 年 7 月 9 日，英国航空航天、技术和安全公司 BAE 与英国移动通信公司沃达丰和英国首个网络安全孵化器 CyLon 合作，建立新机构"情报网（The Intelligence Network）"，以倡议的形式呼吁全球的安全专业人士和行业有影响力的人士团结起来打击网络犯罪。BAE 还发布了一份报告，概述了这个新机构欲在 2025 年前实现的目标：共享情报、见解、方法、技术和资源，以确保采取协调性的行动应对新威胁；将安全透明化，以便组织机构和个人了解所采取的措施、部署的举措、存在的差距及其影响；向适当的执法机构和政府机构提供经核实、汇总的信息；确保技术在默认情况下是安全的（从购买到整个声明周期），并通过自动更新维护安全性，且需确保更新不会使内存和工作负载过重；让安全成为所需之人负担得起的工具等。

日本政府着眼奥运，新设国际反恐情报共享中心

2018 年 8 月 1 日，日本政府新设"国际反恐对策等情报共享中心"，该中心设于内阁官房的国际反恐情报收集组之下，掌握极端组织动向等国际恐怖活动相关信息的 11 个政府机关工作人员将常驻于此，对所在机关的数据库汇集线索及相关信息进行汇总和分析，并向官邸等上报分析结果。该中心着眼于 2020 年东京奥运会和残奥会，此举的目的是在政府内部迅速共享信息，对恐怖活动防患于未然。

加密通信软件 Telegram 同意向俄罗斯安全部门提供与恐怖分子有关的数据

2018 年 8 月 28 日，加密通信软件 Telegram 宣布同意向俄罗斯安全部门提供与恐怖分子有关的数据。Telegram 表示，Telegram 将根据俄罗斯法院的命令公开使用者的 IP 地址和电话号码，但其通信内容则不在公开范围之内。Telegram 只会公开特定使用者的信息，而不会大范围公开用户信息。

美国情报机构公布了情报运作的优先事项

2018 年 8 月，美国情报机构副主任苏·戈登在 2018 年国防部情报信息系

统全球会议上表示，美国情报界的共同愿景和 2025 战略规划详尽说明了美国情报机构必须采取的行动，并敦促各机构共同合作。美国情报机构的优先事项包括启动自动化智能机器中心，该中心将与国防部的联合人工智能中心共同运作，协助情报机构进一步推动人工智能技术的应用。美国情报机构还希望建立一支情报队伍，制定全面的网络战略，以应对网络攻击，建立并完善现代化的数据管理基础设施。此外，情报机构打算加强私人防御和情报公司之间的合作，并改进采办流程，以完善情报机构内的安全许可制度。

美、印官员在两国"2+2"对话前，讨论涉及情报共享、网络安全等 6 个领域的计划草案

在美、印两国举行首轮"2+2"对话之前，两国国土安全部高级官员就情报共享、网络安全和恐怖主义融资等 6 个方面的反恐合作制作了一份计划草案。这 6 个方面涉及以下领域：一是非法融资、非法走私现金、金融欺诈和财务伪造；二是网络信息安全管理；三是联邦州和地方政府间的城市治安及信息共享；四是全球供应链、运输、港口、边境和海上安全；五是安全能力建设；六是安全技术升级。（印度"Hindustan Times"网站 2018 年 9 月 3 日消息）

美国情报部门将在 2019 年制定安全调查数据标准

2018 年 10 月 30 日，美国国家情报局副局长苏·戈登在情报和国家安全联盟的活动中表示，美国情报界正在制定一个新增强型安全框架，以规范情报机构分析个人数据的方式。该框架可能在 2019 财年首次亮相，以便更有效地处理安全调查。通过建立一个新的风险框架，为安全调查过程奠定基础，美国情报界能够更好地与国会和私营部门合作，并通过引入人工智能、机器学习等新兴技术来帮助数据处理。戈登强调，对安全审查的持续评估已经迫在眉睫。

日本和东盟建立网络攻击情报共享机制

2018 年 11 月，日本与东盟十国已建立有关网络攻击情报共享的机制，以进一步提高该领域工作的效果。日本与东盟已设立专门的信息网站，从而使各国负责网络安全事务的官员能共享与网络攻击相关的情报信息和应对网络攻击的措施。该网络使用双因素认证，让外部人员无法登录网站。若一个国家遭受网络攻击，攻击方式和受损情况将在该网站上通报，让其他国家知道。若任何国

家曾遭受类似的攻击，该国将在网站上分享相关信息和应对措施。

美国国防情报部建立机器辅助分析快速知识库系统，以取代现代化智能数据库

美国国防情报部目前正在建立机器辅助分析快速知识库系统（MARS），用以取代 20 年前建立的现代化智能数据库（MIDB），为国防情报企业存储全球情报数据，该工程将有利于提升国防部的各项能力和战备状态。MARS 项目经理特里·布希表示，该工程同时运行 3 ～ 5 个试点，并且允许其他试点加入或退出。目前，研究小组仍然不确定 MARS 是否会完全商业化。（美国"c4isrnet"网站 2018 年 12 月 3 日消息）

印度授权 10 家机构拦截、监控和解密公民的数据

2018 年 12 月 20 日，印度政府批准授予 10 家机构"拦截、监视或解密任何计算机上生成、发送、接收或存储的信息"的法定权力。这项法令是 2000 年印度《信息技术法（IT Act）》的扩展，赋予了印度政府窥探其所有公民互联网信息的法律权力，以及请求访问任何加密信息的权限。个人和实体如果不遵守拦截、监视或访问公民数据的要求，将面临最高 7 年的监禁或罚款。被授权的 10 家机构包括：情报局、毒品管制局、中央执法局、中央直接税委员会、税收情报局、中央调查局、国家调查局、内阁秘书处（印度情报机构调查分析局）、德里警察局以及信号情报总局（只适用于查谟和克什米尔地区、东北部和阿萨姆邦）。

5.9 军备作战

越南宣布成立网络空间作战司令部

2018 年 1 月 8 日，越南宣布成立网络空间作战司令部，该部隶属于国防部，协助国防部履行维护国家网络主权和国家信息技术的国家管理职能，研究和预测网络战争，以保护越南在互联网上的主权。据悉，成立之后，网络空间作战指挥部将在保护国家网络主权上起到关键作用，成为保护国家网络空间安全、打击高科技犯罪和网络空间"和平演变"的重要力量，同全党、全民和

全军一道维护国家陆地、领空、海疆和网络空间主权。

美国国防部的网络司令部获得完全行动能力

负责保护、操作和维护国防部的多达 300 万个用户、约 1.5 万个复杂网络基础设施（DoDIN）的美国网络司令部，已经获得完全行动能力。国防部信息网络联合部队经过 3 年的能力建设，获得了一项具有里程碑意义的成就，能够保护、操作和维护 DoDIN，即一个在所有作战领域实施军事行动的全球性网络。（"美国国防部官方网站"2018 年 1 月 31 日消息）

日本将加入北约网络合作防御卓越中心

2018 年 1 月 12 日，日本首相安倍晋三与爱沙尼亚总理拉塔斯在爱沙尼亚首都塔林的总理府举行了会谈，就加强两国应对网络攻击政策合作达成了一致。安倍晋三宣布日本将加入位于塔林的北约卓越合作网络防御中心。成立于 2008 年的北约卓越合作网络防御中心是北约认可的智库和培训机构，已成为北约及其成员在网络防御领域重要的专业知识来源，提供 360 度全方位的网络防御，在技术、战略、行动和法律方面拥有专业知识。该中心每年都会组织全球规模最大、最复杂的"锁定盾牌"国际网络防御演习。2017 年，该中心组织出版《塔林手册 2.0》，其被视为网络空间适用国际法的最全面手册。

北约通过 SpaceX 发射卫星，以扩大监视范围，并扩展其网络攻击阻断能力

2018 年 1 月 31 日，一枚由 SpaceX 公司制造的"猎鹰 9 号（Falcon 9）"火箭从佛罗里达发射升空，将一枚由卢森堡制造的通信卫星"GovSat－1"送入轨道。发射该卫星的主要目的是扩大北约的监视范围，并扩展其网络攻击阻断能力。此次运载的通信卫星由 LuxGovSat 股份公司建造，这是一家由卢森堡政府和欧洲卫星公司（SES）公私合营的企业。它在某种程度上是为了履行卢森堡对北约日益增长的防御义务。"GovSat－1"卫星还将提供民用通信安全服务。

澳大利亚国防军（ADF）投入 130 万澳元，开发下一代无线安全设备

2018 年 2 月，澳大利亚国防工业部长斯托弗·派恩祝贺堪培拉网络安全公

司 Penten 获得了国防工业部注资 130 万澳元的创新合同，旨在开发澳大利亚陆军使用的 AltoCrypt 技术。该项目将改变分类信息的存储和访问方式，加快纸质资料向电子化分配和存储的转变进度。目前，澳大利亚国防工业部对加密信息的访问仅限于物理联网计算机系统或基于纸质的分发，根据该合同，Penten 公司将开发并提供安全的无线连接设备，应对新的网络威胁并简化澳大利亚国防军（ADF）总部部署的信息。Penten 提供的无线安全设备 Alto Crypt Stik 是一款可全面部署高级解决方案的设备，能实现对政府网络的移动安全访问，允许通过 Wi-Fi 实现对机密信息的高度安全访问，提高信息的时效性和速度，降低布线成本，同时提升对现代化网络威胁的抵御水平。

韩国成立研究中心，致力于将人工智能应用于国防项目

2018 年 2 月，韩国宣布对人工智能和军事系统进行重大投资，目标是将人工智能应用于各种国防项目。韩国防务公司 Hanwha Systems 与韩国科学技术院（KAIST）联手推出一个致力于开发基于人工智能的军事创新的基地。该基地于 2018 年 2 月 20 日开放，被称为国防和人工智能融合研究中心。双方最初宣布了 4 个研究领域，包括基于人工智能的指挥决策系统、大型无人海底车辆复合导航算法、基于人工智能的智能飞机训练系统和基于人工智能的智能物体跟踪识别技术。

美国空军和陆军国民警卫队举行 2018 年"北极鹰"演习

2018 年 2 月 24 日，来自多个州的超过 1 100 名空军和陆军国民警卫队到阿拉斯加参加 2018 年"北极鹰（Arctic Eagle）"演习，就如何识别潜在的网络威胁进行培训。此外还有多个基于网络的场景，一部分包括卫星碰撞和网络保健实践以及网络安全和网络保护演习，另一部分则是识别对阿拉斯加州港口城市瓦尔迪兹市的钓鱼攻击，该城市每年处理超过 150 万桶原油及其他货物。演习策划者斯科特·莫兰表示，选择港口城市是想了解网络攻击对运营的破坏程度，以及应该采取什么应对行动。他表示，2018 年"北极鹰"的目标之一是设想包括关键基础设施的安全和保护，使网络安全符合国家利益。

印度军方将利用人工智能技术开发武器和防御监视系统

2018 年 5 月 22 日，印度政府官员宣布，该国将利用人工智能（AI）技

术开发武器、防御和监视系统。印度国防部部长阿杰伊·库玛在一份声明中表示："世界正朝着人工智能驱动的生态系统发展，而印度也在采取必要的措施，为未来战争打造印度的国防力量。"据悉，印度国防部2月成立了由17人组成的"人工智能工作组"。目前，工作组正在为印度军方制定人工智能路线图，旨在将人工智能充分用到军事领域，以提高印度的防御和进攻作战能力。未来两年，该工作组将向印度政府推荐将机器学习运用于空军、海军、陆军、网络安全、核、生物资源等，印度将充分利用其在信息技术领域的领先地位，着手开发用于未来战争的人工智能动力武器和监视系统，以保障其未来的国防防御和进攻能力。

美国空军39支网络任务部队提前4个月实现全面作战能力

2018年5月16日，美国空军第24航空队（又被称为AFCYBER，即空军网络司令部）宣布，经过训练，其下属所有空军网络任务部队已于2018年5月11日实现全面作战能力，比美国网络司令部给出的截止日期（2018年9月30日）提前了4个月。AFCYBER是美国空军太空司令部下的一个编号航空队，同时也是美国网络司令部的组成部分，其拥有39支网络任务部队（CMF），这些队伍的人员配备充足，包含1 700多名空军人员、网络专家和承包商。

日本政府拟允许自卫队对网络袭击发动反击

日本政府正在发展自卫队（SDF）反击针对日本的网络攻击。SDF目前正建设一个网络防御部门，该部门将获取进行网络反击所需的技能和知识。此外，SDF还准备通过检查其抵御网络攻击的能力来测试其内部系统的脆弱性。国防部一位高级官员表示，只有当日本受到伴有常规武器攻击的网络攻击（即与弹道导弹袭击或敌国部队登陆日本领土的入侵相结合发起的网络攻击）时，SDF才被允许发动网络反击。最有可能的反击方式是通过分布式拒绝服务（DDoS）攻击敌对国家的服务器，使其瘫痪。高级官员称，如果有大量计算机和其他专用于反击的设备投入使用，大量数据迅速发送到敌方服务器将成为可能。（《日本新闻》网站2018年5月3日消息）

美海军发布《海军部无人系统战略路线图》

2018年5月，美海军公布《海军部无人系统战略路线图》。美海军2018年

3月完成《海军部无人系统战略路线图》，为无人系统纳入海军作战的各个方面提供指南。路线图的全文仅在有限范围内发布，不对外公开。5月份，海军公布该路线图的执行摘要，概述了制定这一路线图的目的，以及海军部无人系统愿景、无人系统运用概念、无人系统企业级体系目标等内容。

德国将保留武力报复网络攻击的权利

德国政府表示，将保留发起军事打击报复未来网络攻击的权利，并在回复质询时表示："根据《联合国宪章》第51条的定义，网络行动在某些条件下构成'武装袭击'。联邦共和国可以采用一切允许的军事手段对此做出反应。"手段的选择将取决于具体的情况，德国政府会考虑所有军事手段（传统的和数字的），甚至不回避动用德国联邦国防军或德国武装部队。但专家们怀疑，和平主义倾向的德国是否会派遣军队压制网络战士，以及考虑到溯源网络攻击的困难程度，这一想法是否可行仍有疑问。（德国《德国商报全球版》网站2018年6月6日消息）

美国国防部开发网络武器系统，对极端组织开展网络攻击

美国国防部正在开发一种先进的网络武器系统，以发动对极端组织的在线攻击，并保护美国免遭黑客攻击。该系统将提供统一的"联合平台"，供美国网络部队从中获取网络进攻和防御武器。行业官员称计划建设的网络系统平台是一种"网络载体"，用于启动网络操作、网络监视、网络侦查和获取网络情报。通过平台提供的攻击工具，美军可以在极端组织的网络中潜入"植入物"，从而监控该极端组织的网络行为。这些"植入物"可用来模仿或改变极端组织军队指挥官的命令，不知不觉中将战斗机开往无人机攻击区或空袭陷阱中。（英国《每日邮报》网站2018年7月3日消息）

德国拟成立新机构，加速颠覆性技术研发

2018年7月18日，德国国防部发言人称，德国国防部和内政部将成立德国版的"国防高级研究计划局（DARPA）"，负责与德国国防和安全相关的颠覆性技术研究。该机构的全名为"网络安全和核心科技创新研发机构"，它的提法首先出现在3月份的《联合政府协议》中。协议要求该机构由内部和外部安全部门监督，将有助于确保德国的技术创新领导力。协议还要求创建一个

"IT安全基金"，以帮助保护相关的关键技术。

俄罗斯军方将利用区块链技术加强国防网络安全

据俄罗斯《消息报》报道，俄罗斯国防部将在俄罗斯沿海城镇阿纳帕建立一个区块链研究实验室，以分析如何利用区块链技术来减少网络安全攻击，并应用该技术来加强网络安全和打击针对关键信息基础设施的网络攻击。该实验室由负责信息安全的俄罗斯第八局武装部队总参谋长领导。（美国"coindesk.com"网站2018年7月2日消息）

美国网络司令部司令呼吁军队采取"前置防御"和"持久交战"模式保护网络

美国网络司令部司令保罗·中曾根表示，国防部将采取更积极的方式保护美国的网络和数据，从而保持对恶意网络活动的压制性优势。2018年4月，网络司令部发布了名为《实现和维持网络空间优势：美国网络司令部指挥愿景》的文件，厘清了"前沿防御"和"持久交战"的概念。在实践中，中曾根曾提出一种具有进攻性的方法，即"在境外行动，进入对手的网络，了解他们在做什么，还可能与这些对手交战，以提高军队的防御能力，更好地保护我们的网络、数据和武器系统"。（美国"Fifth Domain"网站2018年7月24日消息）

美国国防部禁止在作战区域使用位置跟踪技术

美国国防部（DOD）发布指导意见，禁止国防部人员在业务领域使用设备、应用程序或服务上的位置追踪功能。国防部副部长帕特里克·沙纳汉在新指南中指出，"快速发展的具有地理定位功能的设备、应用程序和服务市场给国防部人员和我们在全球的军事行动带来了巨大风险。这些地理定位功能可以暴露个人信息、位置、日常活动和国防部人员数量，并可能造成意外的安全后果，增加联合部队和任务的风险。"本指南仅适用于正在开展军事行动的地区。备忘录解释说，在对基于全面作战安全（OPSEC）的威胁进行调查之后，他们可以根据任务的需要授权在政府发布的设备、应用程序和服务上使用地理定位能力，同时考虑到潜在的作战安全风险。（美国"Fedscoop"2018年8月6日消息）

美国国防部高级计划研究局联合英国公司研发人工智能网络安全技术

美国国防部高级计划研究局（DARPA）联手英国BAE系统公司正在研发一种新的人工智能（AI）网络安全技术，以应对当今日益复杂且频繁的高级别网络攻击。这个被称为"精准网络狩猎（CHASE）"的研发项目旨在采用计算机自动化、先进算法和一种新的速度处理标准，实时跟踪大量数据，帮助安全人员锁定那些采用高级别黑客技术且隐藏在大量数据流中的网络攻击。DARPA将这一技术解释为"自适应数据收集"技术，即通过AI技术自动筛选大量信息，而不是通过人工来"跟踪"并进行实时调查。（"中新网"2018年8月9日消息）

韩国国防部提出网络司令部改革计划

2018年8月，韩国国防部表示，韩国将改革网络司令部，废除其因政治干预而受到批评的心理战功能。作为旨在创建更加精简但更强大的军队的国防改革2.0倡议的一部分，国防部公布了其改革方案，其中包括将该网络司令部重新命名为"网络作战司令部"，由参谋长联席会议（JCS）主席负责管理。新部门将加强对其人员的网络安全培训和教育，建立一个增强态势感知的行动中心，并成立一系列特派团，用于情报收集和其他任务。此外，国防部将负责管理指挥部的行政事务，例如预算问题，JCS负责应对不断发展的网络威胁的运营计划。国防部还计划在招募过程中为网络安全专家建立一个新的工作专业，并建立一个网络战培训中心，以培养"精英网络战士"。

美国国防部拟为其网络部队增加 8 300 名网络人才

2018年9月，美国国防部发布了新的网络战略。虽然新战略的细节是保密的，但非保密的摘要部分则侧重于美国军方更好地保护美国网络的"防御推进"计划。参议院军事委员会的一个小组委员会于9月26日举行了一次听证会，并有高级将领表示，军方最大的问题是找到并雇用参加网络领域战斗所需的人员。五角大楼希望2019年能够为其网络部队增加8 300名士兵，但因为存在私营部门的竞争，这并不容易。据公开数据显示，2017年国防部失去了4 000名文职网络人员。

DARPA 开展"透明计算"项目，应对网络攻击

美国国防部高级研究计划局（DARPA）的"透明计算"项目已进入最后一年。该项目旨在通过提高运营商对其计算系统的可见性来消除网络攻击。DARPA表示，现代计算系统本质上是接收输入并生成输出的黑箱，但其内部工作很少或几乎没有可见性。因此，检测入侵者极具挑战性，尤其在"高级持久性威胁"这种形式的攻击中，对手会在很长一段时间内缓慢而蓄意地扩展其在企业网络中的存在。这些对手可以伪装自己，当他们的个体活动被孤立地看待时，他们看起来是合法的系统管理员。"透明计算"旨在通过将系统的各种活动联系在一起来解决这个问题。（英国《简氏国际防务评论》网站2018年9月3日消息）

美国将为北约盟友提供"网络战"能力

美国国防部负责北约事务的高级官员凯蒂·维尔巴杰透露，美国国防部长马蒂斯可能在北约防长会议上宣布，美国将为北约盟友提供"强大的网络战能力"。如果北约盟友提出要求，美国承诺为盟友实施"进攻性"或"防御性"的网络行动，但美国仍会保持对相关行动和人员的控制权。维尔巴杰称，此举向其他国家发出了一个信号，即北约已准备好"反击"针对北约成员国及其他盟友的网络攻击。美联社称，类似核威慑，美国对北约盟国的正式声明能够对其他国家和对手起到威慑作用。（"观察者网"2018年10月3日消息）

美国网络司令部"梦想港口"创新平台首次举办黑客马拉松活动

2018年9月，美国网络司令部（CYBERCOM）和马里兰创新与安全学会合作创建的创新平台"梦想港口（DreamPort）"组织了成立以来的首次黑客马拉松，组织开展了Windows平台恶意软件特征混淆与自动检测并溯源恶意软件的攻防演练。DreamPort的目标是建成可供私营企业和学术机构展现其网络空间技术能力的沙箱式环境，以此加速网络司令部引入外部创新的进程。网络司令部表示，如果外部机构在黑客马拉松这类活动中展示的技术能力能满足其当前任务需要，将很可能形成后续的采购合约。

北约成立新的网络指挥部，计划于 2023 年全面运营

北约计划成立新的军事指挥中心"网络指挥部（Cyber Command）"，以便全面及时地掌握网络空间状况，并有效对抗各类网络威胁。据悉，该指挥中心预计于 2023 年全面投入运营，同时将组建一支由 70 名顶尖网络专家组成的团队，主要负责提供军事情报、黑客动态以及极端组织的相关信息，届时所有北约成员国都能够借此有组织地发动网络攻击。（综合"channelnewsasia"和"ettoday"网站 2018 年 10 月 16 日消息）

尼日利亚陆军成立网络战司令部

尼日利亚陆军参谋长、中将 Tukur Buratai 称，尼日利亚已经成立陆军网络战司令部，这是一个保护其数据、网络免受网络攻击和遏制恐怖主义的新机构。Buratai 表示，位于阿布贾陆军总部的网络行动中心将提高军队在打击针对其虚假新闻方面的在线影响力。Buratai 还要求新部队的人员配备数字取证能力，以便能够处理身份盗窃案件，并立即做出反应。此外，行动中心还推出了一个尼日利亚公民可以将信息传递给军事当局的应用程序。通过这一程序，公民能够及时向军队报告军人的违法行为，同时让有关人员了解所提出的控诉和所采取的行动。（法国"Journal du Cameroun.com"网站 2018 年 10 月 16 日消息）

北约在爱沙尼亚举行网络演习

2018 年 11 月，北约在爱沙尼亚城市塔尔图举行最大和最重要的网络防御演习，来自北约 28 个成员国的 700 多名国防部队人员、信息技术专家、法律专家和政府官员，以及欧盟和 3 个伙伴国的代表参与此次演习。该演习旨在加强北约与盟国之间的协调与合作，加强保护联盟网络空间的能力，并在网络领域开展军事行动。演习还将测试北约国家间的信息共享能力以及网络空间态势感知和决策的程序。在 2018 年网络联盟演习中，成员国专家可通过北约合作网络防御卓越中心（CCDCOE）进行规划，重点是网络防御与协调行动。

美国国防部正在加强防范内部威胁计划

2018 年 11 月，美国内部威胁特别工作组（NITTF）发布的"内部威胁计

划成熟度框架"称，美国联邦机构需要进一步加强防范内部威胁。根据该框架，随着目前威胁形势不断发展，技术日新月异，各部门机构必须高标准地、以更加积极主动的态度对超越基本防御的动态威胁进行反击。"内部威胁计划成熟度框架"概述了部门机构改进当前最低标准领域的 19 个特定要素。这些要素涉及领导、项目人员和员工培训等领域。它还包括信息访问、监控用户活动、信息集成、分析和响应等。

美国空军未来 3 年将向自动化网络与信号情报处理领域投资 1 亿美元

2018 年 12 月初，美国空军研究实验室宣布将在未来 3 年里向自动化网络与信号情报处理领域投资 1 亿美元，以研发可自动化地处理电话监听、网络数据及其他信号情报数据，辅助美国空军情报分析师们完成"时间关键"任务的人工智能技术。美国空军研究实验室的此项研究将包含 3 个方向：大规模的信息提取、识别和分类；信号情报的处理和分类；自动增强或快速重现已有信息的能力。这项研究还强调了针对新型通信和低辐射通信技术的信号检测、识别、描述及地理定位的能力。

5.10　国际治理与合作

沙特网络安全机构与美国系统网络安全协会签署协议，以促进网络安全技能本地化

2018 年 2 月 19 日，沙特网络安全机构沙特网络安全和编程联合会（SAFCSP）与美国系统网络安全协会（SANS Institute）签订《谅解备忘录》，以进行知识分享、技术转化和技能本地化。根据该《谅解备忘录》，美国系统网络安全协会将与沙特政府合作，为当地院校和大学生组织培训课程和国家竞赛，并提供能评估和加强网络安全技能的（培训）项目。据沙特通讯社报道，该协议还包括提供先进的网络安全课程，组织联合会议和活动。

世界经济论坛宣布成立新的金融科技网络安全联盟

2018 年 3 月 7 日，刚刚宣布成立新全球网络安全中心（Global Centre for

Cybersecurity）的世界经济论坛（WEF）启动了一项金融科技新计划，即将成立一个金融科技网络安全联盟。该联盟旨在为金融科技公司和数据整合公司开展网络安全评估、制定防范指导意见、设立评分制评估框架结构，并及时发布安全等级提升建议。新联盟的创始成员包括花旗银行、苏黎世保险集团、金融服务公司Kabbage和美国存管信托和结算公司（DTCC）。

联合国贸易和发展会议呼吁就数据保护采取全球行动

2018年4月16日至20日，联合国贸易和发展会议（UNCTAD）在日内瓦举办电子商务周，共同探讨数字技术和电子商务对促进发展中国家可持续发展的作用和数字经济发展中的管理问题。UNCTAD呼吁，应当在全球范围内加强对数据隐私的监管，特别是帮助发展中国家加强数据保护。UNCTAD技术后勤司司长沙米卡·斯里曼妮称，在发展中国家，数字平台的使用正在迅速扩大，数据隐私也将成为人们日益关注的问题。过去5年，大约90%的新互联网用户生活在发展中国家，但目前有近60个发展中国家没有任何数据保护立法。改变现状不仅是为了保护这些国家的网络用户，也是为了确保这些国家能与欧盟等数据保护高标准国家进行顺利交易。（综合荷兰"telecompaper"网站2018年4月16日和"中新网"4月14日消息）

英联邦国家宣布共同应对网络安全威胁

英联邦国家发表声明，一致承诺从2018年4月21日起到2020年间采取网络安全行动。英联邦秘书处发布媒体报道称："53位领导人同意密切合作，评估和加强他们的网络安全框架和响应机制。"英国政府则承诺投入1 500万英镑（约合1.33亿元）帮助英联邦国家加强网络安全能力，应对全球犯罪集团和敌对国家行为体造成的安全威胁。声明包括承认英联邦在全球稳定和网络空间国际讨论中发挥更积极作用的潜力。该声明标志着英联邦在这一领域的工作延续，包括英联邦网络犯罪倡议（CCI）以及英联邦电信组织（CTO）的工作。（印度"联合新闻社"网站2018年4月21日消息）

新加坡和英国签署网络安全能力建设合作备忘录

2018年4月，新加坡和英国签署了一份关于网络安全能力建设的合作备忘录，共同向英联邦成员国提供为期两年的网络安全能力建设项目。此次签署的合作备忘录在 2015 年《谅解备忘录》的基础上进一步扩大了合作。根据合作备忘录，两国于 2018 年 9 月开始，共同向英联邦成员国提供为期两年的网络安全能力建设项目；英国将积极参加 2016 年启动的"东盟网络能力计划（ACCP）"。

巴西敦促 WTO 就跨境数据流动等问题进行谈判

2018 年 4 月，巴西正在推动制定关于互联网数据流动的规则，并向世界贸易组织（WTO）提交了一份文件，以敦促其对此展开一场更客观的讨论。在向 WTO 提交的文件中，巴西试图强调该讨论的紧迫性，包括：监管机构在何种情况和条件下可以限制数据流动，涉及的方面不仅包括用户隐私，还涉及网络安全和网络虚假信息传播等。该国还正在推动在线平台就如何处理其所掌握的数据制定规则，并定义不同司法管辖区内产生信息的所有权。从理论上讲，这将创立跨境数据的流动规则。正值脸谱公司、剑桥分析公司和其他公司涉嫌滥用超过 7 100 万用户个人数据的问题持续发酵之际，巴西要求 WTO 就新的互联网相关问题进行谈判。

新加坡电信、日本软银等 4 家电信公司联合组建"全球电信安全联盟"

新加坡电信、日本软银、阿联酋电信以及西班牙电信确定将联手组建"全球电信安全联盟"，承诺彼此共享网络威胁数据，同时挖掘各方资源，为全球客户提供支持。这 4 家电信厂商已经组建起网络安全组织，旨在交换相关威胁数据并进行挖掘，以支持全球客户。联盟合作伙伴之间将共享网络威胁数据，充分挖掘各方的地区性专长与影响力，同时发挥对商业客户的支持能力。4 家电信厂商还将共同制定一项技术路线图，重点关注物联网（IoT）的网络安全应用、集成预测分析以及机器学习。全球电信安全联盟也将探索合作投资安全运营中心、网络安全平台以及初创企业的可能性。（"E 安全"网站 2018 年 4 月 16 日消息）

美、日、新向 WTO 提议跨境数据自由流动，禁止服务器本地化

2018 年 4 月，美国、日本和新加坡向世界贸易组织（WTO）提议跨境数据以电子方式自由流动，禁止服务器本地化，并明确政府获取隐私数据的程序。美、日在提案中谈及自由开放的互联网，鼓励信息自由流动，并提议禁止数据本

地化和网络封锁。新加坡建议识别服务部门中可以支持和推动基础设施建设的具体承诺。日本在提案中表示，政府政策对数据的国际转移进行限制，将妨碍跨境商业运作，阻碍数字业务的健康发展。据悉，美国、日本和新加坡是 71 国电子商务联盟的成员国，他们寻求为全球电子商务确立规则。

欧盟四大网络安全组织签署《建立网络合作框架的谅解备忘录》，增强网络合作

2018 年 5 月，欧盟计算机应急响应小组（CERT-EU）、欧洲防务局（EDA）、欧洲网络与信息安全局（ENISA）和欧洲刑警签署了《建立网络合作框架的谅解备忘录》。该备忘录侧重于 5 个合作领域，包括网络演习、教育培训、情报交流、战略管理性事务和技术合作，旨在提高欧盟四大网络安全组织之间的合作水平，发挥协同作用，减少重复工作量，尽可能利用现有资源增强互补能力。

欧盟 9 国将组建快速回应网络小组，应对网络攻击

2018 年 6 月 22 日，领导部分欧洲国家成立网络快速回应小组的立陶宛宣布，欧洲联盟 9 个成员国将成立各国轮值的快速回应小组，以对抗网络攻击。这支网络小组的组建将是根据欧盟 2017 年签署的划时代国防协定所推动的首批合作计划之一。

G7 国家的领导人同意建立快速反应机制，共同应对敌对势力的行动

2018 年 6 月，在加拿大 G7 峰会上，7 国集团国家的领导人同意为 G7 国家创建一个新的快速反应机制，新机制可以应对各种国际威胁。在这个机制的框架内，各国就敌对活动信息、必要技术和实践等进行交流和情报共享，同时进一步增进合作伙伴之间的相互理解，并合作加强各国基础设施保护。

俄罗斯向联合国递交两份网络安全倡议书

2018 年 9 月，俄罗斯在第 73 届联合国大会期间，递交两份有关网络安全的倡议书。据俄罗斯《生意人报》报道，其中一份决议草案的内容是国家在互联网上的行为守则，另一份决议草案的内容是呼吁重新审议打击网络犯罪机制。第一份决议草案的内容阐述了针对国家的网络行动守则，涵盖了上海合作

组织起草的《国际信息安全行为准则》。该准则要求禁止利用信息技术干涉他国内政以及破坏他国政治、经济和社会稳定，防止国家利用信息技术的领先优势，并保证所有国家在国际管理体系中起到同等作用。第二份决议草案的内容是打击网络犯罪新公约草案。

韩国与新加坡签署经贸、环保等领域的 6 项谅解备忘录

2018 年 7 月 12 日，韩国与新加坡签署了经贸、环保等领域的 6 项谅解备忘录。报道称，韩国与新加坡签署了旨在加强第四次工业革命相关技术合作的谅解备忘录。根据此谅解备忘录，双方将积极发掘并推进生物、健康、人工智能（AI）、物联网等领域的合作项目。据悉，双方还签署了旨在建立自由公平贸易秩序的谅解备忘录。此外，两国还签署了另外 4 项谅解备忘录，以加强在智能电网、环保、智能城市领域的合作，加快两国中小企业进入对方国家的步伐。

越南同以色列寻求网络安全领域合作

2018 年 7 月 30 日，越南和以色列企业的代表在胡志明市一场研讨会上分享了网络安全实践经验，CyberArk、Beyond Security、Claroty、Cyberbit、Ericom 以及 Skybox Security 等两国公司探讨了网络安全领域的合作方式。越南也是全球范围内在工业基础设施上遭受网络攻击较多的国家之一，2018 年前 5 个月，有 73.5 万台计算机遭遇恶意代码感染，大约 27% 的网络攻击瞄准了国家关键部门（电信业和银行业）。越南信息安全局副局长 Ngo Vi Dong 称，越南的信息安全水平得到了提升，但潜在的风险仍然存在，尤其是中小企业。以色列是全球第二大网络安全技术出口国，仅次于美国。该国有 300 家从事网络安全领域的企业。参会的以色列企业表示，已经做好与越南在网络安全方面开展合作的准备。

"五眼联盟"签署系列协议，旨在扩大反恐情报共享，打击非法使用网络空间的行为

2018 年 8 月，美国、英国、澳大利亚、加拿大和新西兰（五眼联盟）联合召开部长级会议，以加强反恐情报共享。此外，会议还签署了证据获取和加密的原则性声明和打击非法使用网络空间行为的联合声明。根据加强反恐情报共享协议，联盟同意成立一个新的"航空安全 5"工作组，以应对航空部门所

面临的安全威胁。该工作组致力于加强网络中心间的联系，对恶意网络活动进行全天候监测，在发生网络攻击或外国干涉事件时及时协调和应对。在获取证据和加密的原则性联合声明中，概述了一个框架，以便让工业界了解加密的优势和挑战。另一项关于打击非法使用网络空间的联合声明则概述了业界对打击网上非法传播儿童性剥削和恐怖主义内容的期望。

俄罗斯与菲律宾就网络安全问题进行合作

菲律宾信息和通信技术部（DICT）与一家俄罗斯国有网络安全公司合作，致力于改善菲律宾的网络安全。据悉，双方正式签署了一份谅解备忘录（MoU），表示将在网络安全问题上进行更密切的合作。在为期 3 年的谅解备忘录中，双方同意就网络安全事件的相互应对和网络安全威胁、政策和技术的信息交流进行合作。此外，该部门还计划与美国、新加坡、澳大利亚和马来西亚等国家签署网络安全领域的谅解备忘录。尽管没有明确的时间框架，但该部门愿意在未来与更多国家建立伙伴关系，以不断加强网络空间安全。（新加坡"OpenGov Asia"网站 2018 年 9 月 28 日消息）

东盟 – 日本网络安全能力建设中心在泰国落成

2018 年 9 月 14 日，"东盟–日本网络安全能力建设中心"在泰国落成，培训来自东盟成员国的网络安全人员，以帮助打击该地区的网络威胁。网络安全能力建设中心所在的泰国电子交易发展局执行董事苏朗卡娜·瓦尤帕布表示，东盟成员国正面临日益复杂的网络威胁，而网络安全人员仍难以满足需要。预计 2019 年将有 1 000 名来自东盟的网络安全人员在该中心接受网络防御、数字取证和恶意软件分析等日本设计的课程培训。苏朗卡娜补充说，培训计划将耗资约 1.75 亿泰铢（约合 3 688.17 万元）。

国际电信联盟联合发布网络安全战略指南

2018 年 9 月 11 日，在南非德班市举办的国际电信联盟（ITU）世界电信展期间，国际电信联盟、联合国、私营部门、学术界和民间社团联合发布了一份国家网络安全战略指南。该指南旨在协助各国制定和实施国家网络安全战略，包括：网络准备和网络弹性；帮助政策制定者考虑不同国家的情况、文化和社会价值观来制定战略，以建立安全、有弹性、信息通信技术增强和互联的社会。

新加坡投入 3 000 万新元资助东盟 – 新加坡网络安全卓越中心运作

2018 年 9 月 19 日，负责网络安全事务的通信和新闻部长易华仁在第三届东盟网络安全部长级会议开幕式上表示，新加坡未来 5 年将投入 3 000 万新元，全额资助 2019 年第二季成立的东盟–新加坡网络安全卓越中心（ASCCE）。新中心将通过研究和培训，提升东盟成员国的网络安全能力。设于新加坡网络安全局的 ASCCE 将设立一个网络智库和培训中心，着重于网络安全国际法、网络策略以及网络安全政策等方面的研究和培训。ASCCE 也会设一个电脑应急反应小组中心，专门提供相关培训，并促进各国小组间互换网络威胁和网络袭击的相关情报和应对方式等。此外，ASCCE 还会设一个网络靶场训练中心，为所有亚细安成员国进行虚拟的网络防卫训练和演习。

日本、美国和欧盟推动构建"数据贸易圈"

日本政府希望与美国和欧盟制定跨境数据流通规则，建立相关机制，在保护个人和企业信息的同时，在人工智能等领域安全使用信息。日本旨在就禁止数据流向个人信息保护和网络安全对策不充分的国家、地区和企业达成协议。另外，数据跨境转移需要严格获得本人同意，还要提高透明性。日本经济产业大臣世耕弘成、美国贸易代表莱特希泽等人打算在日本担任主席国的 2019 年 6 月的 G20 峰会之前达成协议并公布。由日本的个人信息保护委员会、美国联邦贸易委员会和欧盟委员会司法总司敲定具体内容，由各国推进立法。届时，日本将修改《个人信息保护法》。（"日经中文网" 2018 年 10 月 23 日消息）

爱沙尼亚承诺协助阿富汗打击网络犯罪

2018 年 10 月 10 日，阿富汗总统艾什勒弗·贾尼在阿富汗首都喀布尔会见爱沙尼亚国防部长于里·卢伊克，卢伊克表达了爱沙尼亚对阿富汗和平进程的支持，并承诺帮助阿富汗处理网络犯罪问题。贾尼总统赞赏爱沙尼亚对阿富汗的支持和关心，并表示阿富汗政府有兴趣从爱沙尼亚的网络安全经验中受益。卢伊克称，爱沙尼亚将继续支持阿富汗的和平进程，并承诺帮助如阿富汗这样受战争打击的国家打击网络犯罪。

21 国签署个人保护公约，强化个人数据国际保护

2018 年 10 月 10 日，乌拉圭和 20 个欧洲委员会成员国签署了一项欧洲理事会条约，旨在加强在国际层面保护个人数据的原则和规则。该条约是欧洲委员会《关于自动处理个人数据的个人保护公约》（"第 108 号公约"）的修订议定书，这是目前唯一涉及个人数据保护权利的国际条约。《关于自动处理个人数据的个人保护公约》于 1981 年开放供签署，目前有 53 个缔约国：47 个欧洲委员会成员国，以及佛得角、毛里求斯、墨西哥、塞内加尔、突尼斯和乌拉圭 6 个非欧洲国家。阿根廷、布基纳法索和摩洛哥已被邀请加入该条约。许多其他国家作为观察员参加了公约委员会。委员会总共聚集了近 70 个国家。

俄罗斯与西班牙将成立联合网络安全组织，打击虚假新闻

俄罗斯外交部长谢尔盖·拉夫罗夫和西班牙外交大臣何塞·博雷利表示，两国同意成立一个联合网络安全组织，以防止错误信息的传播破坏双边关系。博雷利对拉夫罗夫的合作提议表示欢迎，他认为共同开展行动来评估问题的严重程度，并分析问题，有助于防止假新闻问题成为两国摩擦的根源。（俄罗斯《莫斯科时报》2018 年 11 月 7 日消息）

俄罗斯和葡萄牙同意就网络安全问题进行定期磋商

2018 年 11 月 24 日，俄罗斯外长谢尔盖·拉夫罗夫和葡萄牙外长奥古斯托·桑托斯·席尔瓦在里斯本签署了两国外交部之间的谅解备忘录，其中特别规定了就网络安全问题进行定期磋商。拉夫罗夫称，本次签署的备忘录包括就打击恐怖主义的任务举行定期磋商的协议，该备忘录还载有一项关于就具体网络安全问题进行定期磋商的协议。为了了解网络空间目前动态，双方还需定期进行专业层面的磋商。

英国和爱尔兰监管机构联手解决脸谱公司追踪用户问题

2018 年 11 月 6 日，英国信息专员办公室（ICO）表示，已将脸谱公司追踪用户行为等问题提交给爱尔兰数据监管机构，以寻求相关信息，或希望其

采取行动。根据欧盟最新实施的《一般数据保护条例》，爱尔兰数据保护专员（DPC）负责管理欧洲总部设在都柏林的美国跨国公司，因此也是脸谱公司在欧盟的主要监管机构。在 2018 年 3 月的大规模用户信息泄露事件曝光后，ICO 就开始对脸谱公司的数据安全保护措施进行调查。2018 年 10 月，ICO 宣布对脸谱公司处以 50 万英镑（约合 545 万元）的罚款。

澳大利亚与新西兰宣布联合开展太平洋网络合作

2018 年 11 月 16 日，新西兰和澳大利亚外交部长宣布了一项联合承诺，将与太平洋岛国合作，以增强太平洋地区的集体网络弹性。两国重申，将致力于与太平洋岛国合作，支持一个开放、自由和安全的互联网，推动经济增长，保护国家安全，促进国际稳定。澳大利亚外交部长玛丽斯·佩恩宣布，在巴布亚新几内亚国家网络安全中心启动后，澳大利亚的网络合作项目将在 4 年内扩大 900 万美元，使澳大利亚在网络合作方面的总投资在 2022 年达到 3 840 万美元。新西兰外交部长温斯顿·彼特斯强调新西兰将致力于提高对太平洋岛国合作伙伴的能力建设支持。新西兰计算机应急响应小组（CERT NZ）将与该地区的网络安全团队密切合作，以建立快速恢复能力和网络意识。

智利和以色列签署有关电信网络安全的合作协议

2018 年 11 月 13 日，智利电信部副部长帕梅拉·吉迪和以色列电信部长阿努波·卡拉在以色列特拉维夫签署了两国在电信领域的合作协定。根据协议内容，两国将在移动通信领域（包括 4G 和 5G）、电信基础设施、高速互联网、网络中立、信息产业、大数据管理、应急系统等领域加强双边合作，缩小数字鸿沟。

全球网络空间稳定委员会发布六大规范，促进网络和平稳定

2018 年 11 月 8 日，全球网络空间稳定委员会（GCSC）为促进"网络空间的和平利用"制定了 6 项全球规范，分别是：防篡改规范；禁止将信息和通信技术设备征用到僵尸网络的规范；各国建立漏洞公平裁决程序的规范；减少和减轻特定漏洞的规范；关于基本网络健康作为基础防御的规范；非国家行为者的网络进攻行为规范。

俄罗斯与东盟共同推动数字合作建设

2018 年 12 月 27 日，俄罗斯－东盟商业理事会执行主任达尼亚尔·阿卡济耶夫在泰国举行的泰国－俄罗斯双边合作委员会上透露，东盟和俄罗斯－东盟商业理事会（RABC）已经签署了《相互谅解备忘录》，为未来包括数字领域的双边合作奠定基础。该备忘录是在 11 月 12 日和 13 日的东盟商业和投资峰会上签署的。备忘录称，从 2019 年泰国担任东盟轮值主席开始，将实施创建俄罗斯－东盟数字环境倡议。阿卡济耶夫肯定双方在网络安全、数字电视和确保软件质量等领域的巨大合作潜力。预计到 2025 年，东盟数字经济价值将达 2 400 亿美元，其中 880 亿美元将来自电子商务。

《巴黎网络空间信任与安全倡议》的签署方已增至 450 多个

2018 年 11 月 13 日，法国总统埃马纽埃尔·马克龙在巴黎和平论坛上公布了《巴黎网络空间信任与安全倡议》。在该文件公布后的几周内，有近 100 个国家和组织在这份国际协议上签名。截至 12 月，该文件已获得了 450 多个签署方。签署协议的各方包括全球非营利组织和科技公司。签署各方就旨在限制攻击性和防御性网络武器的原则上达成了一致，还承诺采取行动防止外国对选举的干涉，并保护平民免遭网络攻击。加纳 12 月 2 日宣布，该国将成为最新一个签署这项协议的国家。据微软发言人称，卢旺达和肯尼亚也有望在未来加入。澳大利亚最初不在参与国之列，但后来签署了该协议。但美国拒绝在这份名单上签字，成为少数几个与这份文件保持距离的西方国家之一。（美国《国会山报》网站 2018 年 12 月 3 日消息）

参考文献

[1] 左晓栋. 美国网络安全战略与政策二十年[M]. 北京：电子工业出版社，2018.

[2] 蔡军, 王宇, 于小红. 美国网络空间作战能力建设研究[M]. 北京：国防工业出版社，2018.

[3] 李爱君, 苏桂梅. 国际数据保护规则要览[M]. 北京：法律出版社，2018.

[4] 韩宁. 日本网络安全战略研究[M]. 北京：时事出版社（第1版），2018.

[5] 京东法律研究院. 欧盟数据宪章——《一般数据保护条例》GDPR评述及实务指引[M]. 北京：法律出版社，2018年5月.

[6] 马丁·C·利比奇. 网际威慑与网络战[M]. 夏晓峰, 向宏, 胡海波, 译. 北京：科学出版社，2016.

[7] 陈斌译. 美国网络安全法[M]. 北京：中国民主法制出版社，2016.

[8] 秦成德, 危小波, 葛伟. 网络个人信息保护研究[M]. 西安：西安交通大学出版社，2016.

[9] 刘峰, 林东岱. 美国网络空间安全体系[M]. 北京：科学出版社，2015.

[10] 卡佳. 俄罗斯个人信息保护法立法现状以及对中国的启示[D]. 北京：北京邮电大学，2018.

[11] 陈朝兵, 郝文强. 美英澳政府数据开放隐私保护政策法规的考察与借鉴[J]. 情报理论与实践，2019(2).

[12] 郎庆斌. 国外个人信息保护模式研究[J]. 信息技术与标准化，2012(Z1).

[13] 张金平. 跨境数据转移的国际规制及中国法律的应对——兼评我国《网络安全法》上的跨境数据转移限制规则[J]. 政治与法律，2016(12).

[14] 姜宁. 互联网管理模式的国际比较——新加坡模式对我国的启示[D]. 上海：华东师范大学，2015.

[15] 王婧. 欧盟网络安全战略研究[D]. 北京：外交学院，2018.

[16] 叶蕾，李春娟. 荷兰网络空间安全建设举措透视[J]. 中国信息安全，2016(5).

[17] 皇安伟. 2018年全球网络空间安全动态发展综述[J]. 网信军民融合，2019(1).

[18] 任政. 美国政府网络空间政策：从奥巴马到特朗普[J]. 国际研究参考，2019(1).

[19] 耿召. 特朗普政府《国家网络战略》：实效与理念并举[J]. 和平与发展，2019(1).

[20] 王珂玮，郑再. 浅析《国家网络空间安全战略》[J]. 数字通信世界，2019(2).

[21] 刘晓曼，耿祎楠，吴雨霖. 网络安全形势分析与未来发展趋势展望[J]. 保密科学技术，2018(12).

[22] 范伟康. 新形势下计算机网络信息安全存在的威胁及对策研究[J]. 电子元器件与信息技术，2018(9).

[23] 张改凤. 当代中国主流意识形态网络话语权建设研究[D]. 成都：西南交通大学，2018.

[24] 北欧网络安全形势如何？来看瑞典"弹性"报告[J]. 中国信息安全，2018(2).

[25] 何晓跃. 网络空间规则制定的中美博弈：竞争、合作与制度均衡[J]. 太平洋学报，2018(2).

[26] 周学峰. 未成年人网络保护制度的域外经验与启示[J]. 北京航空航天大学学报（社会科学版），2018(4).

[27] 郭海姣. 加拿大反垃圾邮件立法研究[D]. 北京：中国社会科学院研究生院，2018.

[28] 艾仁贵. 以色列的网络安全问题及其治理[J]. 国际安全研究，2017 (2).

[29] White House. Federal cybersecurity risk determination report and action

plan[S]. 2018.

[30] Australian Signals Directorate. Australian government information security manual[S]. 2019.

[31] European Framework. Towards a digital democracy opportunities and challenges report 2018[S]. 2019.

[32] Government of Canada. Canadian centre for cyber security – an introduction to the cyber threat environment[S]. 2018.

[33] Deloitte. New report introduces innovative framework to grow Canada's cyber talent supply[S]. 2018.

[34] Office of the Coordinator for Cyber Issues. Recommendations to the president on protecting American cyber interests through international engagement[S]. 2018.

[35] Intelligence and National Security Alliance. Managing a cyber attack on critical infrastructure: challenges of federal, state, local, and private sector collaboration[S]. 2018.

[36] CSSETH Eurich. Cybersecurity and cyberdefense exercises[S]. 2018.

[37] National Coordinate for Security and Counterterrorism Ministry of Justice and Security. The cyber security assessment Netherlands 2018[S]. 2018.

[38] The Australian National Audit Office. Cyber resilience[S]. 2018.

[39] Command Vision for US Cyber Command. Achieve and maintain cyberspace superiority[S]. 2018.

[40] Australian Competition & Consumer Commission. Digital platforms inquiry[S]. 2018.

[41] US Department of Justice. Report of the attorney general's cyber digital task force[S]. 2018

[42] Public Safety Canada. National Cyber Security Strategy. Canada's vision for security and prosperity in the digital age[S]. 2018.

[43] Heraklion, Greece. European union agency for network and information security[S]. 2018.

[44] HM Government. National cyber security strategy 2016–2021[S]. 2016.

[45] Netherland. National cybersecurity agenda cyber secure[S]. 2018.

[46] NITI Aayog. National strategy for artificial intelligence[S]. 2018.

[47] SGDSN. France strategic review of cyber defence[S]. 2018.

[48] Information Commissioner's Office. Technology strategy 2018–2021[S]. 2018.

[49] Greece Government. National cyber security strategy version 2. 0[S]. 2018.